JN202475

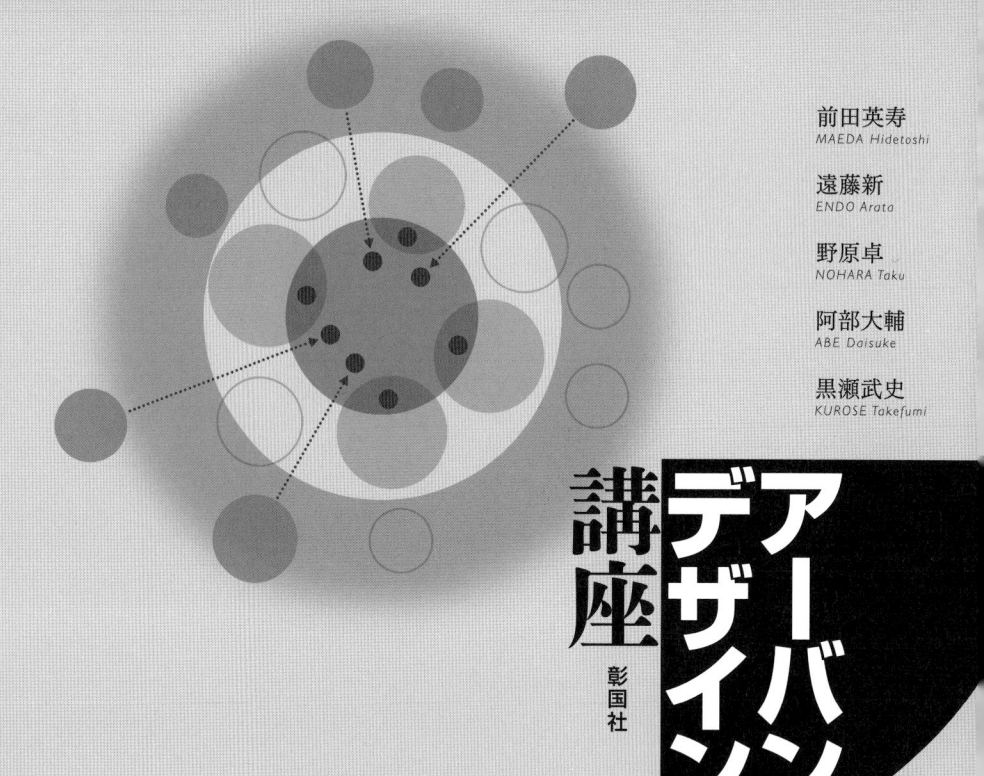

前田英寿
MAEDA Hidetoshi

遠藤新
ENDO Arata

野原卓
NOHARA Taku

阿部大輔
ABE Daisuke

黒瀬武史
KUROSE Takefumi

アーバンデザイン講座

彰国社

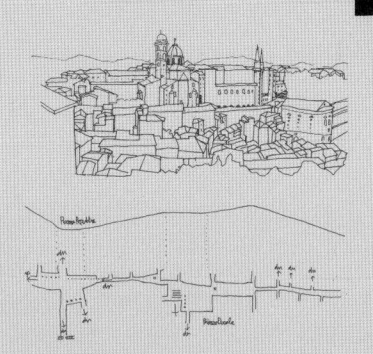

●執筆箇所

前田英寿
　　第 2 講、第 5 講、第 7 講 (7.1、7.2)、第 15 講
遠藤新
　　第 1 講、第 6 講、第 7 講 (7.3)
野原卓
　　第 3 講、第 4 講、第 11 講
阿部大輔
　　第 8 講 (8.1、8.3)、第 10 講、第 14 講
黒瀬武史
　　第 8 講 (8.2)、第 9 講、第 12 講、第 13 講

装丁：新保韻香
組版：海汐亮太

はじめに

　アーバンデザイン（Urban design）は、快適で豊かな都市空間を形成するための諸行為をいう。原点は、第二次世界大戦後の復興成長期1950〜60年代にある。都市環境が急激に拡大し複合した結果、それまで依拠していた近代都市計画の機械的効率主義が限界を露呈し、都市本来の歴史文化やコミュニティが崩壊し始めた。米国をはじめ西欧諸国そして日本でも、近代都市計画が排除してきた多様な価値観や重層的な環境を見直す機運が高まり、それを実現する手法としてアーバンデザインが誕生した。

　日本はこれまで三つの訳語をアーバンデザインにあててきた。「都市設計」は市街地や都市空間の物的計画設計に重きを置き、建築・土木・造園を横断しながら周辺環境や時間経過まで射程とする、総合的な空間形成を標榜してきた。「都市デザイン」は「デザイン」に企画と構想、制度や組織の設計および運用まで含み、行政機関の部署名に用いられるなど、法的な規制誘導と公共事業が中心だった都市計画を創造的行為に広げた。「まちづくり」は「づくり」が示唆するように実践運動に重きを置くとともに、平仮名の「まち」を掲げることにより、行政都市計画も民間都市開発も、市民運動や町並み保存、近年では芸術文化や健康福祉まで、都市・地域に関わる行為全般を包含する概念を確立した。

　本書がアーバンデザインを掲げるのは、その原点となった多様性と重層性を都市空間が備えることが、地球環境、高齢社会、国際流動など今日の課題に対処し、持続的な社会基盤の構築に寄与すると信じるからである。建設系はもとより、政治経済・社会学から地域・環境学まで、都市への関わり方を学ぶ人に広く読んでもらいたい。民間企業、行政機関、NPOで建築・都市開発・まちづくりに携わる実務者には、日々の業務を見つめ直す参考書として薦めたい。

本書の構成

本書は全15講、3部からなる。

「第Ⅰ部 アーバンデザインとは」は、アーバンデザインを二つの切り口で定義する導入編である。「第1講 アーバンデザインの位相」では、アーバンデザインとして行われる行為を都市計画、空間形成、実践運動の三つの面から示す。「第2講 アーバンデザインの歴史と系譜」では、アーバンデザインが誕生した経緯について近代都市計画との関係から歴史的に紐解く。

「第Ⅱ部 アーバンデザインの手法」はアーバンデザインの理論と技法を学ぶ基礎編である。「第3講 都市空間を解読する」では都市空間の重層性・多面性を調査・解析・記述する方法を、「第4講 都市空間を構想する」では都市の将来像を描くための概念と枠組み、表現方法を理解する。「第5講 街並みを設計する」で建築、「第6講 オープンスペースを設計する」で街路、広場、緑地、「第7講 水辺を設計する」で河川と港湾、それぞれのアーバンデザインに関する事項を学ぶ。続いてアーバンデザインを実施する仕組みについて、「第8講 都市空間を計画・調整する」で自治体行政、都市開発、景観規制、「第9講 都市空間をマネジメントする」で民間開発の計画誘導、地区及び公共空間の運営、「第10講 参加・協働の場をつくる」で市民参加と協働によるまちづくり、それぞれ取り上げる。

「第Ⅲ部 アーバンデザインの実践と展開」はアーバンデザインの実際を観察・展望する応用編である。「第11講 地域資産を都市に活かす」で様々なレベルのストックの保全と活用、「第12講 都市と交通の接点をデザインする」で公共交通や環境配慮型交通とそのための空間、「第13講 都市を再生する」で市街地の縮退と再編、「第14講 スモールアーバニズム」で身近な空間の生成と改善、「第15講 アーバンデザインセンター」で異なる主体の連携とそのための場、それぞれを通してアーバンデザインが現代の要請に応じて展開する様を捉える。

目次

第Ⅰ部

アーバンデザインとは

アーバンデザインの位相

1.1 都市計画としてのアーバンデザイン
1.2 空間形成としてのアーバンデザイン
1.3 実践運動としてのアーバンデザイン

アーバンデザインとは何か。本講ではアーバンデザインという行為を次の三つの側面から捉えて特質を解説する。すなわち、第一に都市を多様な思念の総合体として捉えて、あるべき姿を多面的に構想する行為を通じて都市に関わろうとする都市計画としての側面、第二に都市を既存の都市空間との関係の中でつくられるものと捉えて、空間の物的なデザイン行為を通じて良質の都市空間の形成を目指す側面、第三により良い都市はその秩序形成の根底にある市民意識が深く関連するものと捉えて、都市生活者である多様な主体の実践行為を通じて都市にアプローチしようとする実践運動としての側面である。

都市を象徴する美しいスカイライン（シアトル中心部）

1.1 都市計画としてのアーバンデザイン

　都市計画の目的はその時代の都市の状態や社会制度、建設技術などによって変化する。19 世紀、都市の工業化が進むと、高い人口密度、居住と工業の混在、スラムの拡大など様々な都市問題が発生した。こうした事態を背景として近代都市計画が登場するも、その後に展開した機械的な効率主義に基づく近代都市計画は様々な弊害をもたらした。この問題を乗り越えようとする形で、現代のアーバンデザインは 20 世紀半ばに登場した。機械的な効率主義ではなく、その時代に求められる機能的観点と審美的観点から都市や地域に形態を付与することで、人間にとって魅力的な場所をつくろうとするものとして都市計画を進めようとしたのである。

機能的観点と審美的観点

　機能的観点というのは、都市を構成する諸機能の必要性を満たすことが都市計画の基本的視点の一つであることに基づく（図 1.1）。

　現代の成熟した都市社会では多様な価値観が共存し、必要とされる諸機能も多様化している。例えば、便利な場所である都市を大きく改造してより多くの人が住んだり仕事ができる都市にすること、生活環境を改善しつつ都市の活力を産み出す何かを新しく入れ込むこと、今この都市に住んでいる人々を中心に新しく住み始める人も受け入れながら持続可能な都市にすること、地域の自然資源を活かして夏は涼しく冬は暖かく快適に暮らせる都市にすること、エネルギー・水・ごみといった資源の循環の仕組みが地球環境に優しく、かつ地域住民にとっての快適や安心等につながる都市をつくること、地域住民がお互いに顔を合わせ健康な生活が送れるよう歩いて暮らしやすい都市をつくること、地形や眺望、神社仏閣や祭りなど「ここ」にしかない

図 1.1　アーバンデザインにおける機能的観点

シアトル・サウスレイクユニオン地区再開発では、湖畔の立地を活かした環境に優しい地区を目指している。

地域の特性を活かした都市にすること等々。東日本大震災以降は特に、災害からの「回復力」が高く安全安心に住み続けられる都市にすることが都市住民の大きな関心事となった。

　一方で審美的観点というのは、美しい都市を実現しようとする観点である。元横浜市技監であり横浜市のアーバンデザイン行政の創設期を支えた田村明[1]は、美しい都市景観をつくることがすなわちアーバンデザインであるとしたが、そこでの「美しさ」とは、いわゆる芸術的というより、個性的であること、面白さ、生き生きしていること、楽しさ、魅力的であること、安らぎのあること、気持ちのよさ、懐かしさ、生きる幸せを感ずることなど、幅広い意味を含むと説明した。

　美しい都市としての美意識が捉える性質は多様であり時代を反映する。経済成長を前提とする時代には、場所の違いによらず同じような再開発による市街地の高度化・高質化・高機能化に美しい都市景観を求めた。だが都市の至るところに同様の再開発ビルやマンションが建ち並ぶようになり、都市開発が経済成長を牽引する時代が一段落すると、今度は他の場所では真似できない再開発や都市づくりが求められるようになる。そこから都市の文脈を読み個性を育むアーバンデザインが、美しい都市景観をつくるものとして見出されるようになった（図1.2）。

　人口減少時代といわれる現代の都市縮退[参照]の問題は、膨大な空き地や空き家の発生による都市の荒廃といった様相で顕在化している。こうした問題に長年悩まされてきた産業衰退の著しいアメリカやヨーロッパの都市、大規模なブラウンフィールド[2]を抱える都市にあっては、建築群によって「図」を描き出すような（かつての成功体験に裏づけられたという意味での）魅力的なプロジェクトを通じた活力ある将来の都市像はすでにナンセンスである。そこでデトロイトやバッファローなどの先駆的な縮退都市で

※1　田村明（たむら　あきら）
（1926-2010）
法政大学名誉教授。日本の都市プランナー。昭和43年飛鳥田市長に招かれて横浜市役所に入庁、企画調整局長として横浜市のアーバンデザインを牽引した。

図1.2　アーバンデザインにおける審美的観点
歴史的建物と新しい開発が調和したベルリン・ミッテ地区の街並み。

【参照】都市縮退
➡第13講　P.229

※2　工業跡地などの汚染された土地。

は、ブラウンフィールドの再生可能性の検討や、環境政策と都市政策の連携を模索しながら、選択と集中の結果である「図」ではなく、その他多数の選ばれなかった「地」の市街地に焦点をあてることにした。地域の生活者のための草の根の将来像を描き出すことから都市全体の再生へと向かう道筋を描き、その都市なりの活路を見出している。

人間にとっての魅力を中心に据える

現代都市に求められる機能や美しさは多面的であるがゆえ、現代都市のあるべき姿は多面的に構想される必要がある。ただし、近代都市計画への反動から出現したアーバンデザインにおいてもっとも根底にある普遍的な価値観は、人間にとって魅力的な場所をつくることである。だからアーバンデザインは都市計画において近代以降弱い位置づけにあった都市の「人間的側面」と「文化的意義」という観点を基本的視座に据え、あるべき姿を構想していく。

都市の人間的側面とは例えば、大気汚染等がなく健康的な環境、歩く人や自転車に乗る人が安全でいて滞留する人たちが快適に過ごせるような活気のある都市空間、ヒューマンスケール【参照】つまり人間の身体感覚に基づく心地のよい場所や景観に見出すことができる。あるいは、都市は生活の舞台であるから都市生活者に利用さ

図 1.3　ヒューマンスケールの都市空間
ロサンゼルス郊外パサデナのデル・マー駅周辺再開発では、1935 年に建築されたサンタフェ鉄道の駅舎を飲食店舗等に再利用して居心地のよい屋外空間をデザインしている。

図 1.4　サンフランシスコの街並み

【参照】ヒューマンスケール➡
5.1　P.103、6.2　P.214

れて初めて意味をもつという考え方にもつながる。様々な活動が発生することによって都市は生きた物になる。だから都市生活者に愛されるような人間的な都市空間は良い都市空間である。

ヨーロッパ諸都市では、アーバンデザインを福祉政策化する潮流もある。例えば、バルセロナでは、社会的に排除されてきた移民や貧困層を居住空間の改善などにより社会的に包摂していくプロセスを、都市空間の再生と連動させている。

都市の文化的意義には、都市を形づくる芸術や知的な作品のように有形物としての文化的意義と、都市社会を通じて人々が育んできた生活様式の中に見出せる無形物としての文化的意義の二つがある。第二次世界大戦後、都市の開発圧力が高まった経済成長期のサンフランシスコ市[参照]では、都市そのものに有形物としての文化的意義を見出すところからアーバンデザインの計画を進めた。1971 年、自治体の総合計画にいち早くアーバンデザインを位置づけたサンフランシスコ市は、アーバンデザイン計画 (The Urban Design Plan for the Comprehensive Plan of San Francisco, 1971) において、次のように記している。すなわち「アーバンデザインとは市民がより良い環境に住みたいと要求している中で、視覚的あるいは感覚的問題に対して解答を与えてゆくことであり、良いアーバンデザインとは、都市全域やそれぞれの区域に明確な特徴を与え、これが市民の守るべき資産として評価されるものをつくり出す。したがって、アーバンデザインは常に、保全と開発の的確なバランスを保ち、そのどちらも無視して仕事を進めることはできない。何がサンフランシスコの中で守るべき資産なのかを、市民集会の中で検討しつつ明らかにしていかなければならない」。つまりサンフランシスコ市は高まる開発圧力の中で、都市そのものを守るべき資産として認め、歴史的な資源の保全を開発とバランスさせるべきものとし

【参照】サンフランシスコ
➡ 8.1　P.149

て対極に位置づけ、アーバンデザインを展開したのである。

　無形物としての文化的意義に着目したアーバンデザインには、例えば横浜や金沢が推進してきたような創造都市【参照】など文化政策としての都市づくりの推進、都市そのものの文化的経済的な多様性を保持した地域社会の持続可能なあり方の構想、それらの実践であるアートと都市づくりの協働や街路のアクティビティの復活などが挙げられる。

　近代都市計画の隆盛の影で破壊されてきた、伝統的建築と街並み、そこに備わる建築様式や空間構成とその使い方、それらが形成する地域性や場所性といった文化的意義を都市づくりの中でいかに保全していくか。これは当初よりアーバンデザインが根底にもち続けている問題意識なのである。

【参照】創造都市➡ 4.3　P.90

1.2　空間形成としてのアーバンデザイン

　東京大学で都市デザイン研究室を主宰する西村幸夫[※3]によれば、都市デザインという言葉もない時代には、計画された都市空間は権力者の意思の表現あるいは理想郷の表現として理解されていた。それらの都市デザインに共通しているのは、都市を全一的なものとして捉えて、都市に手を加えることが当時の政治経済的状況に一つの方向を付与することを意味するものとして認識されていたということである。

　しかし、1960年代以降一般化してくるアーバンデザインにおいては、それまでのように為政者が絶対的な権力者として立ち現れることなく、技術者集団によって総合的な観点から部分の改善を実態のある形態として積み重ねてゆく仕事へと変容した。こうした中で、都市を為政者によってではなく建築・土木・ランドスケープなどの建設技術者が既存の都市空間との関係の中で形成していくアーバンデザインという専門領域が生まれたのである。

　田村明は、空間形成行為としてのアーバンデザインは、

※3　西村幸夫（にしむら　ゆきお）（1952-）
東京大学教授（2018年3月末に退官）。東京大学副学長、先端科学技術研究センター所長等を歴任。専門は都市計画、都市保全計画、都市景観計画など。世界遺跡記念物会議（ICOMOS）元副会長。東京大学都市工学科にて都市デザイン研究室を主宰した。

ポスターや自動車あるいは建築といった主に単独主体が単独の対象物をデザインする「単体のデザイン」とは異なる次元にあると説明している。アーバンデザインは、都市景観形成のあらゆる要素をトータルに捉えた「総合的デザイン」であり、都市に存在する様々な物同士の関係を捉える「関係のデザイン」であり、白紙の上ではなく既存の自然や人工物をベースにして新たな環境を形成する「環境のデザイン」(風土のデザイン)である。さらには、永遠に未来へ向かう完結のない継続のデザインであること、異質・多様・多数の主体によって行われるデザインであることを特徴としている。

敷地の内外を一つの環境としてトータルに考える

　例えば、住宅と工場の土地利用が混在する既成市街地の大規模な工場跡地を対象地区として、複合的な建築群を計画する際のアーバンデザインについて考えよう。複数の建築が計画される場合、通常は複数の設計者が設計を行う。計画区域を複数筆の敷地に分割して計画する場合には事業者も複数となり、設計・工事は別々のタイミングで進む。全体を一団地に指定して一体のものとして開発する場合でも、事業者は単独だが複数の仮想敷地の中で複数の設計者が建築群を設計することになる(図1.5)。

　建築を設計する場合、まず設計の基本的な考え方や意匠の考え方を立てる。その考え方と事業採算性や法的要件といった諸制約の下に、空間の構造や配置、用途など建築の大枠から色彩や素材など細部まで順を追って固めるのが一般的な設計の進め方である。もし、各設計者が各々の敷地の中だけを考えて、(白紙の上に)単独の対象物を設計(単体のデザイン)してしまうと、つまり計画対象地をトータルに捉える「総合的デザイン」の視点が欠けていると、例えば複数の建築群の高さや壁面の位置、色彩や素材などが全体としてちぐはぐになる恐れがある。

図1.5　ゲートウェイ地区再開発(クリーブランド市)
旧市場跡地にスポーツ施設を中心とする複合再開発を行った。広大な敷地をトータルに捉える総合的デザイン、複数の建築における関係のデザイン、周辺市街地への歩行者空間ネットワークのつながりや街並み形成といった環境のデザインについての配慮がなされている。

また、単体のデザインだけでは、隣地にある建築の動線、アプローチ、開口部の位置等とどのように整合させるか、どこを開きどこを閉じるべきか、どのようにつなぎどのように分節するか等、各建築の相互関係についての検討、すなわち「関係のデザイン」も見落とされてしまう。

　総合的デザインや関係のデザインは計画区域の外側にも注意が必要である。自分の設計する建築のランドマーク性（いかに際立って見えるか）をデザインする傍らで計画区域の外側に圧迫感や景観の不調和をもたらしていないか、歩行者空間のネットワークを分断していないか等々の検討は、周辺市街地を含む「環境のデザイン」の問題である。

　このような複数の建築間に想定される不調和や不整合をあらかじめ回避するために、または問題の発覚時に解決するために、アーバンデザインでは既成市街地の敷地と周辺環境（コンテクスト）の丁寧な解読を重視する。コンテクストの分析と多様な主体の合意形成に基づいてより良い街並みの全体構想やマスタープランを作成する。

継続のデザイン

　アーバンデザインにはもう一つ検討の視点がある。それは「設計の前提条件を変えることで、より良い空間を形成する」という視点である。先に示した既成市街地の大規模な工場跡地を考えてみる。例えば、対象地区の従前土地利用が工業であれば周辺の土地は当該地区に対して閉鎖的な構え方の建築が並び、道路は工場の車両交通が優先されて、歩行者にとって魅力的でない環境があるかもしれない。設計者は与条件の中で何がどこまで実現可能なのかを見極めて実現可能な設計案を作成するのだが、そうなると閉鎖的な周辺環境との調和やつながりを形成する設計案は見込めず、結局は排他的な単体のデザインが生まれてしまうかもしれない。

　このような状況を解消する一つの方法としてアーバンデ

ザインでは、設計の前提条件となる「設計対象地の周辺環境」を改編することで「好ましい設計条件」をつくり出し、その条件のもとに計画対象地のより良い空間の形成を導き出す方法を考える。これは、与条件を変えられない立場にある単体のデザインの設計者にとっては、極めて困難なアプローチである。

アーバンデザインの場合は、対象地域の市街地環境が良好でなければ、単体の設計条件を改善するような一段上位のレベルにある計画・構想を作成し、計画対象地だけでなく周辺を含む地区全体としてのより良い空間形成を達成しようとする。このとき、ある敷地の空間形成が周辺の敷地の空間形成へと連鎖し、市街地全体へと広がっていくような変容の過程が展開する。このような市街地の変容過程を創出する行為が「継続のデザイン」である（図1.6）。

例えば、アメリカのミルウォーキー市におけるミルウォーキー川沿いのアーバンデザインは、継続のデザインを通じて、街の「裏側」となっていた川沿いを心地良い公共空間に転換した。プロジェクト以前の川沿いの敷地は倉庫が建ち並び工場が混在する場所だった。川は眺望以外には活かせない要素だった。しかし、開放的で人が水辺にアクセスできるリバーウォークを行政と地元まちづくり組織が計画したことにより、設計条件が一変する。川に沿って人が歩けるようになり、川沿い敷地の利用価値が高まったのだ。リバーウォークの整備が進むと、川沿いの建物は従前のように川に対して閉じるのではなく、リバーウォークに沿って川に向かい開かれた店舗を配置、工場跡地にも新しく集合住宅が建設され、やがてミルウォーキー川沿いには人の賑わいがある魅力的な空間が形成された。

ミルウォーキー市の事例では、従前は人のアクセスできない街の「裏側」である河川沿い敷地はネガティブな場所と捉えられていたが、川沿いに各敷地をつなぐリバーウォークが計画されたことにより、すべての川沿い敷地が親水

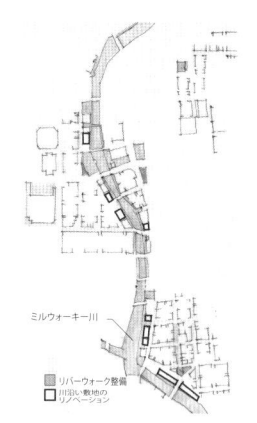

ミルウォーキー川

■ リバーウォーク整備
□ 川沿い敷地の
　リノベーション

図1.6　継続のデザイン
（ミルウォーキー川）

図1.7　ミルウォーキー川沿いのリバーウォーク

性の高い魅力的な空間利用を想起させるポジティブな場所として捉えられるようになった。その結果、ミルウォーキー川沿いには開かれた店舗や集合住宅が連なるようになった。リバーウォーク整備と川沿い各敷地の建築は連鎖的に進み、川沿いエリア全体へと「継続のデザイン」が展開した。

　建設当時から少しずつ姿を変えながら、現代人の暮らしを許容しつつ、今に至るような歴史的な都市は多数存在する。都市に発生する様々な整備や建築行為は一事業として完成しても、都市全体としての完成はない。都市は人が暮らし続ける限り変容し続ける。継続のデザインとはこの市街地変容の過程の一部をデザインすることだと理解することもできる。このように考えると、継続のデザインは「物的な設計条件」だけでなく、歴史や環境の履歴など過去との対話、あるいはまだ見ない未来との対話から生まれる「時間的な設計条件」にも、より良い空間形成のヒントがあることに気づく。災害と復興【参照】の歴史を踏まえた事前復興[4]としての空間整備や都市計画などはその例といえる。

　近代の都市化や近代都市計画は、合理性や効率性を求めることにより都市空間の分離を招いた。都市空間の分離とは排他的な都市空間の生成に他ならず、それは都市が本来備えているはずの許容性を阻害する。これに対してアーバンデザインは、分断された空間の関係性や人間的な都市空間の秩序を回復するものである。加えて、多様な活動を受容し支えるような柔軟性を都市空間にもたらすものでなくてはならない。

空間形成のための統合と調整

　アーバンデザインは異質・多様・多数の主体によって行われるデザインである。アーバンデザインでは、都市空間の構成要素を単体に切り分けて別個にデザインを進めるのではなく、そこに関わる多様な主体の考えを調整【参照】して

【参照】災害と復興 ➡ 7.3 P.141

※4　事前復興
災害が発生した際のことを平時の内に想定し、被害最小化につながる都市計画、まちづくりを推進すること。復興事前準備の取り組み（復興に係る計画・マニュアルの策定、復興体制の構築、復興に関する知識・ノウハウの蓄積、人材育成、地籍調査、復興視点を取り入れた計画策定）に加えて、被災後の復興事業の困難さを考え、事前に復興まちづくりを実現し、災害に強いまちにしておく。事前に復興対策を計画的に準備しておくことで、数段有効な復興対策が図れる。

【参照】調整 ➡ 8.2　P.153

まとめ、多くの主体がその決定にどのように関わってゆくのかを常に問題とする。

　例えば、都市広場のアーバンデザインにおいては広場と隣接する商業ビルや立体駐車場など建物とその広場が一体的となるように、人の動線や滞留場所の配置と建物の位置関係、ファニチャの配置、全体の照明・植栽・色彩など、各施設の空間計画・設計の内容を調整する。広場と隣接する建物の設計が同時期に行われるならば、双方の設計者が両設計を付き合わせて調整することができる。片方が構想や計画の段階にある中で一方の設計を進める場合には、設計内容を付き合わせての調整ができない。その場合には、後から設計する施設が既存の施設と適切に関係づけられるよう、空間全体の考え方とデザインの作法や要素をガイドライン等の形で固めておいて、時を超えた調整を行う。特に重要なのは公的空間と私的空間の中間領域における統合と調整である。

　都市空間の形成に関わる者は、公共や民間の建築・土木・造園デザイナーやプランナーあるいは地権者や市民など実に多様である。異なる立場とレベルにある多種多様な空間政策・計画・設計との関わりの中で各々が意思決定をする。それらは最終的に統合されて一つの空間を形成することになる。空間形成としてのアーバンデザインには様々な施策や計画や設計を関係づけて、一つの空間に統合する調整行為が必ず発生する。こうした統合と調整は空間形成としてのアーバンデザインの基本原理といえる。空間形成のための計画は、通常は基本構想、基本計画、事業計画という三段階で体系化[参照]されている。

【参照】計画体系
➡ 5.3　P.114

　空間形成のための調整には計画的観点からの判断と主観的な判断の両者が混在する。そのため関係する多様な主体が合意・共有できる価値基準をもつことと、よりよい都市空間を形成する目的意識やビジョンを明確にもつことが重要である。これを具体的に表したものがアーバンデザインの方針、マスタープラン、ガイドライン等の図書である。

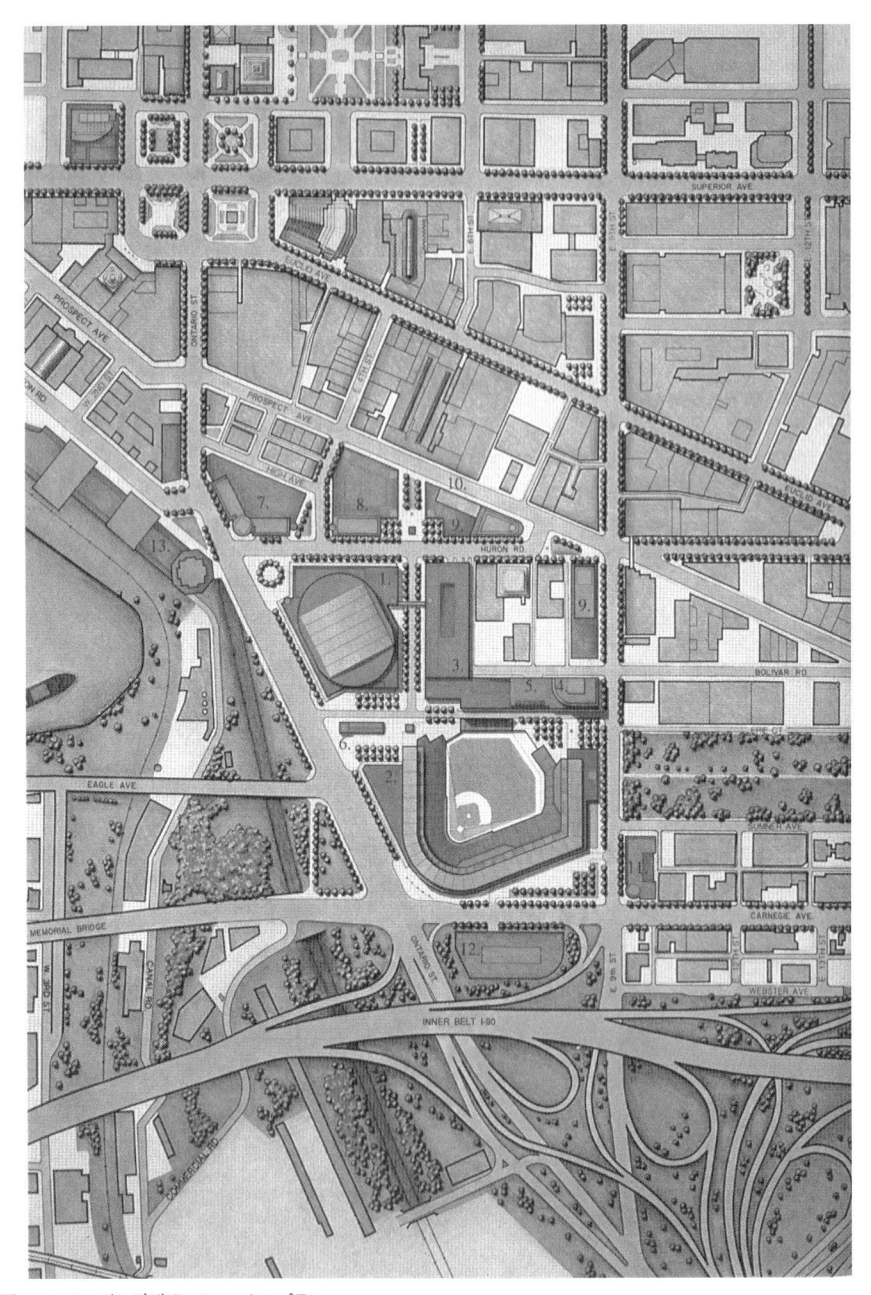

図 1.8　アーバンデザインのマスタープラン
ゲートウェイ地区では全体計画としてのマスタープランを策定、複数の建築がつくる空間の寸法や周辺市街地との関係等については
デザインガイドラインにまとめている。

アーバンデザインの調整では、鳥の目をもって対象となる都市空間の全体に目を配り、そこにある様々な構成要素のデザインを統一ビジョンへと集約することを目指す。

空間の力学

　元東京大学教授でアーバンデザイナーの北沢猛[5]は、アーバンデザインとは「市民生活を維持するための都市の諸機能や諸要素を、公共という観点に立ちこれらを適切に関係づけ、そして唯一である空間（物的環境）に効果的に統合する行為である」とした[6]。

　空間形成のための統合においては「公共性」こそが、市民が合意し共有できる目標であり価値観、共同の利益である。したがって、何が公共性なのかを明確にしなくてはならないが、これには普遍的な原理や結論はない。時代や地域、社会によって異なり、市民の意識や価値観によっても異なる。経済産業が主導するのかあるいは市民社会を基本とするのかといった社会的構造がそれを左右する。これらの社会組織や社会的力学においてどのようにして空間の論理を構成しえるか、また実践が可能となるかという問題が初動期のアーバンデザインでは繰り返し議論されてきた。

　都市中心部における公共空間の創出ないしは公共公益施設等の設置と引き換えに一定の容積率の緩和といった規制緩和がなされるインセンティブ・ゾーニング制度【参照】や、英国CABE【参照】や米国の諸都市におけるデザインレビュー【参照】、あるいは日本の景観法に基づく景観協議【参照】などの一連の景観コントロールは、公共性のあり方を軸とする空間力学の中で展開するアーバンデザインの手法である。

　これらの手法において都市は民間の任意の建設行為の集積として成立しているとの認識のもと、建築に対する規制誘導を通じて、あるべき都市像へ一歩一歩近づくためにコントロール体系そのものがデザインされる。インセンティブ・ゾーニングでは、民間事業者による公共貢献に対する

※5　北沢猛（きたざわ　たける）（1953-2009）元東京大学教授。日本のアーバンデザイナー。横浜市都市デザイン室長を経て、東京大学都市工学科にてアーバンデザインの教育と実践に従事した。横浜市参与、京都府参与、千葉県参与。日本初の「アーバンデザインセンター」を千葉県柏市柏の葉に開設した。

※6　北沢猛『都市デザイン概論　講義ノート』（2016年4月11日）

【参照】インセンティブ・ゾーニング制度➡ 9.1　P.164

【参照】英国 CABE
➡ 8.3　P.159

【参照】デザインレビュー
➡ 8.3　P.159

【参照】景観協議
➡ 8.3　P.162

見返りとして規制緩和が行われるため、公共貢献と規制緩和の適正さを多角的な視点から検討し、均衡をとる。

1.3　実践運動としてのアーバンデザイン

　都市に対する実践には、例えば花植や清掃のように住民など誰もが参加できる専門性を必要としない実践から、空間の計画設計や制度の運用など必ずしも住民だけでは対応しきれない専門性の高い実践まで、多岐にわたる。前者の場合、個々人が行動に移したり、共感する者同士が協力して行動すれば事足りるかもしれないが、後者の場合には、専門家を含む多様な主体が集まり目的に沿って適切な体制を構築することが必要になる。したがってアーバンデザインを実践するための体制や仕組みをどうつくるのかは、都市に対する実践者の関わり方を規定する本質的な問題である。

　都市に対する実践を行う者にとって、都市への関わりとその権利は、すべてが最初から所与の制度・仕組みとして確立している訳ではない。実践に向けて新しく体制が組み立てられたり、既存の手法が崩されたりする可能性がそこにはある。新しい実践を展開するには、実践に関わろうとする主体と都市を関係づける新たな秩序（例えば組織体制、制度や仕組み等）が必要になる。実践する主体を内包する社会秩序の違いに着目すると、都市への関わり方は、強制力を根本とする秩序形成に基づく関わり方、合意を根本とする秩序形成に基づく関わり方、その二つに当てはまらない任意の関わり方の三つに分類できる。

強制力のある関わり方を通じた実践

　強制力を根本とする秩序形成に基づく都市への関わり方は、上位者が強制力をもって下位者を支配する構造をもつ。こうした強制力のある関わり方を通じたアーバンデザイン

の実践に、アーバンデザイン行政【参照】がある。1960 年代のニューヨーク市では都市計画部局と建築部局という二つの専門領域の中間にある領域を認め、そこにアーバンデザイン・グループを位置づけた。1970 年代の横浜市では市長直轄の企画調整室（後に企画調整局）がアーバンデザイン行政を担うこととなった。自治体のアーバンデザイン専門チームは、その多くが行政組織内の縦割りをつなぐ中間的な領域に新たな体制を設ける形で登場し、従来の行政組織では対応しにくかった部局横断的な取組みを実践した。

　行政組織以外での強制力を根本とする関わり方の例としては、マスターアーキテクト方式【参照】がある。これは大規模な再開発等において複数の建築を計画する際に、プロジェクトの対象地区全体のアーバンデザインを行う設計技術者＝マスターアーキテクトを選定（契約）し、下位にある各建物の設計者と上位にあるマスターアーキテクトが相互に議論を重ねながら設計を進めていく方式である。複数の建築家を登用することで多様性を確保しつつ、素材や形態の統一感をはじめ、全体としての一体感や機能的整合などをマスターアーキテクトがコントロールすることで調和のとれた街並みの形成を意図した手法である。幕張ベイタウン【参照】やベルコリーヌ南大沢【参照】などの集合住宅地のアーバンデザイン、東京ミッドタウン【参照】などの大規模再開発におけるアーバンデザインの実践に用いられた実績がある。

協働のまちづくりを通じた実践

　合意を根本とする秩序形成に基づく都市への関わり方の大半は、市民、行政、その他専門家といった立場の異なる多様な主体が関わる「協働のまちづくり」となって展開する。関わる主体間の利害の一致、目指すべき都市の姿の共有といった合意が根本にあることで協働は成り立つ。

　協働のまちづくりを通したアーバンデザインの実践には、

【参照】アーバンデザイン行政
➡ 8.1　P.148

【参照】幕張ベイタウン
➡ 8.2　P.155

【参照】ベルコリーヌ南大沢
➡ 8.2　P.153

【参照】東京ミッドタウン
➡ 8.2　P.156

例えばエリアマネジメント【参照】がある。エリアマネジメントでは、都市内の一つのエリアに特化した賑わいづくり等の計画が策定され、施設等が竣工した後の空間の管理運営を効果的に進めるための体制が構築される。行政が広場や道路などの公有地を提供し、その公共空間を活用したい地域の民間事業者等が中心となって公共空間のマネジメントを実践する。

【参照】エリアマネジメント
➡ 9.2　P.172

市民が中心的な役割を担う場合としては、まちづくり協議会【参照】を通じた実践がある。通常のまちづくり協議会は、地元の町会組織や商店会組織等の代表者、その他の地域コミュニティ組織の代表者が中核となって、行政と学識経験者などの専門家がこれを支える。代表者には、地域の重鎮として参画を求められる代表もあれば、実際に汗を流して動ける人として地元から信頼を得ている代表もある。協議会による実践は、地元の合意形成に重きを置いている。

【参照】まちづくり協議会
➡ 10.3　P.190

協働の中でも専門家の役割に重点が置かれた関わり方には、アーバンデザインセンター【参照】など官民学の連携組織を通じた実践がある。アーバンデザインセンターはまちづくり協議会と同じく、地域の代表、行政、専門家らが参画するが、まちづくり協議会と比べて専門家による実践力を重視した組織体制となる。地域からはデベロッパーなどの事業者が加わることもある。専門家には地元に縁のある大学や組織立ち上げ時期から関わる大学研究室、建築家やプランナーが通常は加わる。専門家が関わることで官民のバランスをとるだけでなく、実験的な取組みへの挑戦など実践の幅が広がる。コミュニティの力が衰退しつつある社会や地域のなかで、人と人のつながり方やその仕組みを専門家がデザインしようとする「コミュニティデザイン【参照】」という実践もある。

【参照】アーバンデザインセンター
➡ 第 15 講　p.263

【参照】コミュニティデザイン
➡ 14.4　P.260

都市に対する市民の誇りや愛着といったシビックプライド【参照】を広く地域全体に醸成することも、協働のまちづくりを通した実践の一つである。アートやツーリズムなど

【参照】シビックプライド
➡ 14.4　P.261

のソフト事業から都市に展開を目指す実践はソフトアーバ二ズム【参照】と称する。ハードの空間づくりよりも、場所として居心地がよくなり、楽しいコンテンツが生まれ育ち、賑わいが生まれ魅力が増し、やがて地域の価値が上がっていくことを目指した実践である。

【参照】ソフトアーバニズム
➡ 14.4　P.258

自らがプレイヤーとなって都市を変えていく実践

　最後に、上記二つの関わり方に当てはまらないような任意の関わり方については、当事者自身による事業実践の形で任意に展開するもの全般が含まれる。これは自らがプレイヤーとなり都市を変えていこうとする実践であり、民間デベロッパーによる単独の都市開発から、建築家がストリートにベンチを置くような小さな日常的実践まで実に幅広い。自らがプレイヤーとなる場合には、例えば都市計画諸制度を利用した当然の権利（as-of-right）としての大規模開発を行うように既存の社会秩序に則った関わり方と、既存の秩序を変えていくことから新たな都市空間や都市社会の姿を獲得しようとするような関わり方とに大きく分かれる。

　既存の秩序を変えていくような事業実践は、長期的かつ全体的展望に立った戦略と同時に、戦略を具体的に遂行するための戦術がカギとなる。

図 1.9　ポートランド市中心部のフードカートによるプレイスメイキング
駐車場の街路沿いにフードカートが集まることで人の居場所をつくっている。

　例えば、空き店舗等を地域の資源と捉え、地域を経営するという戦略をもって、意欲ある事業者を集めて、空き店舗等の再生に必要最小限の投資を行い、小さな空き店舗等の再生からまちの元気を取り戻そうとする取組み戦術は「リノベーションまちづくり」【参照】

【参照】リノベーションまちづくり
➡ 14.4　P.260

と呼ばれる実践である。

　ハードとしての空間づくりに加えてソフトコンテンツや商業など様々な要素を含んだ居心地のよい場所を戦略的につくろうとする「プレイスメイキング[参照]」は、空間の整備からマネジメントまで連動した実践により都市空間のあり方を変えていこうとするアーバンデザインの戦術である。人口減少を背景として都市が縮退に向かう現代社会においては、身近な生活環境から小さく改善をはじめて、やがて大きく都市スケールの秩序の変化に展開していくような実践に対する期待感が高い。この文脈において、休憩場所や緑の空間などを手づくりで創出する取組み、コンテナ店舗やフードカート等を集めて仮設の商業空間を小さく手軽に創出する取組み、道路のベンチや日除け設置のように小さな環境の改善など、身近な生活環境を小さく改善するプレイスメイキングの実践に近年は関心が高まっている。

【参照】プレイスメイキング
➡ 14.2　P.248

アーバンデザインの歴史と系譜

近代を軸にアーバンデザインの歴史をたどる。近代以前の都市から人間的尺度の空間や自然環境との共存など、今も学ぶことは多い。近代都市計画は 19 世紀後半の急激な工業化による環境悪化に対処するために生まれた。その機械的効率主義は都市の量的拡大に貢献したものの、質的成熟には限界があった。近代主義の中で忘れられていた時間の積み重ねや異なる要素の混合を是とし、調和のとれた多様性を都市にもたらす手法としてアーバンデザインは誕生した。

イタリア・シエナ遠景　　　　　　　　　奈良・法隆寺

2.1　近代以前の都市

　19世紀半ばまでの前近代の建築と都市空間を概観して、
アーバンデザインが依拠する都市の概念を理解する。

西洋古代都市

　西洋の古代は四大河川文明が発
達した紀元前3000〜2000年から
キリスト教が公認される313年ま
でとされる。エジプト文明はナイ
ル川沿いにピラミッドと神殿を建
造して周囲に都市を形成した。チ
グリス・ユーフラテス川流域のメ
ソポタミア文明は、西洋の東方の
意味で「オリエント」と呼ばれる。
エジプトは密林や渓谷で守られて
いたのに対し、砂漠のオリエント
都市は環濠や市壁を巡らせ、宮殿
ジグラトを囲む迷路状に市街地を
築いた。エジプトの巨石建造物は
往時の姿を遺し、日乾しレンガの
オリエント都市は風化した。

　西洋の原点、古代ギリシャは地中
海沿岸に都市国家（ポリス）群を興
した。最盛期のアテネは市民4万人
と奴隷など10〜15万人が暮らした
といわれる。中心広場アゴラに市場
や議場など市民施設、神域アクロポ
リスに神殿や競技場が築かれた。オ
ーダーと呼ばれる列柱廊は古典建築
の規範となった（図2.1）。

　ギリシャ文明はエジプトやオリ

図2.1　古代ギリシャ都市国家プリエネ

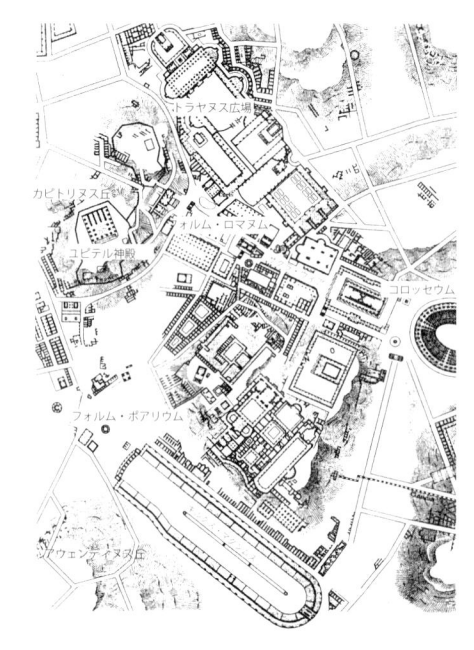

図2.2　帝政ローマ中心部

エントと交わってローマ帝国に継承された。ローマ帝国は395年東西分裂を経て、東ローマ帝国は1453年まで続いた。ローマ建築はギリシャ建築にアーチを加えて都市を縦横に拡張した。広場を中心に神殿や行政施設が列柱廊で結ばれたフォルム、集会場兼市場のバシリカ、円形劇場、公衆浴場、水道など巨大施設が出現した（図2.2）。市民はアトリウム（天窓付き広間）とペリスタイル（柱廊付き中庭）のある中庭住宅に暮らした。店舗併用や7〜8階建ての住宅もあり、最盛期ローマ市に市民70〜100万人、奴隷35万人が暮らしたといわれる。各地の植民地はロンドンやパリなど現代都市の起源になった。

キリスト教都市

　初期キリスト教は元市場のバシリカを教会堂に転用した。正面の両側に列柱が並ぶ、この矩形教会堂をバシリカ形式と呼ぶ。ローマ帝国が東西分裂すると、東ローマ帝国は首都をコンスタンチノポリス（現イスタンブール）に移してビザンチン帝国と称した。この東方教会堂は十字形集中平面の交差部にドームを頂いてビザンチン様式と呼ばれ、モスクに転用されるなどイスラム文化と濃く交わった。

　476年西ローマ帝国滅亡後の暗黒時代を経て、紀元千年を機にキリスト教の復興が図られた。半円アーチのロマネスク様式の修道院が各地に開かれた。商工業が回復した都市には、尖塔アーチとバットレスを用いた背の高いゴシック様式の大聖堂が建設された。大聖堂と市街地を丸ごと市壁が囲む城壁都市を中世ゴシック都市と通称する。サンジミアーノやウルビノなどイタリア山岳都市では、自然の要害に地元の石材とレンガからなる人間的尺度の街並みが今も人々を魅了する（図2.3、図2.4）。

　15〜17世紀の三大発明（印刷機、羅針盤、火薬）に代表される科学技術の進化が人間の合理性を認め、キリスト教以前の古代ギリシャ・ローマを再評価するルネサンス運動

図2.3　イタリア山岳都市サンジミアーノ

につながった。その中心フィレンツェで1434年ブルネルスキが八角平面の二重架構によりサンタマリア大聖堂を完成させた。軍事、衛生、美観を幾何学から追求したいわゆるルネサンス理想都市が構想されて一部は実現した。

　17世紀大航海時代を経た絶対王政が壮麗な首都改造を手掛けた。楕円や曲線による躍動的な形態を好んだ当時の建築様式にちなんでバロック都市と呼ばれる。ローマでは1546年ミケランジェロが透視図の効果を使ってカンピドリオ広場を設計、1666年ロンドン大火の復興をクリストファー・レンが指揮してセントポール大聖堂を再建、1682年ルイ14世がパリ郊外にベルサイユ宮殿を完成させた。

図2.4
イタリア山岳都市ウルビノ

奈良と京都と鎌倉

　日本の前近代は文字のない先史時代、仏教が伝来して朝廷が統治した飛鳥・奈良・平安時代を古代、武士が実権を

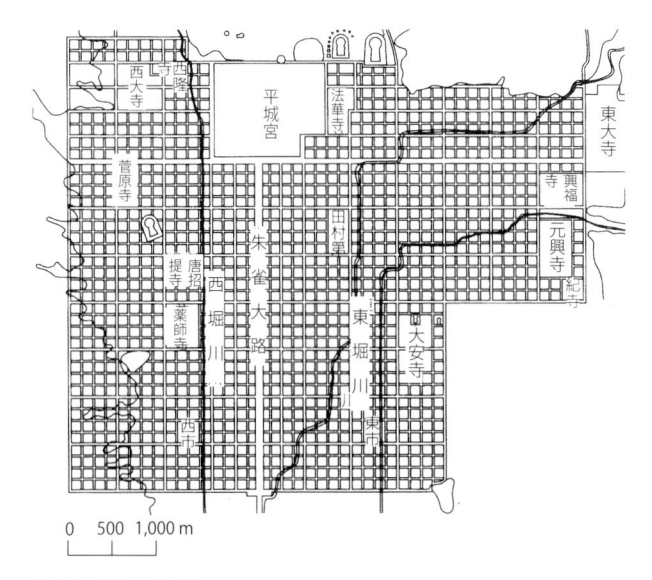

図 2.5　奈良・平城京

握った鎌倉開府以降を中世、江戸時代安定期を近世という。

　現在の奈良県に興ったとされる大和朝廷が、538 年大陸から伝わった仏教を拠り所に中央集権国家を築いた。飛鳥寺が 588 年着工、600 年代に法隆寺が建立され、瓦屋根、礎石、版築、太い柱梁など大陸の堅牢な建築技術が導入された。塔や堂を並べて回廊で囲む寺院配置を伽藍という。

　710 年奈良に平城京が置かれ、794 年京都に平安京が開かれた。「京」は首都、「宮」は天皇の在所、「条坊」は 120m 間隔の格子状に区画された宅地をいう。平城京は唐の長安を模して北が山で南に開く南北 4.8km × 東西 4.3km（図 2.5）、人口は最盛期 20 万人、平安京はさらに大きかったといわれる。市壁は部分的で京内外の境界は曖昧だった。貴族は条坊一区画を占め、公務と生活を兼ねる寝殿を中心に池泉回遊式庭園を巡って棟が連なる寝殿造りを構えた。庶民は条坊を細分して町家や長屋に暮らした。

　武士が実権を執り、戦乱の絶えなかった鎌倉時代から室

町時代を経て戦国時代までが日本の中世である。唐様式といわれる肘木や尾垂木を用いた力強い持ち出し構造が中国から伝わって、東大寺南大門・大仏殿のような大空間が現れた。源氏が開府した鎌倉は、連山が背後を守り、南の相模湾に開く天然の要害である。若宮大路の北端に中枢施設を置いて周囲に寺社を配する構成は、平安京のそれである。

室町幕府は京都に置かれた。金閣や銀閣に見られる細い柱梁、軒の反り、花頭窓、見立て庭など繊細な意匠の禅様式が普及した。有力な禅寺は大境内を構え、各地の修行僧を僧坊に招き入れた。武家住宅は書院という小さな棟が連なる書院造りと呼ばれ、採光通風を確保するための棟間の小庭が、枯山水や借景など作庭の技を促した。

近世城下町と江戸

応仁の乱（1467-77）を契機に下克上の戦国時代が始まった。軍事的に防御しやすい山間や水辺に城が築かれた。戦国時代が進むと統治機能が加わり、交易や商業に便利な平地に天守閣や水濠を備える城郭を構え、周囲に城下町を築いた。今日主要な都市の多くが城下町を基盤とし、明治以降の鉄道敷設が旧城下町の内か外か、城址に近いか遠いかによって、後の近代都市形成に影響した（図2.7）。

西洋の中世都市が全体を市壁で囲んだのに対し、日本の城下町は町割りが防衛を兼ねた。城郭付近の武家地、街道沿いの町人地、要所で前線基地となる寺社で武士や僧兵が待機し、丁字路や鍵状路が外敵を退けた。城下町同士を結ぶ街道は城郭を避けるように町人地に迂回した。城郭を巡る水濠は運河として川や海につながった（図

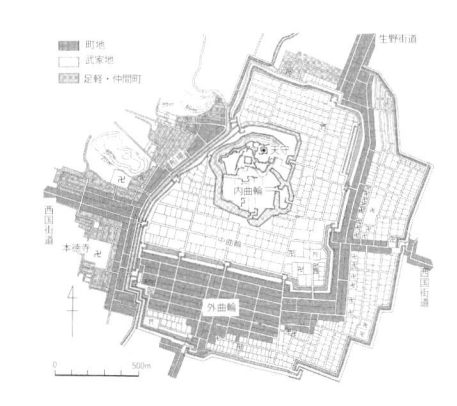

図2.6　姫路城と城下町

2.6)。

　城下町や宿場町にある町人住宅は町家と呼ばれる商店街建築の原型である。通りに面して軒を連ね、中庭でプライバシーや通風採光を確保した。有力寺院を中心に組織されたのが寺内町である。奈良県の今井町は交通の要所で栄え、自治権が与えられた。農家は庭に納屋や家畜小屋を備え、母屋を襖や障子で間仕切って広間や座敷に使った。

　東京の前身、江戸は徳川幕府の統治下（1603-1868）に100万人が暮らしたといわれる。1456年太田道灌が隅田川口に築いた水城を徳川家康が切り盛りして城郭に整え、江戸湾につながる水路網を備えた城下町を開いた。1657年明暦大火後の復興事業を通じ、現在の山手線内にあたる江戸城の南北西各方面の山手と、隅田川左岸の深川地区を加えたいわゆる大江戸が完成した。各地の大名は参勤交代のため江戸に屋敷に置き、妻子を住まわせて3年ごとに自藩と往来した。江戸城を中心に大名屋敷や寺社地とそれらの間の町人地や小規模武家地が、山あり谷ありの地形に沿ってモザイク状に細かく敷き広がった。

図 2.7　松本城

2.2　近代都市計画

　19世紀の工業化による劣悪環境を改善するため近代都市計画が生まれ、工業技術が近代都市計画を推進した。

都市改造と田園都市

　近代都市計画の基本は19世紀後半欧米で整った。大都市は公共空間と沿道建築を同時更新する都市改造を行った。1813〜26年ロンドンは南北の公園を結ぶリージェント街を建設、1858〜88年ウィーンは幅500mの環濠を埋めて環状道路リンク・シュトラーセに転換、1852年パリは超過収用を適用し、整った街並みが続く大通りと広場を整備した（図2.8）。

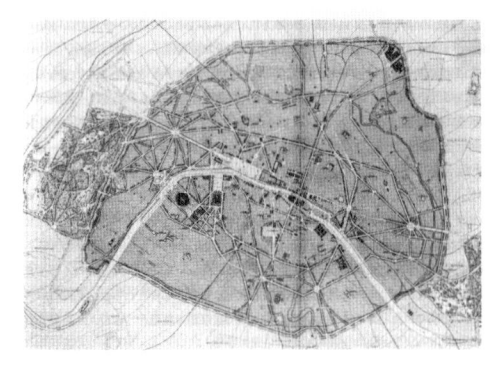

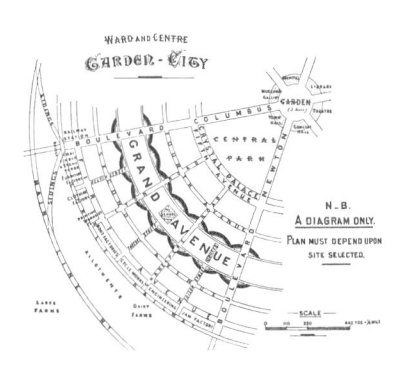

図 2.8　オースマンのパリ計画　　　　　　　　図 2.9　田園都市の模式図

外科的な都市改造に対して建築規制は内科療法である。英国の 1894 年公衆衛生法は道路幅員、壁面線、高さなど市街地の日照・採光・通風に係る建築形態規制を定めた。1902 年ドイツが耕地整理を応用した区画整理は、等価交換により土地収用を避ける基盤整備手法として「都市計画の母」と呼ばれる。1909 年米国ロサンゼルスは市街地に 7 種類の用途地域を指定した。

　田園都市[参照]は既成市街地を離れて新都市を建設する構想である。企業家が工場と住宅を一体で郊外に揃えたカンパニータウンが発想の元にある。自律的なカンパニータウンに対し、田園都市は鉄道で母都市と結ぶ。英国の社会事業家エベネザー・ハワード[※1]は 1898 年『明日の田園都市』で都市と田舎の結婚と称し、職場と住宅とサービス施設、緑地と農園も備える理想都市を構想、建築家レイモンド・アンウィン[※2]が設計して 1903 年レッチワースと 1920 年ウェルウィンが実現した（図 2.9）。1904 年フランスの建築家トニー・ガルニエ[※3]が計画した工業都市は別の田園都市である。海岸沿いの山麓に住宅地区、中心地区、コンビナートを鉄道に沿って機能的に配置した。

　田園都市を米国の自動車社会に応用したのが 1924 年クレランス・ペリー[※4]の近隣住区論である。通過交通を排

【参照】田園都市
➡ 4.1　P.76

※ 1　エベネザー・ハワード（1850-1928）イギリスの社会事業家。主著『明日の田園都市』（1898）

※ 2　レイモンド・アーウィン（1863-1940）イギリスの建築家。主著『Town Planning in Practice』（1909）

※ 3　トニー・ガルニエ（1869-1948）フランスの建築家・都市計画家。主著『工業都市』（1917）

※ 4　クレランス・ペリー（1872-1944）アメリカの社会学者。主著『近隣住区論』（1924）

除した400m四方の小学校区・人口1万人を単位とし、ニュージャージー州ラドバーンで実現した。教会と小学校を中心に据え、複数の住区が共用するように商業施設を交差点沿いに置いた。地先道路をクルドサックの行き止まりとし、背後に帯状緑地を連ねた。田園都市構想と近隣住区論は世界中に広

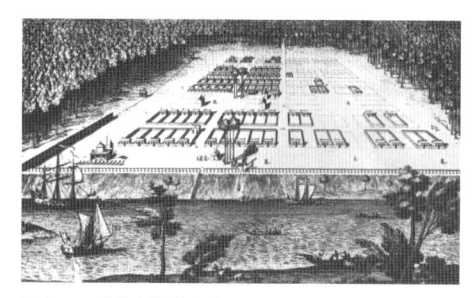

図2.10 グリッド都市サバンナ

がって住宅団地やニュータウンの手本になった。

グリッドパタンと摩天楼

近代都市計画は空間を効率的に拡張する手法を米国から得た。アメリカの植民都市は道路築造や土地分配が容易になるように格子状（グリッドパタン【参照】）に町割りして均質な区画を大量生産した（図2.10）。スペイン植民都市の街区は方形で中央に空地が残る。オランダそして後に英国が入植したニューヨークの街区は矩形である。同じ面積ならば後者のほうが長く道路に接する。

【参照】グリッドパタン
➡ 5.2　P.106

米国の建国は1776年、首都ワシントンの都市計画は1790年設計競技でランファンが選ばれた。重要な地点に公共施設と広場を置いて大通りと壮麗な沿道建築で結ぶのは、17世紀ヨーロッパのバロック都市を継承している。

米国は列柱を備えるギリシャ風建築を重用した。1893年シカゴ国際博覧会でダニエル・バーナムが中心施設を指揮し、素材から寸法まで統一した「白い都市」と呼ばれる古典様式に設えた。これはフランスの古典的美術学校に因んでアメリカンボザールと呼ばれ、米国都心部の建築を席巻して都市美（シティビューティフル）運動に展開した。

米国の建築技術は高層ビル【参照】に象徴される。鉄鋼業が盛んなシカゴで1871年大火を機に鉄骨造の高層ビルが急増した。柱梁構造により大きな開口のシカゴ窓が流行し、

【参照】高層ビル
➡ 5.1　P.102

高層ビルの必需品・エレベーターと機械空調も開発された。鉄骨の耐火被覆に用いられたタイルや石板が、装飾的な細部や古典的モチーフをまとった。1920 年代ニューヨークに高さ 300m を超える摩天楼が登場し、斜線制限による階段状の輪郭に機械的装飾が施されてアールデコと呼ばれた。

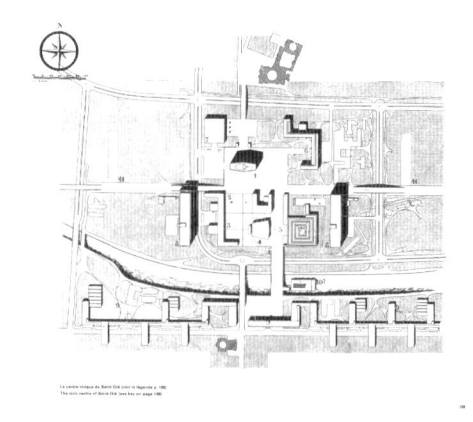

図 2.11　ル・コルビュジエ　サンディエ計画

モダニズム

　工業の特徴を活かすデザインをモダニズムという。1851 年ロンドン万博クリスタルパレス、1889 年パリ万博エッフェル塔など、産業施設や交通施設に鉄とガラスが大胆に用いられた。一般建築は当初は鉄骨造の外観に伝統様式をまとわせていた。1900 年前後、ヨーロッパを席巻したアールヌーボ建築が、鋳鉄や大判ガラスの新技術を表現し始めた。

　近代化に遅れたドイツでは 1907 年結成のドイツ工作連盟が英国のアーツ＆クラフツ運動に共感しつつ、芸術の工業化を推進した。その一員ヴァルター・グロピウスは 1919 年バウハウスを設立、工学と美術が融合した最先端のデザイン教育を行い、1924 年デッサウ新校舎にカーテンウォールや陸屋根などモダニズムの建築言語を披露した。

　オランダでは 1917 年創刊「デ・ステイル」誌がモダニズムを喧伝した。港湾都市ロッテルダムでは J.J.P. アウトらが労働者住宅に幾何学的な白い外観を与えた。表現主義が台頭したアムステルダムでは、南部住宅地開発でヘンドリック・ベルラーヘが有機的な街路パタンや変化に富む住棟デザインを駆使した。

　モダニズム建築の巨匠ル・コルビュジエ[5]は都市のモダニズムにも多大な影響を与えた。1930 年「輝く都市[参照]」

※5　ル・コルビュジエ（1867-1965）スイス出身、フランスを拠点にモダニズムを確立した建築家。東京上野・国立西洋美術館（1954）を設計。

【参照】輝く都市
➡ 4.1　P.76

はアテネ憲章[6]の通り、既成市街地と絶縁した緑地（余暇）の中で高層オフィス（労働）と雷型住棟（居住）が道路で結ばれる機械的都市像を描き、インド・パンジャーブ州都チャンディガール（1951）で実現した。

ミース・ファン・デル・ローエ[7]（1886-1969）は鉄とガラスの均質なグリッドが広がるユニバーサルスペースによって都市の空間と景観を一変させた。1945年イリノイ工科大学クラウンホールと1968年ベルリン新国立美術館で間仕切りのない一体空間を実現し、レイクショア・ドライブ・アパートメントとシーグラムビルで完成したカーテンウォールは今なお高層ビルの定番である。

江戸から東京へ

日本の都市は社会経済と同様に、1868年明治維新を機に、西洋技術を吸収しながら江戸時代の技能や遺産を使って近代化を成し遂げた。1856年開国によって神戸や横浜の居留地に、コロニアル様式と呼ばれる、バルコニーが特徴的な外国人用の公館や住宅が並んだ。日本の大工はこれを真似て、擬洋風といわれる折衷様式を、学校や役場など

※6　アテネ憲章　1933年マルセイユとアテネの間の船上で開催された第4回近代建築国際会議（CIAM）でまとめられた。都市の機能を「住む」「働く」「憩う」「移動する」に分け、それぞれに空間と配置を与えて再構成する、モダニズムに基づく新しい都市像が提示された。その機械的な機能主義がその後の新都市建設や都市再開発に大きな影響を与えた。

※7　ミース・ファン・デル・ローエ（1886-1969）ドイツ出身の建築家。ル・コルビュジエとフランク・ロイド・ライトと並ぶモダニズム建築の三大巨匠。"Less is more." が有名。

図2.12　東京市区改正の想像図

公共建築に用いた。後にゼネコンと呼ばれる総合請負業を興した棟梁もいた。

近代産業振興のためお雇い技師と呼ばれる外国人技術者が招聘された。仏人技師ポール・ブリューナは、世界遺産として保存されている富岡製糸場の建設から営業まで指揮した。後に東京大学工学部となる1871年開校の工部寮で始まった建築教育には、英国人建築家ジョサイア・コンドル[※8]が招かれた。第一回卒業生で教授を引き継いだ辰野金吾は、日本銀行本店（1896）や東京駅（1914）を手掛けた。

近代日本の顔として首都東京の整備が急がれた。1872年新橋・横浜間に鉄道が開通した。同年銀座から築地一帯が大火に襲われ、英国人ウォートルス設計の歩廊を備えたレンガ造の町家とガス灯つき大通りが5年後に完成、銀座煉瓦街と呼ばれた。1885年日比谷官庁街計画はドイツ人建築家エンデ・ベックマン[※9]がバロック様式の都市設計を提案して司法省と裁判所が実現した。皇居に接する丸の内地区は、1890年三菱財閥に一括で払い下げられ、コンドルと曽禰達蔵の師弟コンビがビクトリア様式の賃貸業務ビル13棟の「一丁倫敦」を実現した（図2.13）。

1873年上野、芝、浅草、深川、飛鳥山の寺社地と、後に新宿御苑や浜離宮となる大名屋敷が一般開放され、現在に至るまで都市公園の役割を担っている。1888年、現在の山手線内側と城東地区に日本初の都市計画、市区改正条例が発布された。日比谷公園など成果をあげたが、道路整備は皇居周辺に

図2.13　三菱1号館

※8　ジョサイア・コンドル（1852-1920）イギリスの建築家。工部大学校造家学科（現・東京大学工学部建築学科）初代教授。三菱一号館や旧岩崎邸を設計。

※9　エンデ・ベックマン　ともにドイツ人建築家・都市計画家のヘルマン・エンデ（1829-1907）とヴィルヘルム・ベックマン（1832-1902）の共同設計事務所。

図2.14　関東大震災復興都市計画（幹線・補助幹線道路網）

限られ、江戸の都市構造が色濃く残った（図 2.12）。

関東大震災から大東京へ

　1914 年欧州が舞台の第一次世界大戦は日本に好況をもたらした。東京の市電開通（1903）や上水道完備（1911）に続いて 1919 年市街地建築物法と都市計画法が制定された。英国に倣って渋沢栄一が 1918 年田園都市株式会社を設立した。1915 年着手の明治神宮は、内外苑を表参道と裏参道でつないで米国発のパークシステムを実現した。

　1923 年関東大震災が起こった。震災復興事業で昭和通りと現在の靖国通り、隅田川の鉄骨橋梁、被災地域の区画整理、小学校の鉄筋コンクリート（RC）造再建と小公園付設による不燃街区、同潤会の RC 造中層共同住宅、隅田、錦糸、浜町の避難公園など都市計画の基本が実施された（図 2.14、2.15）。

　1925 年山手線が環状運転を開始、郊外私鉄も各社開通、東京の鉄道網が自動車普及前に完成した。1927 年皇居中心の道路計画によって、江戸の街割りの上に放射環状構造が形成され始めた。1936 年までの町村合併で現在の 23 区に相当する東京市が誕生した。頓挫したが 1939 年東京緑地計画は、1924 年アムステルダム国際住宅都市計画会議が提唱した都市拡大を緑地帯で抑えるグリーンベルト[参照]を適用した。

　近代建築を修得した当時の建築は多彩だった。服部時計店（1932）や築地本願寺（1937）のような和洋・アジア様式、東京帝室博物館（1937）など後に「帝冠様式」[※10]と呼ばれる日本独自の近代意匠、米国の合理設計に日本の耐震技術が加わった事務所建築が都市を彩った。

　フランク・ロイド・ライト[※11]とル・コルビュジエの影響は大きい。ライトは帝国ホテル（1923）の設計に来日して自由学園明日館（1922）なども手掛け、アントニー・レイモンドや遠藤新など弟子も活躍した。前川国男と坂倉準三は戦前

図 2.15
同潤会上野下アパート

【参照】グリーンベルト
➡ 4.2　P.80

※10　帝冠様式　鉄筋コンクリート造または鉄骨造の近代建築に瓦屋根など和風の意匠を施した、戦前から戦中に見られた和洋折衷様式。

※11　フランク・ロイド・ライト（1867-1959）アメリカの建築家。来日して帝国ホテル（1923）や自由学園明日館（1926）を手掛けた。代表作はグッゲンハイム美術館（1959 米国ニューヨーク）。

パリのル・コルビュジエの下で勤務、戦後重鎮として全国の公共建築を数々手掛け、日本唯一のル・コルビュジエ作品・国立西洋美術館 (1959) の共同設計に名を連ねた。

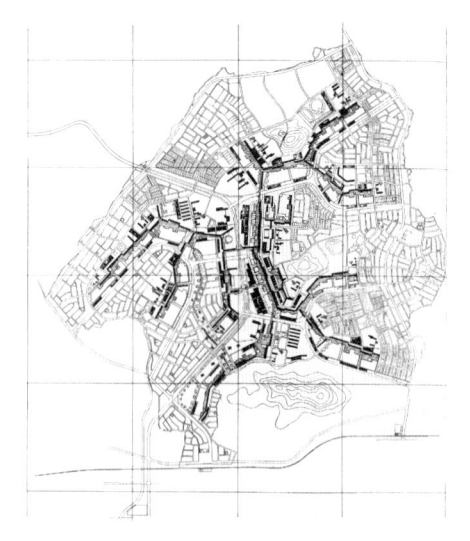

図 2.16　高蔵寺ニュータウンマスタープラン

戦災復興と高度成長

　敗戦の翌 1946 年に戦災復興都市計画によって広島平和大通り、仙台青葉通り、名古屋久屋大通りなど骨格的な公共空間が地方都市にできた (図 2.17)。経済復興が進むと住宅が大量に必要になり、1951 年 51C 型と呼ばれる食寝分離を可能とした 2DK 約 40㎡ の標準間取りが開発された。1955 年設立の日本住宅公団は住宅団地を次々建設し、千里 (1961)、高蔵寺 (1964)、多摩 (1966) などニュータウン[参照]を大都市郊外に建設した (図 2.16)。

【参照】ニュータウン
→ 4.4　P.91

　1950 年代には、前川国男設計の地方自治体初の音楽ホールである神奈川県立音楽堂 (1954) と、坂倉準三設計の日本初の近代美術館である神奈川県立近代美術館 (1951) がともに完成した。丹下健三[※12]は広島平和会館 (1952) や香川県庁舎 (1958) を通して日本建築界最初の世界的スターとなり、東京大学都市工学科初代教授を務めた。代表作の国立代々木競技場 (1964) は広場を挟む巴配置、歩行者デッキ、明治神宮を意識した軸線など大胆な都市設計も取り入れた (図 2.19)。

図 2.17　仙台定禅寺通り

図 2.18　西新宿高層ビル

図 2.19　国立代々木競技場

　高建ぺい率や地下建築を抑制するため、住宅系 20m と商業系 31m の絶対高さ制限に代わり、1963 年建築基準法に容積制が新設された。公開空地に応じて規制緩和する特定街区制度も加わって 1968 年日本初の超高層、霞が関ビルが完成した。戦前に端を発する新宿副都心計画は 1960

年再決定された。大街区の中央に建築して外周を公開空地にする開放型配置は、街並みを分断する反面、その緑は都会のオアシスというに足る。公共貢献と容積率割増を交換条件とするインセンティブ・ゾーニング【参照】は、総合設計や再開発地区計画を通して、大都市都心部を再編する有効な手段となった。

　1964 年東京オリンピックに際し、競技会場と選手村を結ぶ幹線道路と首都高速道路が加速度的に整備され、新幹線も東京モノレールも開会式直前に間に合った。6 年後の 1970 年大阪で開催された日本初の国際万国博覧会では、当時の東西両雄、丹下健三と西山夘三【参照】の全体計画の下、新進気鋭の建築家や都市計画家が参加した。東京オリンピック、大阪万博、各地のニュータウンに携わった当時の若手がその後の四半世紀、日本のアーバンデザインを牽引することになった。

2.3　アーバンデザインの誕生

　アーバンデザインは近代都市計画への反動から誕生した。近代都市計画の機械的効率主義は、第二次世界大戦後の都市の復興から成長へ多大な貢献をした。その後、人々の要求が量的充足から質的成熟に転じ、歴史の積み重ねや地域らしさなど、都市が本来もつ重層性と多様性を見直す機運が高まったことがアーバンデザインの背景にある。

近代都市計画の見直し

　1956 年米国ハーバード大学デザイン学部長ホセ・ルイ・セルト[※13]が主導して第一回アーバンデザイン会議が開催された。建築家や都市計画家と並んで参加したジャーナリスト、ジェイン・ジェイコブス【参照】は 1961 年『アメリカ大都市の生と死』の中で界隈形成の条件として機能混合、小規模街区、新旧多彩な建物、人口密度を挙げ、一斉

※12　丹下建三（1913-2005）世界でもっとも有名な日本の近現代建築家。旧ユーゴスラビア・スコピエ震災復興計画、イタリア・ボローニャ北部開発計画などアーバンデザインも国内外問わず手掛けた。

【参照】インセンティブ・ゾーニング➡9.1　P.164

【参照】西山夘三
➡3.2　P.60

※13　ホセ・ルイ・セルト（1902-83）スペイン出身の建築家。ル・コルビュジエに師事。代表作：ミロ美術館（バルセロナ 1975）、ピーボディ・テラス（ハーバード大学学生寮1962）。

【参照】ジェイン・ジェイコブス
➡4.1　P.77

更新型の大規模再開発を批判した。1970年代まで続いたこの会議は、田園都市やアテネ憲章の機械的都市像の限界を検証する場となった。アーバンデザインは近代都市計画の理想主義を超え、都市に対して人間本位で様々な要素を調和的に包含する立場を定めていった。1960年ハーバード大学デザイン学部にアーバンデザインコースが開設された。

　米国のアーバンデザインが地域社会の崩壊を阻止すべく起きたのに対し、日本のそれは環境の激変への危機感から始まった。第二次世界大戦で壊滅した日本の都市は、1950〜60年代戦災復興と経済成長が畳み掛けるように進んだ。自動車の爆発的増加、重工業の公害、高層建築の日照問題、伝統的町並みの喪失、自然破壊など環境に関する脅威が一気に噴出し、市民運動【参照】に突き動かされるように行政が覚醒し、企業も協力を始めた。無秩序な都市化を制御しつつ、良好な開発を誘導する理論と技術が急ぎ必要になった。1962年東京大学工学部に都市工学科が開設された。

アーバンデザインの模索とポストモダニズム

　ル・コルビュジエが主導した近代建築国際会議 CIAM[14]は1956年第10回で解散した。その時のメンバー「チームX」[15]は、建築を機能別に分離するアテネ憲章の機械的都市像に対し、モビリティやアソシエーションなど建築群と外部空間がつながる有機的都市像を提示した。日本でも丹下健三の「東京計画1960」をはじめとし、1960年世界デザイン会議[16]を機に起こったメタボリズムグループ【参照】が、空中都市や人工土地など都市規模の建築、メガストラクチャーを提案した。

図2.20　群造形

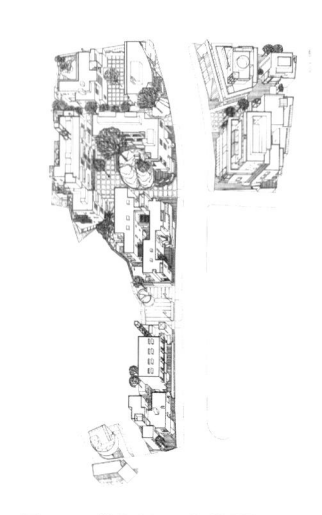

図2.21　代官山ヒルサイドテラス

【参照】市民運動
➡ 10.1　P.180

※14　CIAM　近代建築国際会議（Congres Internatinal d' Architecture Moderne）。1928年第1回から1959年第11回まで開催された。1933年第4回アテネ会議で採択された「アテネ憲章」が有名。

※15　チームX（テン）　第10回CIAM（旧ユーゴスラビア・ドブロヴニク）に参加した若手がアーバンデザインを志向して結成した研究会

※16　世界デザイン会議　1960年東京で開催された日本初の国際デザイン会議
【参照】メタボリズムグループ
➡ 4.2　P.81

槇文彦 (1928-) はアテネ憲章ともメガストラクチャーとも違う中小様々な建築が空地を介してまとまる「群造形」を提唱し、代官山ヒルサイドテラス (1969-) で実現、『見えがくれする都市』(1980) を著した (図 2.20、図 2.21)。ケヴィン・リンチは『都市のイメージ』(1960) で都市空間を認知する項目として地区 district、境界 edge、経路 path、目印 landmark、結節点 node を導出した。クリストファー・アレグザンダー[17] は 1965 年『都市はツリーでない』と 1977 年『パタンランゲージ』で自律的な部分が集まって都市を構成する方法を訴え、埼玉県川越 (1988) や神奈川県真鶴 (1993) の街並み整備が参照した。

ポストモダニズムは地域と歴史を見直した点でアーバンデザインに通じる。1964 年ニューヨーク近代美術館写真展バーナード・ルドフスキー[18]『建築家なしの建築』や、1963 年磯崎新他『日本の都市空間』は、土着の建築空間を再発見した記録である。ロバート・ベンチューリは『建築の多様性と対立性』(1966) で、現代建築に伝統様式を用いる意義を建築が有する多義性から説き、コーリン・ロウはバロック都市やニュータウンの一元的な計画に対し『コラージュ・シティ』(1978) の題名通り、異なる要素の併置が都市を豊かにすると主張した。建築や都市の歴史や地域性を尊重し、部分を加えて層を重ねるように成熟させる概念を文脈主義 (Contextualism) という (図 2.22)。

歴史的環境の保全

1960 年代まで地区を対象とする環境保全制度は、戦前の都市計画法による美観地区と風致地区だけだった。街並みや集落の保護運動が活発化した 1966 年、古都保存法が定められ、かつての首都であった奈良、京都、鎌倉が古都に指定された。文化財保護法に 1975 年伝統的建造物群保存地区が加わって歴史的環境を形成する建築群を含む面的な地区が対象となり、自主条例で進めていた金沢、倉敷、

※ 17　クリストファー・アレグザンダー（1936-）ウィーン出身の都市計画家。"A city is not a tree."（都市はツリーではない）で知られる。盈進学園東野高等学校（埼玉県入間市 1984）を設計した。

※ 18　バーナード・ルドフスキー（1905-1988）ウィーン出身、アメリカを拠点にした建築家・評論家。著書『Street for People（1969）』邦訳『人間のための街路』（平良敬一他訳 1973 鹿島出版会）

図 2.22　筑波センタービル

高山など城下町や宿場町が指定された。

　明治以降の建築物、産業施設、土木構造物の文化財指定は遅れた。1965 年愛知県犬山に明治村が開設され、取り壊し危機にあった歴史的建造物を移築保存した。1990 年開始の近代化遺産総合調査によって銀行、工場、橋梁、水路など近代化を支えた建造物が指定された。

　2005 年文化財保護法に文化的景観が加えられた。集落や田園のように、農林漁業など伝統的な生業や生活様式から派生した景観を対象としている。近江八幡の水郷、四万十川流域の田園、他に棚田や里山が指定された。

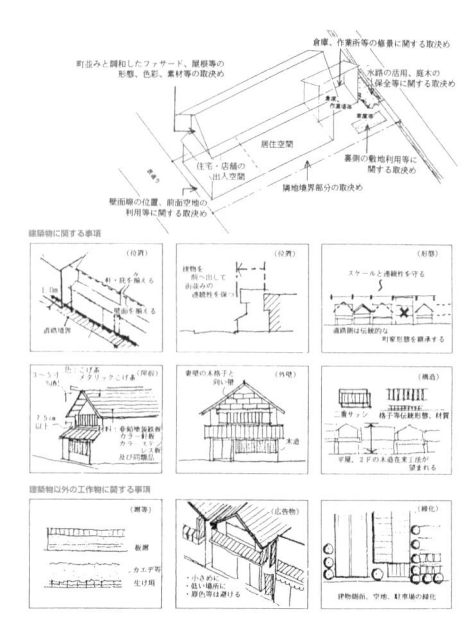

図 2.23　金山住宅景観形成基準

　文化財でなくても日常的な歴史を地域の個性に活かす例がある。長野県小布施は 1976 年葛飾北斎の美術館を手がけた地元建築家と町長が、周辺の修景を先導して観光振興につなげた。杉と大工で知られる山形県金山は、金山住宅という建築基準を定め、地元杉の真壁構法に補助金を出して林業と構法を循環させて伝承している（図 2.23）。

　東京・丸の内は開発圧力を利用して近代初期の建築を保護している。日本工業倶楽部や三菱一号館は背後を高層化し、東京駅は上空開発権の譲渡益でドーム屋根を復元した。開港都市横浜は神奈川県立博物館や大倉山記念館の現地活用、外国人居留地の洋館目録、旧川崎銀行横浜支店や三菱造船ドックの背後高層化による保存、赤レンガ倉庫の観光利用、日本郵船倉庫の現代芸術拠点事業など、近代化遺産の保全と活用を空間政策の軸のひとつにしている。

アーバンデザイン行政【参照】

【参照】アーバンデザイン行政
➡ 8.1　P.148

　地方自治体の行政機関が行うアーバンデザインをアーバンデザイン行政という。1967 年ニューヨーク市、1968 年サンフランシスコ市、1971 年横浜市に専門部署が置かれた。

　横浜市の都市デザイン室は当時の六大事業（都心部強化、金沢地先埋立て、港北ニュータウン、幹線道路整備、地下鉄、ベイブリッジ）を実行するため 1968 年設置された企画調整室が前身である。都市デザイン室は既存の部署から独立して市長直轄に置かれ、庁外から新進気鋭のアーバンデザインの専門家を登用し、縦割り行政の融合を図った。

　世田谷区は 1982 年企画部に都市デザイン室を設け、先進的な公共事業と市民参加を両輪で進めた。世田谷美術館や用賀プロムナードなど、当時新進の建築家を登用した公共施設が区の顔となった。密集市街地改善事業、まちづくりセンターの市民活動支援、市民緑地トラスト制度など、住宅都市らしいアーバンデザイン行政を開発し実行した。

　ジョナサン・バーネット[19] はニューヨーク市のアーバンデザインを指揮した後、1974 年著書『公共政策としてのアーバンデザイン』でアーバンデザインについて「建築を設計せずに都市を設計する」と述べている。道路や公園緑地など公共空間を自ら事業実施する一方で、圧倒的多数が民間事業である建築に規制誘導を加えることによって、都市の総体的空間を良好にすることが、アーバンデザイン行政の要諦であることを如実に言い表している。

※ 19　ジョナサン・バーネット（1937-）アーバンデザイナー。ニューヨーク市アーバンデザイングループ・ディレクターを経てニューヨーク市立大学教授。

　サンフランシスコ市は米国で最初に全市域を対象としたアーバンデザインプランを 1971 年総合計画の中に策定し、アーバンデザインを公共政策の一本に位置づけた。都市パタン、保全、主要な新開発、居住環境の四つを課題に挙げ、眺望やスカイライン、建築スケール、適切な開発誘導、近隣の環境保全に力点を置いた。湾への眺望を維持するために高層建築物を丘の上に誘導する一方で、歴史的建造物や地区の個性を継承するなど、開発と保全の両立を図った。

歩行者空間と密集市街地

　自然災害が多発するうえに、都市基盤が脆弱な日本の都市において、歩行者空間と密集市街地は息の長い課題である。ニュータウンのフットパスや商店街の防火建築帯は戦後早々に実施された。1923年関東大震災の復興事業が近代都市計画の礎となったように、1995年阪神淡路大震災を機に耐震基準が強化され、2011年東日本大震災を経て沿岸の土地利用や構造物が見直された。

　1967年米国ミネアポリスでは、ローレンス・ハルプリン[20]設計のバスだけ乗り入れるトランジットモール「ニコレットモール」が完成した。道路種別に歩行者専用道路が加わった1970年、東京の銀座

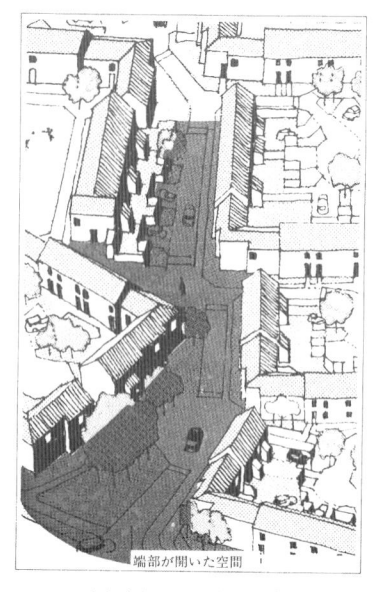

図 2.24　歩行者優先の住宅地設計

と新宿で週末歩行者天国が定例化した。1972年北海道旭川買物通り公園で一般道路が歩行者専用化された。1974年オランダで実用化された歩車融合道路ボンエルフ（生活の庭）は、日本でも住宅地計画に導入された（図2.24、2.25）。

　ヨーロッパでは面的な自動車制限が進んだ。1963年英国のブキャナンは通過交通を排除する地区単位を「交通セル」として提言した。ドイツ・フライブルグ歴史地区やデンマークの首都コペンハーゲンの中心商業地ストロイエ大通りは、1960年代から段階的に歩行者空間を広げてきた。

　密集市街地は防災上の課題とともに、地域伝来の生活や産業が残る歴史的地区でもある。地域密着で住民間の意思疎通に基づく修復型まちづくりが成果をあげてきた。東京区部では世田谷区太子堂地区と墨田区京島地区が有名である。行政と住民の年来の協議を経て、1980年前後にまちづくり協議会を設置してまちづくり計画を策定、不燃共同建

図 2.25
ライブタウン浜田山

※ 20　ローレンス・ハルプリン（1916-2009）アメリカのランドスケープアーキテクト。環境デザインの面からアーバンデザインに取り組んだ。

替えや住宅供給、路地や暗渠を用いた歩行者空間兼避難路、小規模な区画整理や小広場の整備などに専門家派遣やワークショップなど住民参加の諸手法を適用した。機運が高まった場所から漸次更新することで、旧来のコミュニティと親密な界隈を保持しながら防災性を高めてきた（図 2.26）。

図 2.26
東京都世田谷区烏山緑道
（太子堂地区）

【参照】地区計画
➡ 10.2　P.184

地区計画

　1980 年都市計画法に創設された地区計画【参照】は、空間形成に係る専門技術と草の根市民運動が合わさって誕生した、日本のアーバンデザインを象徴する制度である。都市全体を扱う都市計画に対して、地区計画はミニ都市計画と呼ばれ、詳細の土地利用、道路や公園など地区施設、建築の形態意匠や特定用途などを、地区の実態に即して地権者の合意により定められるようになった。都市計画における市民参加は地区計画が先駆けとなり、1992 年都市計画マスタープラン策定における住民意見の反映、2002 年創設の都市計画提案制度というように拡大した。

　使途が柔軟で幅広い点でも地区計画は日本のアーバンデザインにおいて大きな役割を担ってきた。保全でも開発でも、地区計画の詳細版である地区整備計画の中でルールを定めることができる。建築の意匠や色彩、特定用途の制限など、全国一律の建築基準法や都市計画法の範疇を超える内容について、地域独自あるいは住民発意のまちづくり計画やデザインガイドラインの内容を地区計画に定めることによって、法的に担保することができる。建替え需要が低い、宅地が小さいなど、土地区画整理事業の停滞している地区では、地区計画に切り替えて、最低限必要な道路を地区施設として整備する例もある。

　1990 年前後に地区計画の緩和型メニューが拡充された。1988 年再開発地区計画は鉄道操車場や工場跡地の大規模再開発において、基盤整備に応じて用途地域を変更して段階的に建築整備を進める。1992 年誘導容積型地区計画

は、地区施設である道路整備の進捗に応じて暫定容積率と目標容積率を二段階で定め、建築更新と基盤整備を円滑に進める。東京都中央区月島では 1997 年から街並誘導型地区計画と一団地認定を併用し、高さ 10m 以下を条件に幅員 2.7m の通路でも建築可能とし、長屋と路地からなる人間的尺度を維持しながら建築更新が進む道を開いた。

景観【参照】

【参照】景観➡ 8.3　P.157

　景観は街並みや風景など物理的な美しさから自然環境や歴史資源、快適さや賑わいまで、都市のアメニティを総合的に表してアーバンデザインと同義に用いられることが多々ある。日本の景観制度は地方自治体の条例を通して始まった。1960 年代後半から 1970 年代前半に金沢、倉敷、高山、京都といった歴史的都市が保存条例を定めた。1978 年神戸市都市景観条例と同都市景観形成基本計画は、六甲山系の自然保護、異人館街の歴史的環境保全、中心市街地の賑わい形成、埋立地の新市街地整備というように保全と育成と創出を揃え、市域全体を対象とした総合的景観形成計画の先駆になった（図 2.27）。神戸に続くかのように 1980 年代に全国の自治体に景観条例の策定が相次いだ。

　2004 年景観法が制定された。1994 年河川法の目的に河川環境（水質、景観、生態系等）が加わるなど、土木分野でも景観重視の動きがあった。景観法は次の 2 点で画期的である。第一に基本法ながら裁量を地方自治体に委ねている。景観法の手続きを踏んで定められた自治体の景観条例は法的強制力をもつ。それまで主観的価値とされてきた街並みや風景が地域のルールになる道筋ができた。もう一点は、景観法が都市計画法にも似た総合的な体系とメニューをもつことである。景観法を適用する自治体を景観行政団体といい、景観行政団体は区域を定めて景観計画と称するマスタープランを策定する。とりわけ良好な景観を保全したい地区や今後創出したい地区を景観地区に、重要な建物

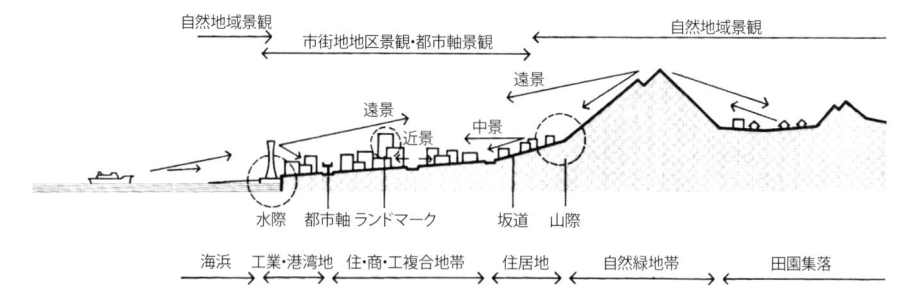

図 2.27　神戸の地形特性と景観上の特色

を景観重要建造物、同じく樹木を景観重要樹木、同じく道路や河川など公共施設を景観重要公共施設に指定できる。当事者間の景観協定、合意や協力を促す景観協議会、専門家が支援する景観整備機構など、市民が参加する仕組みもある。地方自治体には景観法を運用する部署ができ、建設コンサルタント会社は関連業務を請け負う体制を整えた。

団地から都市へ

　日本のアーバンデザインは少なからず住宅建築とともに発展した。住宅建築は 1950 ～ 60 年代戦後経済成長にともなう大量供給の過程で、合理的な間取りや平等な日照条件など単体性能を確立した後、屋外環境や近隣住区など集団的な空間形成に注力を広げた。1970 ～ 80 年代、アーバンデザインに造詣の深い建築家が高い住性能と豊かな外部空間を兼備する住宅団地[参照]の名作を続々と生み出した。藤本昌也[※21] の茨城県営六番池団地 (1976) および会神原団地 (1977) は、民家を彷彿させる彫りの深い低層住棟が広場や通路を縁取り、均質な平行配置が当然だった当時の団地計画に一石を投じた。民間でも桜台コートビレッジ (1970、横浜市) やライブタウン浜田山 (1975、東京・杉並区) が、住棟の細やかな分節によって路地や中庭から玄関ポーチや専用階段へ段階的な公私空間を演出した。

　多摩ニュータウンでは住宅都市整備公団が、共用庭を囲

【参照】住宅団地
→ 4.4　P.91（ニュータウン）
5.3　P.113（集合住宅）

※ 21　藤本昌也 (1937-) 建築家。現代計画研究所を主宰、街並みや景観に配慮した集合住宅を多く手掛ける。

むタウンハウスや、地上階に多目的室を添えるプラスアルファ住宅など市街地型の住宅団地を試行した。ベルコリーヌ南大沢【参照】（1990年、66ha・1562戸）で内井昭蔵※22が著名建築家5人を統括し、イタリア山岳都市を彷彿させる中高層団地を実現した。マスタープランが住棟型式や歩車動線を決め、デザインコードが外装と色彩、屋根とバルコニーの形状、壁面率まで定めた。この協働設計はマスター

図2.28　ベルコリーヌ南大沢

アーキテクト方式と呼ばれ、他の住宅団地や大学キャンパスに用いられた（図2.28）。

　千葉県幕張ベイタウン【参照】（1995年入居、82ha・8900戸）には民間6社公営2社の住宅事業者と各々の設計者が参加した。マスタープランとデザインガイドラインで100m間隔の格子街区に沿道囲み型住宅を厳格に定め、各住宅事業者の担当街区が隣接も同一工区にも入らないように配置したうえで、各住宅事業者専属の設計統括者（計画設計調整者）同士の合議で設計調整・設計審査を行い、住宅団地に一般市街地のような多様性が生じる仕組みを敷いた。

大規模再開発と官民協働【参照】

　1985年プラザ合意や1989年ベルリンの壁崩壊などの国際情勢を背景に、1980〜90年代先進国では近代初期から戦後に量産された都市空間の再構築が進んだ。パリのグランプロジェ、ロンドンのドックランド、ニューヨークのバッテリーパークシティ、ベルリンのIBA（国際建築展）は著名建築家の登用、ポストモダニズムと呼ばれた伝統様式、デザインガイドラインなどアーバンデザインの技法を用い

※22　内井昭蔵（1933-2002）建築家。代表作：桜台コートビレッジ、世田谷美術館、滋賀県立大学キャンパス

【参照】ベルコリーヌ南大沢
➡ 8.2　P.153

【参照】千葉県幕張ベイタウン
➡ 8.2　P.155

【参照】大規模再開発
➡ 9.1　P.165

た。日本でも東京臨海副都心、横浜みなとみらい21、神戸ポートアイランド、福岡シーサイドももちなど臨海埋立地で母都市の水準を一段上げるための開発が行われた。

同じころ1987年国鉄分割民営化が象徴する産業構造・流通体系の大きな再編から、既成市街地では都心近傍の鉄道操車場や工場跡地の再開発が次々起こった。大規模遊休地は面的利用が可能である一方で、元来工業用だったため街路や公園緑地など生活基盤施設が不十分だった。再開発地区計画など官民協働で段階的に基盤と建築を整備した。

大規模再開発の空間計画には二種類ある。東京隅田川河口の旧造船所28haに1986年着工した大川端リバーシティはスーパーブロック型である。工業地域容積率200%を住居400%・商業600%に変更して超高層・高層住宅を供給し、都道、緩傾斜堤防、小学校を整備した。河川敷から宅地に伸びる緩傾斜堤防と下部の駐車場など広々した公共空間は東京駅から2kmの至便にあることを忘れさせる（図2.29）。

街区型の天王洲アイルでは東京品川地先の倉庫街地権者22社が1985年天王洲総合開発協議会を発足して20haの再開発が始動した。街区や区画ごと個別に建替える中でルールを共有して公開空地、運河沿いプロムナード、モノレール駅直結のスカイウォーク、植栽や街具など一体的な公共空間を実現した。新築オフィスの隣で水辺の倉庫を店舗に転用するなど様々集まる界隈が形成されている（図2.30）。

図 2.29　大川端リバーシティ

自然環境との共生 【参照】

都市空間に自然環境を確保することは、近代都市計画の当初から眼目だった。田園都市から戦後ニュータウンに至る住宅地計画は、公園緑地を土地利用計画の基幹要素とした。米国の「都市の肺」やパークシステムは、野生をもち込んで都市の健康を図った。グリーンベルトは農地山林を含む緑地帯で無秩序な都市拡大の遮断を試みた。

日本の都市緑化はアーバンデザインと同様に高度経済

【参照】自然環境との共生
➡ 6.3　P.125（緑地の設計）

成長期直後 1970 年代から進んだ。1973 年都市緑地保全法、1994 年同法改正による緑の基本計画の法定化、2004 年景観法と屋外広告物法に並ぶ景観緑三法として都市緑地法に至った。伝統的建造物群保存地区と文化的景観は建築群や生活および生業と一体で自然環境の保全を図る。身近な公園では計画設計から管理運営まで市民参加が一般化した。

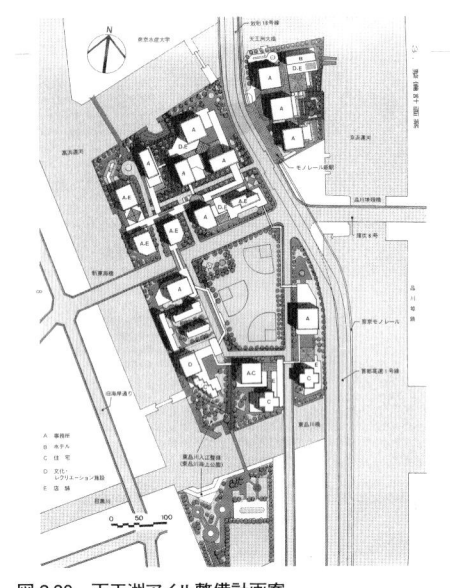

図 2.30　天王洲アイル整備計画案

　1990 年代から地球環境の危機が叫ばれると自然環境はより包括的に生態系の面から捉え直された。1992 年ブラジル・リオデジャネイロで行われた国際連合「環境と開発に関する会議」で「持続可能な発展」が宣言された。米国からニューアーバニズムを先導したピーター・カルソープ※23らは 1991 年アワニー原則と 1996 年ニューアーバニズム憲章によって公共交通と徒歩によるコンパクトシティ【参照】を通して自然環境を保全しながら社会を豊かにする循環型都市像を提示した。

　地球環境の保全を着実に進めるには客観的な指標が必要である。米国では 1998 年 LEED（Leadership in Energy and Environmental Design）が環境配慮建築の認定を始めた。日本では 2001 年国土交通省が主導して建築環境総合性能評価システム CASBEE（Comprehensive Assessment System for Built Environment Efficiency）を定めて環境に寄与する品質（Q）と環境に与える負荷（L）の比を建築都市の環境性能基準とし、独立および共同住宅、非住宅の建築、街区、都市の四つの系を整えてきた（図 2.31）。

※23　ピーター・カルソープ（1949-）米国サンフランシスコを拠点とする都市計画家。持続環境都市の理論と実践を先導する。

【参照】コンパクトシティ
➡ 4.2　P.83

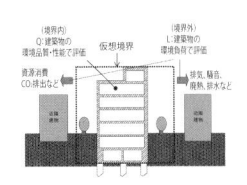

図 2.31　CASBEE 模式図

第Ⅱ部

アーバンデザインの手法

第3講

都市空間を解読する

文脈が何もない「無地」の都市空間は存在しない。地形や気候、土地に暮らす人々の生活、文化や産業など、様々な要素が複雑に絡み合いながら都市は常に変化し続けており、その全容を把握することは難しいが、都市を解読することと都市をデザインすることは、表裏一体である。本講では、都市が積み重ねてきた多面的な「文脈」（コンテクスト）をつかむために、地図や資料の読み解き、現場の観察やフィールドサーヴェイ、アクティビティ調査、デジタル・IT 技術の活用によるデータ解析などを通して、都市空間を「解読」する方法について考える。

デザインサーヴェイによるていねいな実測調査を基に描かれた馬籠宿屋根伏図（岐阜県中津川市（旧山口村））

3.1　都市空間を「見える化」する

都市はとても複雑であり、一度で都市空間の本質や構造を把握するのはとても難しい。しかし、都市という有機的複合体をデザインし、コントロールするためには、対象となる空間のポテンシャルやコンテクストを読み込んで、その複合体をとらえる必要があり、そのために都市空間のポテンシャルを切り取ったり、構造を浮かび上がらせたりしながら、これを見える化する方法論が必要になる。ここでは、都市空間を具体的に記述（ノーテーション）することで、都市空間の要素を「見える化」するために、これまでどんな方法が採られてきたか、見てみることにする。

```
┌─ 鳥の目 ─┤ 全体を俯瞰する視点
│
├─ 虫の目 ─┤ グラウンドレベルからの身体性のある視点
│
└─ 魚の目 ─┤ 動き・流れ・シークエンスを踏まえた視点
```

図3.1　都市を把握する3視点

都市空間を「記述」する

都市を把握する方法として、大きく分けて三つの視点（viewpoint）をもつことが考えられる。一つは、「虫の目」（アイレベル・身体的視点）である。スケッチパースを描くときや、あるいは、ストリートビュー[※1]の視点のように、歩行者や人間の目線からとらえる、身体性に基づく視点である。次に、「鳥の目」（鳥瞰的視点）がある。Google Earth のように、上空から全体をまとめて把握することで、都市空間を一体的、あるいは、構造的に読み解くことができる。最後に、「魚の目」、つまり、動き・流れを捉える視点である。都市は常に複層的で動的であり、とらえどころがないが、この三つの視点を背景としながら、都市を記述するための様々な方法が考えられてきた。

例えば、ジャンバティスタ・ノリ[※2]の「ローマ地図」は、公的に開かれたパブリックな場所は白、都市に対して閉じられている場所は黒という2種類の色で塗り分けられた図である（図3.2）。特に、道路や広場だけでなく教会も白く塗られており、「建築物と外部空間」というハードな区分ではなく、都市に開かれているか否かで分けられている点

※1　Google 社が提供するサービス。Google の地図を通して、通りの風景を歩いているように体感できる。

図3.2　ジャンバティスタ・ノリのローマ地図（1748）

※2　ジャンバティスタ・ノリ（Giambattista Nolli, 1701-1756）イタリアの建築家。1748 年、ローマ教皇ベネディクトゥス 14 世の命により、ローマ地図を作成した。

が興味深い。また、こうした塗り分けによって、都市空間を「図」(オブジェクト)と「地」(それ以外の余白)としてとらえなおすことができる。

　また、カミロ・ジッテは、著書『広場の造形』[※3]において、欧米における数々の伝統的広場の図面を分析して、その美しさの理由・デザインの原則(適切なスケール感、囲われた空間、中央の自由、歴史的積層による不規則な形態、生活の場など)を導き出しており、都市空間を、要素とその「分類」(タイポロジー)としてとらえている。

　都市を連続体としてとらえる考え方として、ゴードン・カレンは、『タウンスケープ』[※4]において、都市景観(連続的な視覚的景観を生み出す都市(市街地)の要素)、そして、人間の動きに合わせて変化する視点場からの景観の連続性をとらえる「シークエンス」という見方を提示している(図3.3)。

　さらに、人間の活動という、見えない動きや時間的変化によって把握しづらいアクティビティをとらえようとする試みもある。都市デザイン研究体の著書『日本の都市空間』では、京都河原町での活動や店舗の様子を「漢字」を用いて地図上に表現することで、アクティビティを地図化している(図3.9)。

科学的アプローチの提示

　パトリック・ゲデスは、著書『進化する都市』[※5]の中で、社会学的・生物学的観点から、都市への理解と調査の重要性を指摘している。都市は、生物のように進化するものであり、丁寧で科学的な地域調査を実施して、地域の起源を把握し、地域を動態的にとらえる必要があることを記している。ゲデスは、こうした都市の動態的な変化の分析調査を通して、都市の拡大・発展による都市圏の「連坦」(コナベーション)という概念を提示している。このほかにも、多分野の専門家の参画、自然保護、都市計画教育の必要性

※3 『広場の造形』(City Planning According to Artistic Principles, 1889) は、オーストリアの建築家・都市計画家、カミロ・ジッテ (Camillo Sitte, 1843-1903) による著作。

※4 『タウンスケープ』(Townscape, 1961) は、イギリスの建築家、ゴードン・カレン (Thomas Gordon Cullen,1914-1994) による著作。中では、下図のように、歩きながら変わりゆく風景の様子が示されている。

図3.3　シークエンス

※5 『進化する都市』(Cities in Evolution, 1915) は、スコットランドの生物学者、教育学者でもあるパトリック・ゲデス (Patrick Geddes, 1854-1932) による著作。

などを訴えており、ゲデスの思想と実践は、その後の都市計画システムにも大きな影響を与えている。

ケヴィン・リンチと『都市のイメージ』

　都市の様相を評価したり、感じたりするとき、一般的には、形態的・数値的・要素的な分析よりも、好き嫌い、よいわるい、心地よいなど、感覚的に表現されることが多い。米国の都市計画家ケヴィン・リンチは、著書『都市のイメージ』[6]の中で、多くの人たちがよいと思う都市を、イメージアビリティ（Imageability, 明確なわかりやすさ）をもつ、人間を感覚的に惹きつける都市であるとしており、そうした都市のイメージを生み出すための空間要素として、(1) パス【Path】：道や鉄道などの経路、(2) ノード【Node】：交差点などの結節点、(3) ランドマーク【Landmark】：特徴的な目印、(4) エッジ【Edge】：地形や地域の境界となる縁、(5) ディストリクト【District】：同じまとまりのある地域、の五つが抽出されている。同書では、歴史的市街地ボストン・郊外都市ジャージー・シティ、計画的都市ロサンゼルスの調査を通じて、視覚的形態とそれに伴う五つの空間要素を図化することにより、都市の視覚的形態へのイメー

※6　『都市のイメージ』（The Image of the City）は、ケヴィン・リンチ（Kevin Lynch, 1918-84）により、1960年に刊行された。日本では、丹下健三と富田玲子により訳された。

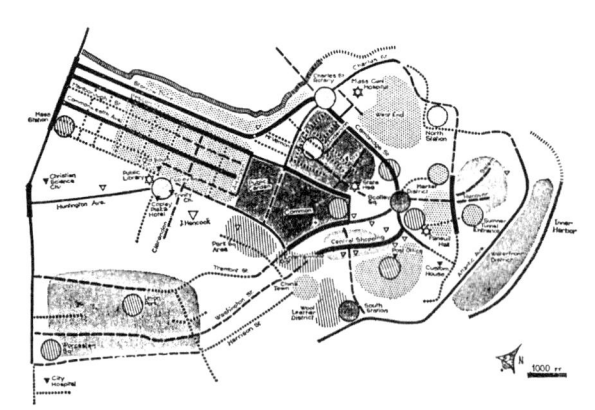

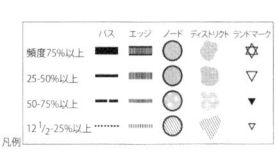

図3.4　『都市のイメージ』におけるボストンのイメージマップ

ジやわかりやすさがそれぞれ異なることが示されている。

ヤン・ゲールと「アクティビティ調査」

　ヤン・ゲール[7]は、1960 年代から、コペンハーゲン市街地における歩行者専用空間「ストロイエ」などをはじめとした公共空間の豊かさづくりに関する研究および実践を重ね、近年では、ニューヨークでの公共空間調査なども手掛けているが、その数十年にわたるパブリックスペースとパブリックライフにかかわる研究活動成果の中で、都市空間における人間的な場におけるアクティビティ、そしてこれを把握するための「観察」の重要性を述べている（カウント調査、マッピング調査、軌跡トレース調査、行動追跡調査、痕跡調査、写真撮影、観察日誌、現地踏査など）。

※7　ヤン・ゲール（Jan Gehl, 1936-)、デンマークの建築家・都市デザイナー。著作に、『建物のあいだのアクティビティ』、『人間の街 公共空間のデザイン』、『パブリックライフ学入門』など。

3.2　フィールドサーヴェイという手法

　都市空間を理解するには、何よりまず、現場に赴き、現場を見る・歩く・感じることで、その空間の情報を集めるのが最善の方法だろう。しかしながら、同じように現場から情報を集めるにしても、その目的や観点によって、集まる情報や得られる知見が異なる。ここでは、わが国において、現場から情報を集める「フィールドサーヴェイ」がどのように展開してきたか、その流れを追うことにする。

※8　柳田國男（1875-1962)、日本の民俗学者。日本全国各地を調査して歩き、日本民俗学の確立に寄与した一人。

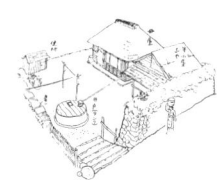

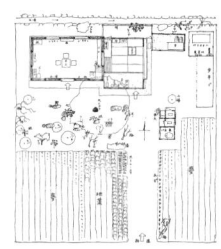

図3.5　伊豆大島（上）と山梨北巨摩（下）の民家

『民家調査』から『考現学』へ：観察、実測、カウント、記録

　日本人の日常生活は、どのような形で育まれてきたのか、柳田國男[8]らは、民家調査を通して日本のルーツを検証し、東北の稲作文化の研究などを中心に、生活の歴史学としての民俗学を確立したが（図 3.5）、この際、現場の空間（この場合は、民家と生活空間）を「見る」ことから始めている。建築計画学者の今和次郎[9]は、『白茅会』に参加し、柳田國男らとともに、各種の民家調査を行い、多くのスケ

ッチや図面を残している（それらは『日本の民家』(1922)として発表された）。この成果が、庶民住宅である「民家」という言葉を世に広め、その後、民家を歴史的な建造物の範疇としてとらえた民家調査も行われるようになり、1960年代以降の街並み保存運動を支援する重要な調査手法の確立へと広がってゆく。

今和次郎は、その後、都市風俗（民俗）＝生活の視点を重視することにより、上記の民家調査にとどまらず、都市や地方にわきあがる人々の生活や現在の風俗、社会現象、人々、生活全般の佇まいなどを、フィールドサーヴェイによって丁寧かつありのままに観察・記録・採集して研究する、「考現学」（モデルノロジヲ）という考え方を提示し、数多くの調査を実施している（図3.6）。

計画学における住まい方調査と住宅プランへの反映

西山夘三[※10]は、日本の民家や町家、庶民住宅の住まい（間取り）の全国的な状況調査を通して、日本人の「住まい方」を構造化し、大量に必要とされた住宅供給における実用化を視野に入れた、（建築）計画学的アプローチを切り開いた（図3.7）。西山は、住宅営団所属時、住戸の標準

※9　今和次郎 (1888-1973)、早稲田大学教授。民俗学とともに、建築計画学の基礎を生みだし、住居生活や意匠研究などでも活躍。

※10　西山夘三(1911-94)、京都大学名誉教授。住宅営団技術部では、住宅平面の研究および規格化に尽力するほか、京都大学では、住宅問題のみならず、都市計画、景観や街並み問題に至るまで、幅広い功績を残す。

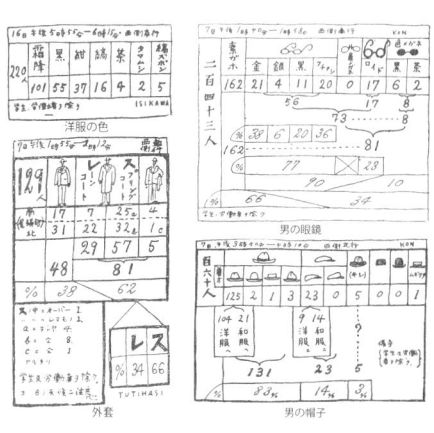

図3.6　考現学（今和次郎）

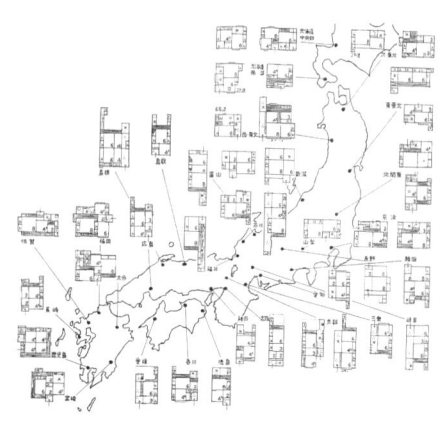

図3.7　住まい方調査（西山夘三）

平面図の基礎研究を行っていたが、この前後に、全国各地の一般的な住まいの平面図を多数実測・採集し、類型化を行っている。これらが、西山が提唱した「食寝分離」論や、戦後の公営住宅標準設計、公団の nLDK へとつながることとなり、実際の建築計画に活かされている。

「デザイン・サーヴェイ」手法の隆盛

宅地や都市の供給が安定してくる 1960 年代以降、開発に応じて失われてゆく日本独自の伝統的な都市空間や街並みへの関心が高まる中で、この伝統的都市空間の中に魅力的な都市空間を生みだす要素・作法・構造が眠っていると考え、これらを導きだす、「デザイン・サーヴェイ」[11] という手法が試みられた。これは、ある地域について、集落配置から個々の住宅の間取りまで観測、実測調査し、これを図面等で視覚化、客観化し、建築やその他の物的な構成要素を分析することで、その地域の空間システムを把握する方法である。

日本での実践としては、オレゴン大学による幸町（金沢市）調査、東京藝術大学による外泊集落調査のほか、宮脇檀[12] らによる、倉敷・馬籠・琴平などでの一連のデザイン・サーヴェイなど、形態学的にアプローチした調査に加

※ 11　日本において、デザイン・サーヴェイという言葉が使われたのは、建築史家の伊藤ていじのコーディネートで、オレゴン大学によって行われた、1965 年の幸町調査（金沢市）が最初だといわれている（『国際建築』1966 年 10 月号）。

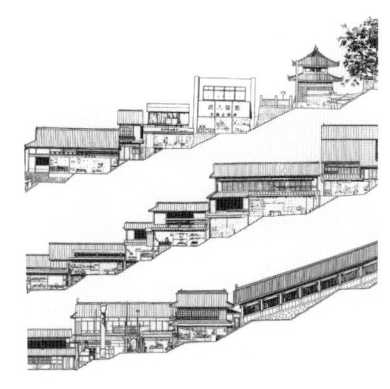

図 3.8　デザイン・サーヴェイ（左：五個荘、右：金比羅（ともに法政大学宮脇ゼミナール））

え、神代雄一郎研究室（明治大学）の女木島や伊根を始めとした調査のように、生業や慣習、共同体意識などを含めた社会学的な視点も含めたアプローチで調査される場合もある。

都市の「構造」を読み込む

　都市空間をさらに俯瞰して、構造的に読み解くことで、都市の構成原理を明らかにするためのサーヴェイも行われている。都市デザイン研究体『日本の都市空間』[12]（1968）では、日本の歴史的な都市空間の要素と構造を採集し、形態学的なタイポロジーを抽出して（「布石」「真行草」などの原理、「あられ」「生けどり」「折れ曲がり」といった要素や、「弓張型」「格子割型」などの構造に和名を名づけて分類している）、日本の都市空間に特有の都市形成技法と原理を導出している。槇文彦[14]らは、『見えがくれする都市』（1980）において、江戸時代から現在へと積み重なる複雑な地形や空間の深層と「奥性」の存在を、交差点の形態や街路形態、表層空間の分析などを通して構造的に把握し、都市修辞学の探索を行っている（図3.10）。また、原広司らは、海外におけるたくさんの集落調査を通して、都市のつくられ方の原点を探っている（『集落の教え100』）[15]。

路上観察学的フィールドサーヴェイ

　前述の「考現学」では、日常生活の様相に関する観察と収集に着目したが、高度経済成長期以降、都市が大きく変化し、効率的に整備されてゆく中で、路上に隠れる建物・看板・貼り紙など、都市空間の中にある見逃しそうな生活の真相を見直す観察学の一つとして、「路上観察学会」[16]の活動が生まれている。下町から山の手の見過ごされた建築などを観察する「東京建築探偵団」の活動をしていた藤森照信や、不動産に付属・保存されている無用の長物である「超芸術トマソン」の収集をしていた赤瀬川原平らが参

※12　宮脇檀（1936-98）、日本の建築家。住宅を中心とした多くの作品があるほか、法政大学講師時代に、デザイン・サーヴェイを実施。その後、多くの住宅地計画、景観デザインやガイドライン作成に携わる。

※13　伊藤ていじや磯崎新を中心として、東京大学丹下研究室や高山研究室の大学院生などが参加する都市デザイン研究体による、雑誌『建築文化』の特集を基にした著作。

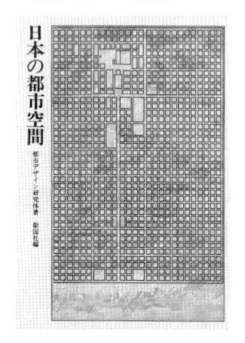

※14　槇文彦（1928-）、日本の建築家。ハーバード大学講師時代には、アーバンデザインに触れ、日本にアーバンデザイン概念を紹介した一人でもある。作品としては、代官山ヒルサイドテラス、幕張メッセをはじめ、都市空間に呼応する建築を多く設計している。1980年、事務所のスタッフ（大野秀敏、高谷時彦、若月幸敏）とともに『見えがくれする都市』を執筆した。

※15　原広司『集落の教え100』1998年、彰国社

※16　1986年ごろから、建築史家の藤森照信、作家の赤瀬川原平、編集者の松田哲夫、イラストレーター南伸坊ほか、多くのメンバーが参加して、路上観察を行っている。著作に『路上観察学入門』ほか。

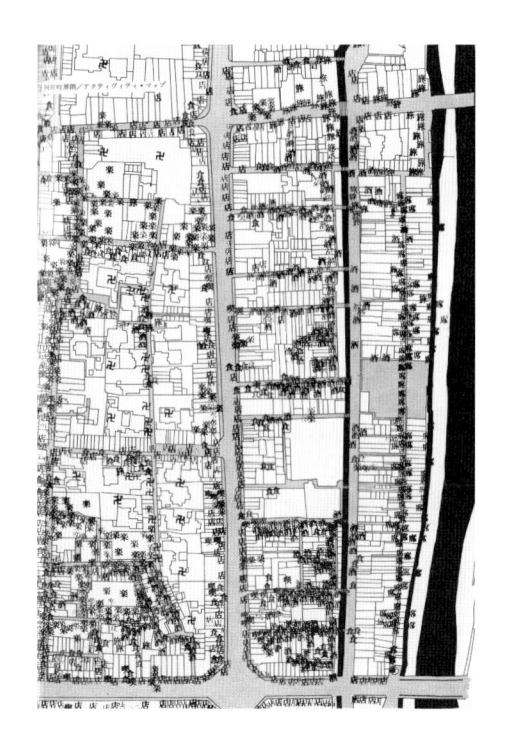

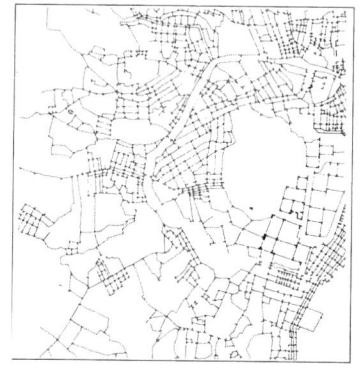

図3.9　河原町界隈のアクティビティマップ

図3.10　交差点形状による街路パタン分析。（上）下町、（下）山の手

加したこの活動は、まちあるきが盛んとなるルーツの一つでもある。

　また、陣内秀信は、『東京の空間人類学』[※17]において、まちなかを詳細に観察することで、都市に潜在化する都市構造を、目に見える建築物などの形態だけでなく、そこに歴史的な積層を見出している。

※17　陣内秀信『東京の空間人類学』1985年、筑摩書房

現代をトレースするフィールドサーヴェイ

　経済性を重視した都市づくりや、複雑化・多様化する現代社会が投影された都市の変異が、そのまま都市空間に形として表れている現象を冷静に採集する視点でのサーヴェ

イを行っているのが、塚本由晴・貝島桃代らのサーヴェイである。著作『メイド・イン・トーキョー』[18] では、計画学的には一級とはみなされない、ある意味で偶然、あるいは、不可思議な意図の積み重ねによって生まれた建築物の分析を通して、都市社会の現実に迫っている。

こうしたフィールドサーヴェイの手法とその変遷を下敷きにしながら、近年では、まちづくりの場面において、地域の特徴を見つけ出しながら、地域の資源を活かしたまちづくりを進めてゆくためのフィールドワークが、各地域で展開されている。

3.3　都市のコンテクストを読み解く

都市空間を読み込むための「四つの軸」

まちは、様々な要素が個別バラバラに散在してできているわけではなく、事象や要素が複雑に絡み合ったり、まちの文脈（コンテクスト）を受け継いだりしてできているのだが、それを「複合体」のままで理解するのはとても難しい。そこで、地域文脈を解読するための手がかりとして、まちを様々な層（レイヤー）が重なり合うようにしてできあがっていると仮定して、自然軸・空間軸・生活軸・歴史軸という四つの軸をもとに、この層の重なり合いで理解する手法を用いると把握しやすい（図 3.11）。

自然軸とは、人間が手を加える前から、あるいは、人間以外の力によって生み出された自然環境でとらえる軸であり、自然地形（山岳や自然河川、海などの大地形から尾根・谷・傾斜地や微地形まで）や植生等による要素を捉えるものである。

空間軸とは、こうした自然軸の上に、人間活動によって生まれた空間（道路・ダムなどの都市インフラ、建築物、公園やオープンスペース）群によって生まれたまちの物理的環境とその要素を捉えるものである。空間軸は、何かしらの人間

※18　『メイド・イン・トーキョー』(2001) は、建築家塚本由晴・貝島桃代・黒田潤三による著作。

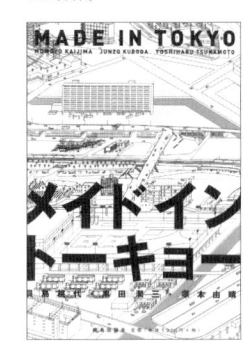

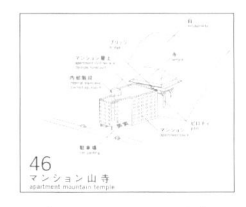

同書より　マンション山寺

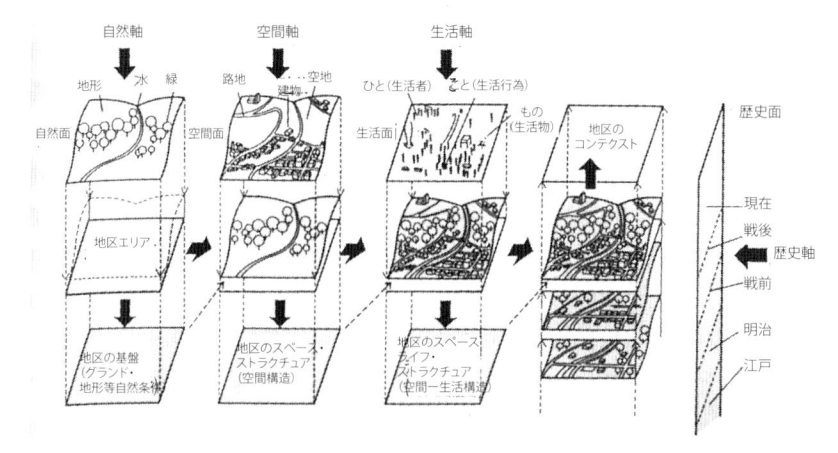

図 3.11　自然軸・空間軸・生活軸・歴史軸による都市の読解

活動のために生まれていることから、その奥には、空間を生み出した主体の「計画意図」や「判断」が隠されている。

　生活軸は、こうして生まれた都市空間の上で実際に営まれている人間活動やアクティビティを捉える軸である。自分の家での暮らし、オフィス街や工場での営み、商店街のにぎわい、お祭りやイベントなども含まれる。

　歴史軸は、これら三つの軸それぞれに対して、その時代ごとに変容してゆく様を捉える軸である。現在という瞬間は一瞬で過去になる。その過去が層のように積み重なって現在がある。薄く消えそうな過去の層もあれば、くっきりと現代に受け継がれる層もある。江戸時代の層を色濃く伝えるまちもあれば、戦後の様子が現代に浮かび上がるまちもある。同じ自然軸で進んだまちも、その後の空間軸の違いによって、異なるまちの姿になることもある。そして、この上に現在を積み重ねることで未来が生まれてゆく。

　これら四つを重ね合わせてまちを見ることで、そのまちの履歴と積み重ねから、都市の構造を読み解くことが容易になる。例えば、石巻市の現在と過去の地形図を見比べると、かつての都市は地形に寄り添って配されていることや、

下落合と中井（練馬区）の坂の違いのように、同じような自然軸（河川沿いの河岸段丘）を有する地域でも、空間軸の違い（江戸時代からのけもの道と、戦前の住宅地開発による計画的街路）により、まちのあり方の共通点と相違点を理解することができる（図3.12、3.13）。

「地図」を読み込む

　まちの空間情報を過去から現在まで読み込むために有効な情報として、地図情報がある。古地図や地形図、住宅地図などを通して、地域空間の履歴を読み取ることができる。

　古地図は、図書館や資料館などで閲覧することができる。中世以前の詳細な地図は限られるが、当時の生活風景やに

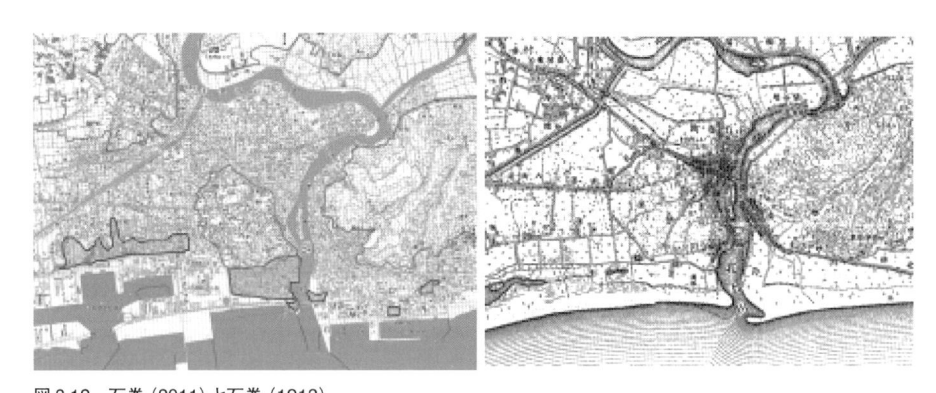

図3.12　石巻（2011）と石巻（1913）
現代の地形図と100年前の地形図を見比べると、かつての都市空間は、地形を読み込み、地形に寄り添う形で街の中心部が配置されていたことがわかる。

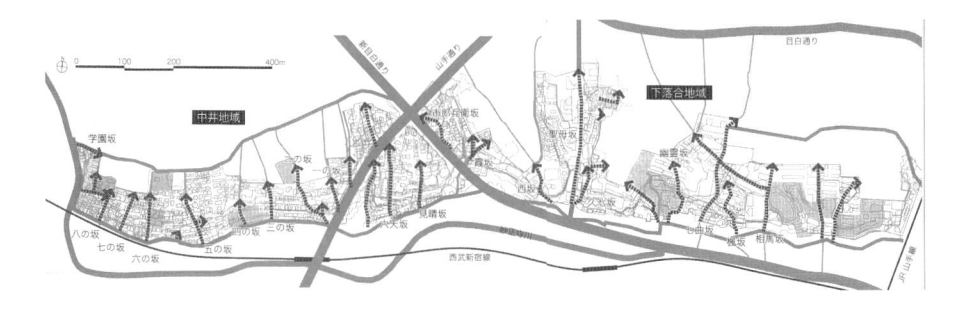

図3.13　下落合地区の坂と中井地区の坂

ぎわいの様子を見るには、洛中洛外図や、屏風絵なども参考になる。各都市の全体像を把握できる地図としては、絵図があり、例えば「切絵図」には、土地利用（武家地・町人地・寺社など）のほか、道筋や大名屋敷の名前なども記載されており、特に、「沽券絵図」[19]には、一筆ごとの間口・奥行き寸法や坪数，地主名なども記されていることも多い。また、広域的な地図としては、伊能忠敬の率いる測量隊によって作成された地図（伊能図）などもある。

※19　沽券とは、土地の売買証文のこと。

　明治期以降になると、より精度の高い地図が作成される。明治時代初期から中期にかけて参謀本部陸軍測量部によって作成された簡易地図「迅速測図」（主に2万分の1）では、当時の地形や土地利用が把握できるほか（図3.14）、内務省によって作成された「5千分壱実測図」は、近代都市空間を理解する土台となる地図である。その後も大正期、戦前期、戦後、現在に至るまで、様々な寸法で地形図が作成されている。現代では、都市部の履歴や現況を理解するには、国土地理院作成の2万5,000分の1、1万分の1、2,500分の1（都市部のみ）などの縮尺地図が使いやすい。

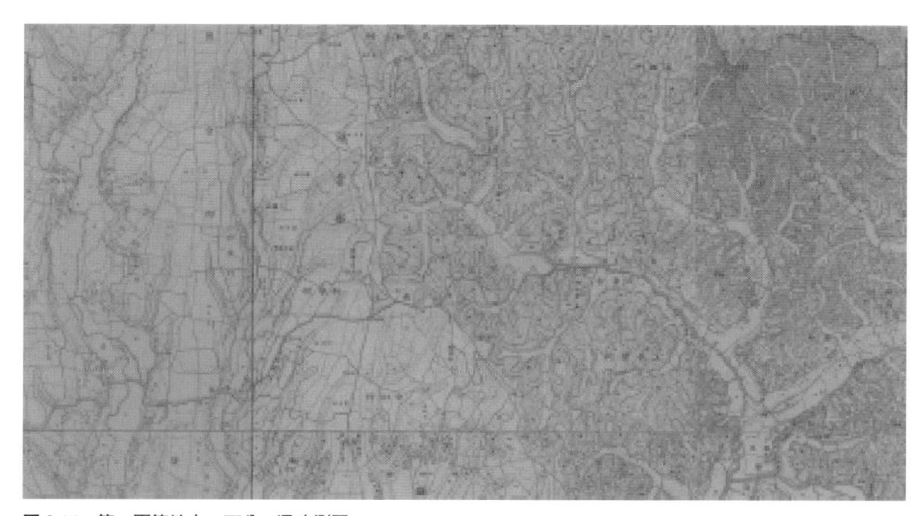

図 3.14　第一軍管地方二万分一迅速測図
関東地方の迅速測図は、農業環境技術研究所の歴史的農業環境閲覧システムによってインターネット公開されている（2017年現在）。

都市をより魅力ある姿へと導くための都市デザインを推し進めてゆくには、その対象がどのような状況に置かれているか、その都市空間がどんな状況下にあるのか、所有者はだれか、その土地に係るルールはどのようなものかなど、都市空間を取り巻く多層的な仕組みやルールに基づく状況を把握する必要がある。例えば、「地籍図・公図」と呼ばれる地図には、一筆ごとの土地の区画や地番・地目、面積などが記載されており、有料だが誰でも閲覧可能である。あるいは、「火災保険図」（火保図）[20] も、保険料率の算定のために昭和初期から昭和 30 年代まで用いられた地図であり、各戸の情報が掲載されている。

※ 20　「火災保険地図」「火災保険特殊地図」と呼ぶこともある。

　また、「住宅地図」と呼ばれる、戸別名（表札表示による居住者）が表示された地図もよく用いられる。民間事業者が作成しており、近年では、1,500 もしくは 2,000 分の 1 の縮尺で示されることが多い。各都市で異なるが、おおむね 1960 年代ごろからつくられており、経年変化を追うこともできる。

　都市計画法に基づき定められている内容（線引きや地域地区・都市施設・都市計画事業ほか）については、都市計画図で確認できるほか、用途地域図では、都市計画区域内に指定された用途地域や、各地区の建ぺい率・容積率指定などの規制内容も確認できる。

図 3.15　住宅地図（住宅街のサンプル。**画像はイメージです**）

　このほかにも、道路管理者が作成する道路の基礎事項を記載した「道路台帳」や、地震・津波・洪水・浸水・噴火・土砂災害などの被害を予測して、被害のおそれのある地域・場所・危険度・避難情報などを示した「ハザードマップ」、植物社会学に基づいて群落単位を地形図上に表現した「植生図」など、様々な分野の地図があり、地域づくりを行うにあたって、知りたい情報を選択して、必要に応じた地図情報を活用することが大切である。

図 3.16　横浜市西区のハザードマップ

現地から情報を集める

　地域を知るには、まずは、現場を見ることがとても大切であり、現場に直接触れることで、たくさんの生の情報を手に入れることができ、観察により様々な発見をすることもできる[21]。地域を訪れたら、まずは地域を概観し、発見をするために大まかに歩いて現地を眺め、そのあとに、目的に応じた詳細な調査に入ると、より多角的に理解することができる。ただし、何を目的とした調査を行い、項目として何を重要視するかは、事前によく考えて調査を行うことが大切である。また、調査によっては、複数人のグループで行うことが必要な場合もあり、調査項目や基準を合わせておくことも重要となる。調査項目としては、建築物や道路（幅員・歩車道・ネットワークなど）、公共空間の状況調査、緑化や駐車状況等、物的環境の調査、自動車の流れ、人々の活動、イベントの状況等、アクティビティや変化する様子を明らかにするための調査が考えられる。現地を調べる際には、曜日（平日・休日）や時間帯（朝・昼・夜など）、季節などによって状況が異なるため、様々な状況での相違点を意識して調査することが望ましい。調査結果をどのように記録するかも事前に考えておく必要がある[22]。

　また、現場では、「見る」以外に、「聞く」ことで得られる情報もある。「アンケート調査」では、質問項目を記載したシートを用いて調査するが、調査目的や分析方法（数値化する場合はその方法、あるいは、自由回答などをどうするかなど）を明確に定めるとともに、具体的なアンケート項目、回答者の属性や選定方法などを明確にして、有効な回答を集められるように吟味して行う必要がある。

　「ヒアリング調査」では、直接関係者から話を聞いて情報を集める。地域に長く関わっていたり、深く事情を知る方々から聞く話は、資料やデータ以上に重要で価値の高い情報となる。

※ 21　例えば、「参与観察」という、対象の社会に入り込んで調査観察する手法もあり、都市社会学の分野では、シカゴ学派（20 世紀前半）などを始めとして盛んに実施されている。

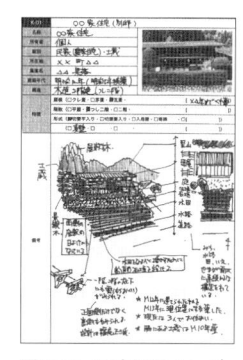

図 3.17　調査票のイメージ

※ 22　調査結果を有用に用いるには、「悉皆調査」といって、あるエリア（範囲）を定め、その範囲内にある対象を「すべて」調査することが大切である。

資料・史料を読み込む

こうした現地の情報以外にも、都市空間の文脈を理解するうえで、資料を収集、閲覧することも重要な助けになる。各都市（自治体）には、「市町村史」と呼ばれる、その自治体の歴史を綴る資料が準備されていることが多いし、それ以外にも、各都市の地域資料がまとめられており、各都市の図書館などで閲覧できることが多い。また、歴史的に重要な史料に関しては、国立公文書館などをはじめとした施設に収蔵されているものもある。

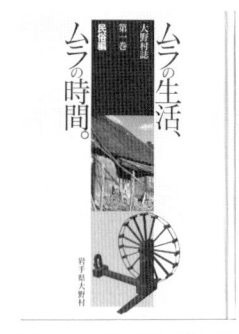

図 3.18　市町村史（岩手県旧大野村（現洋野町）の村史）

3.4　都市空間を解析する

都市空間を「見える化」する手法として、誰もが同じように安心して把握し、理解できるような定量的な数値データや、画像・図版・地図情報などを用いた、客観的データの取得と解析が有効に用いられることも多い。

統計・データを読み込む

都市を理解するために、国や自治体が用意した統計データを活用することができる。「国勢調査」は、5年に1度、全国で実施される全数調査であり[23]、まちづくりの基本となる人口・世帯数のほか、経済的属性や住宅に関連する事項がわかる。1920年以来、戦時中を除いて実施されているため、経年変化を追うことができるほか、各自治体では、国勢調査を基にした町丁目別データを保有していることが多い。また、「土地・建物利用現況調査」は、都道府県がおおむね5年ごとに実施する都市計画に関する基礎調査の一部で、土地利用・建物用途の現況がわかる。これらのデータは、自治体によってはデジタル化され、GIS（地理情報システム）に組み込まれていることもある。その他、国レベルでも住宅・土地統計調査、住宅着工統計調査、事業所・企業統計調査、工業統計調査、商業統計調査、パー

※23　10年に1度（西暦年下1桁が0の年）が大規模調査、下1桁が5の年が簡易調査となっている。

ソントリップ調査[24]などがあるが、そのほかにも、各地方自治体が独自に実施した調査のデータもある。

GIS（地理情報システム）

GIS（地理情報システム：Geographic Information System）とは、地理情報・付加情報をコンピュータの地図上に可視化して、情報の作成・保存・利用・管理・表示・検索が可能なシステムのことであり、地図情報と属性情報を統合的に管理して、情報の関係性、パターン、傾向を導き出すことができる点が特徴である。種々の地図情報を自由に重ね合わせることができる点、あるいは、Web上の地図サービスなどを利用することで、短い間隔で情報がアップデートされ、常に新しい情報を活用可能な点も特徴である。技術的には、測地系（緯度経度の形式）や座標系（平面投影の形式）を決定し、データ（行政データ、統計データなど）を入手したうえでこれを地図上に落とし込んで活用する。

スペースシンタックス

「スペースシンタックス」（Space Syntax）[25]は、都市空間における個々の場の特性の中で、周辺との「つながり方・関係性」という要素に着目して、数学的に空間解析する手法とその理論のことである。凸図分析・軸線図分析・隣接グラフなどの数学的手法を通して、都市空間を分析することで、都市構造およびアクティビティの起こりうる領域を把握しながら、都市の様々な事象を分析することが可能であるとともに、場所のデザインが、空間認知や空間行動などを通して、周囲に影響を与えることがわかる。

GPS調査およびプローブパーソン調査

これまで、都市空間の状況をリアルタイムで捕まえるのは技術的、もしくはコスト的困難であり、例えば、人口動態を表すのに、5年に1度の国勢調査をベースとする、

※24 人の移動を対象とした交通量調査で、都市交通計画策定の基になる。人の流動を、年齢、性別、職業や、交通目的、出発地（Origin）や到着地（Destination）、移動元や移動先、利用交通手段などとともに把握する。各交通手段の利用割合や、交通量などを求めることができる。

※25 スペースシンタックス理論は、1970年代、ロンドン大学バートレット校のビル・ヒリアー教授らによって提唱された。

あるいは、「原単位」を用いて概算するのが一般的であり、都市の動態を捉えるうえで重要な、人や自動車などの「リアルタイムでの位置」やその「流れ」を総合的に把握することはさらに困難であったが、近年の通信情報技術・機器の発達によって、こうしたことが可能となってきた。特に、GPS調査や、プローブパーソン調査（GPS搭載の携帯電話などの移動通信隊とインターネットを用いたWebダイアリーを用いて、人や車の移動状況を記録する調査）を通じて、個人の動態の集合をリアルタイム、軌跡として、速度も含めて四次元的に把握することが可能になってきている（図3.19）。

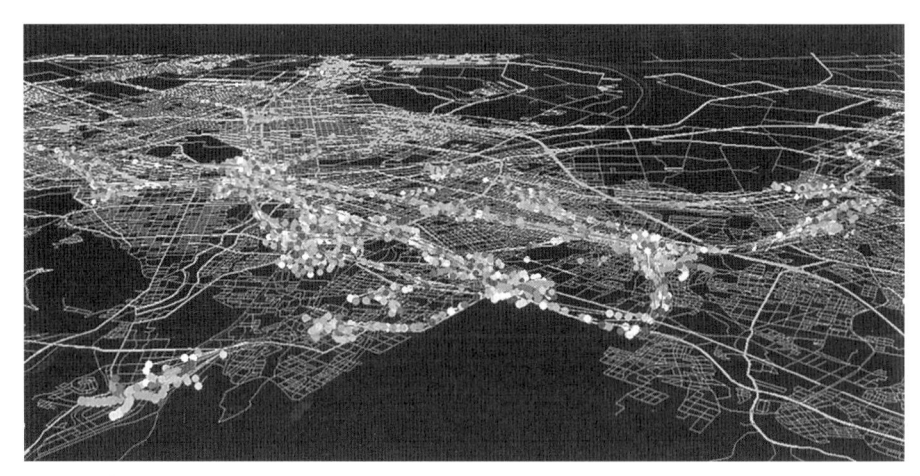

図3.19　プローブパーソン調査を基にした日韓ワールドカップ時の人々の行動解析

　また、近年では、WebやSNS（Twitter, Facebook, Instagramほか）などで収集されたデータ、自治体などが所有しているデータなど、大量多数のデータ（ビッグデータ）を活用した、俯瞰的な調査研究もさかんとなってきている。

目に見えない「環境」を可視化する

　通常の都市空間を見るだけでは把握することのできない、

目に見えない環境情報（気温・気圧・風など）などを可視化することも、計画するうえで重要である。例えば、「クリマアトラス」（都市環境気候図）という図を用いると、熱環境や気象情報について、都市レベル・広域レベルで概観することができる（図3.20）。あるいは、空気環境を解析するCFD解析[※26]の結果を、矢印を用いて示すことで、空気の流れを読みながら設計することもできる。

また、VR（Virtual Reality 仮想現実）やAR（Augmented Reality 拡張現実）といった、現実世界では目に見えない情報を、デジタル環境を駆使して、あたかも現実のように感じられるようなサポートや、情報を付加することで理解を促進する支援システムも進んでいる。

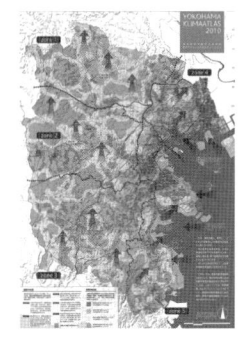

図3.20　横浜市のクリマアトラス（都市環境気候図）

※26　CFD（computational fluid dynamics）解析とは、コンピュータを用いた流体・空気環境の解析手法のこと。

都市空間の情報を編集する

集められた情報は、断片や要素のままでは、都市のデザインを行ううえでは不十分であり、情報を構造的に編集し、整理してまとめることで「見える化」される。

1）構造化する（KJ法など）

得られた情報は、「構造化」「階層化」などの手法を用いて整理することで、都市空間を解読し、デザインするうえでのポイントが見えやすくなる。例えば、得られた情報を「樹形図」と呼ばれるツリー状の図にすることで、階層的な理解の一助となる。「KJ法」[※27]は、データをカードに記述し、カードをグループごとにまとめ、図解化をして整理することで、情報を統合し、新たな発想を生みだす手法として、共同作業やワークショップなどの場面で広く用いられている。また、「評価グリッド法」と呼ばれる、対象への評価を階層構造的に整理する手法も用いられる。

※27　KJ法は、文化人類学者の川喜多二郎が考案した、情報構造化の手法であり、川喜多のイニシャルからKJ法と呼ばれている。

2）マッピングする（地図）

得られた情報が空間属性を有している場合、地図上にデータを落とし込むと、空間情報としてわかりやすく整理される（プロット・マッピング）。特に、ベースマップの上

に、各要素をトレーシングペーパーなどに分けて記入し、これを重ねて扱うことで、情報が複層的に整理されると同時に、情報を自由に出し入れすることができる[28]。

地域の課題を整理するコミュニティカルテを作成する際にも、地域の問題点をマップに落とし込むことは有効であり、例えば、防災・防犯上の不安を歩きながら見つけて落とし込む「安心安全マップ」、地域の魅力ある資源を拾い上げて地図に書き込む「資源マップ」や「まちあるきマップ」による地域の再発見など、現地で漠然と感じているが整理されていない情報を「見える化」するのに役立つ（図3.21）。

※28　現場情報に加えて、地形（等高線）や土地利用・建物利用、歴史的変遷（市街地変容）、交通流（歩行者・自転車・自動車など）、都市計画規制、統計データなどを重ね合わせると、さらに多角的な情報を獲得できる。

図 3.21　景観資源マップの例（新宿区景観まちづくりガイドブック Vol.08 落合第二地区）

3）インフォグラフィックス：情報化する

数値データなどは、生データのままでは利用しにくいため、グラフ化したり、地図情報の上に重ね合わせたりして、整理・加工する。データの使用目的を明確にして、これにふさわしいグラフのタイプ（棒グラフ・折れ線グラフ・円グラフなど）を選択することで、データの意味を明確にすることができる。わかりやすくヴィジュアルな表現方法の工夫を試みると（インフォグラフィックス）、データの中に眠る、気づきにくい結果の再発見にもつながる。

都市空間を構想する

沢山の主体が関わる都市空間をデザインするには、互いの意思や想いを共有するためのツールが必要となるが、都市空間がどこに向かうのか、その将来像を示した「構想」が、互いの想いを共有し、都市づくりを方向づけるツールとなりうる。しかし、「構想」という言葉が対象とする時空間的な広がりは様々であり、都市域を超えた大きな広がりやネットワークを構想することもあれば、自治体レベルの政策的なビジョンを構想する場合、地域や界隈など、スモールスケールで空間ビジョンを共有する場合、あるいは、スケールや時空間を超えて、様々な分野や主体の連携を構想することもある。本講では、都市をデザインする際に考えるべき都市空間の構想について考える。

東京の将来像を空間的に「構想」した『東京計画1960』（丹下健三）のイメージ

4.1　都市のビジョンを描く

近現代の都市像を提案する

　近代以前の都市デザインとは、ギリシャ・ローマの都市計画、唐の長安のような王朝都市、中世の城郭都市、オスマンのパリ大改造計画などが代表する通り、いずれも権力を有する「為政者」が、都市を統治する、あるいは、権力を誇示するための空間表現技術でもあった。近代以降の民主的市民社会の到来に伴い、都市の所有者は一人ではなくなり、多様な人々が多様に活動しあう場所が都市となるが、この時、ビジョンは必要ないかというとそうではなく、多くの人たちが一つの都市の方向性を共有するために、都市のビジョンは変わらず描かれ続けている。

　産業革命以降、都市の近代化が進み、人口も集中すると、都市問題の解決が求められる中で、大きく分けて、3種類の新しい「都市像」が提示された。一つは、エベネザー・ハワードの「田園都市」のような、都市問題から逃れるための自然環境豊かな郊外住宅地形成モデル（図4.1）、二つ

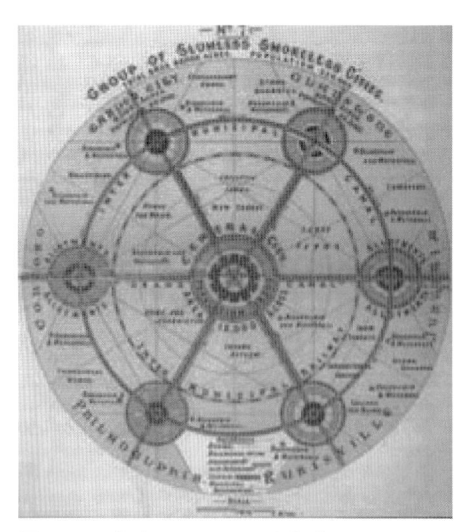

図 4.1　エベネザー・ハワードの田園都市

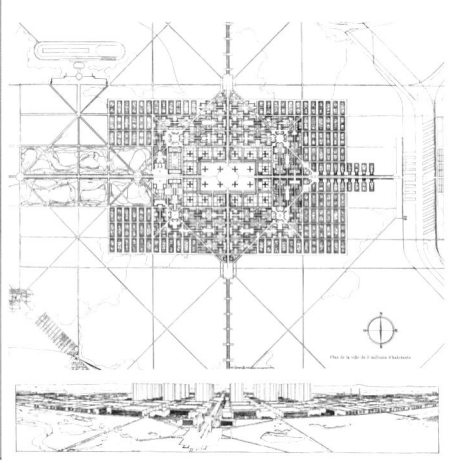

図 4.2　ル・コルビュジエの 300 万人のための現代都市

目は、密集する都市を外科的に整除するバロック型の都市更新モデル【参照】、三つ目は、ル・コルビュジエの『輝く都市』（図 4.2）のような、超高層建築と広場、グリッド交通体系による近代都市開発モデルである。いずれのモデルも、それぞれ形を変えながら、現代の都市づくりに大きな影響を与えている。

　さらなる高度な都市化の進む 1960 年代にも、二つの都市像（モデル）が議論された。都市再編にあたって、上記の近代都市モデルを下敷きとした「複合再開発および交通ネットワーク挿入モデル」が示される一方で、ジェイン・ジェイコブス[1] は、著書『アメリカ大都市の死と生』において、こうした近代都市モデルが生みだしたほころびを指摘し、多様性のある、都市の歴史的文脈も読み込んだ「緩やかな都市更新モデル」が必要であることを示した。

　90 年代以降になると、極端に車に依存するエッジシティ型の都市空間や、戸建て住宅のみが建ち並ぶ単一的ベッドタウンへの反省もこめて、コンパクトでかつ多様性と複合的な魅力を生みだすことが求められた。その結果、人間のスケールで歩いて暮らせるまちを目指した、「アーバンビレッジ」や「ニューアーバニズム」の考え方が進展した。

異なるスケールをトリップする

　イームズ夫妻[2] のプレゼンテーション『POWERS OF TEN』（1968）では、銀河系から電子の世界まで、10 のべき乗ごとに近づく世界が表現されているが、そこに示されている映像は、すべて同じ場所を写しているにもかかわらず、近づき方によって把握できるものが異なっている。実際の都市空間を考える際には、①広域圏（リージョン）スケール（国家を超えた都市間連携やメガリージョン、国土計画（全国総合開発計画）、広域都市間連携、流域圏レベル）⇒②都市圏スケール（首都圏計画レベル）⇒③都市・自治体スケール（総合計画・都市計画マスタープランレ

【参照】バロック型の都市更新モデル➡第 2 講 2.1　P.34（図 2.8　オースマンのパリ計画）

※ 1　ジェイン・ジェイコブス（1916-2006）、アメリカのジャーナリストで運動家。人間性を欠く近代都市計画を批判し、都市には多様性が必要であることを説いた。

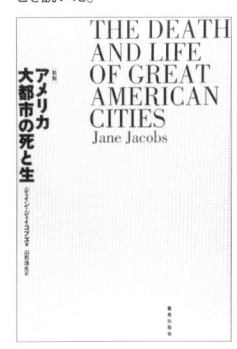

※ 2　アメリカのデザイナー・建築家のチャールズ・イームズ（1907-78）と、その妻、レイ・イームズ。二人のデザインによる「イームズ・チェア」は有名。

ベル）⇒④市街地スケール（都市プロジェクトレベル）⇒
⑤地区・界隈スケール（地区計画、地区まちづくり）など、
それぞれのスケールに応じた構想を描くことになるが、そ
の場合でも、様々なスケールを往来（スケールトリップ）
しながら、複層的にとらえて構想する必要がある。

4.2　広域圏・都市圏を構想する

国土のあり方を構想する

　国土全体が円滑に維持されるためには、国土の中にある
各都市の役割が明確に位置づけられ、何らかの形でマネジ
メントすることが必要である。例えば、ローマ帝国は、街
道を通じて植民地化した都市同士が結びつけられ、江戸時
代の日本では、一国一城制により地方都市を統括しつつ、
街道と宿場町を整備して「参勤交代」制度を導入すること
によって、都市空間全体を「拠点」と「ネットワーク」で結
びつけることが構想された。

　特に、人口も急増する高度成長期には、国土全体の適切
なコントロールが求められた。日本では、国土総合開発
法（1950）に基づく国土総合開発計画、そして工業化と高
度経済成長に対応する所得倍増計画（1960）を契機に「全
国総合開発計画」が示され、約 10 年ごとに国土的課題と
新たな時代を視野に入れた目標像が設定されている。1962
年には、（旧）全国総合開発計画（第一次：拠点開発方式）
が示されたが、大都市への人口・産業の集中は是正されず、
1969 年には新全総（第二次：大規模開発プロジェクト）が
示され、その後に 1977 年の三全総（第三次：定住圏構想）、
1987 年の四全総（第四次：交流ネットワーク構想）、そし
て、1998 年には、グローバル化・情報化社会・少子高齢
化・環境問題などを踏まえた、多軸型国土を目指す「21
世紀の国土のグランドデザイン」など、各時代に応じた国
土のあり方がその都度提示されている[※3]。

※3　全国総合開発計画の変
遷は、以下の通りに分けられる。

（旧）全国総合開発計画 1962 年（第一次）
高度経済成長における地域格差是正のために、新産業都市や工業整備特別地域などの地方の都市開発拠点を選択的に整備し、交通網で結びつける「拠点開発方式」という構想を提示した。
新全国総合開発計画 1969 年（第二次）
新幹線や高速道路網により全国的ネットワークと拠点的なプロジェクト開発による構想である「大規模開発プロジェクト」方式
第三次全国総合開発計画 1977 年（第三次）
大都市への人口集中を抑制し、地域振興により過疎地域の改善を図る「定住圏構想」
第四次全国総合開発計画 1987 年（第四次）
交通・通信ネットワークによる地域間交流を通した多極分散型国土の構築を図る「交流ネットワーク構想」
21 世紀の国土のグランドデザイン 1998 年
低成長期を迎え、グローバル化・情報化社会・少子高齢化・環境問題などを踏まえた、多軸型国土を目指す

メガロポリスとシティ・リージョン

　海外に目を向ければ、パトリック・ゲデスが掲げた「コナベーション」（連担）という考え方も背景としながら、都市を超えた経済社会的連携を模索した構想もある。サルコジ元大統領下で示された「グラン・パリ計画（Grand Paris）」では、パリ市とその郊外に経済的な中心拠点を設け、これらと飛行場・高速鉄道駅等を結ぶ公共交通機関や交通網を整備し、近郊にテクノロジークラスターを設ける構想が示された。

　また、多くの大都市が政治経済的に結びつきながら、地理的にもまた、帯状に連なり、広域都市圏（メガロポリス）を形成する場合もある（ボストンからニューヨーク、ワシントンまで連なる米国東海岸都市圏【Boswash】など）。さらには、情報通信技術の急速な発展、経済のグローバル化も相まって、国境を超えた様々な連携、関係も生まれてきている（サステイナブル・シティを目指した EU のブルーバナナなど）。

　EU では、都市間、地域間の経済的競争の激化やグローバル化を背景に、1990 年代から、活力のある都市同士を広域的に捉え、都市とその都市がサービスする空間領域を計画の対象とし、歴史的・経済的・文化的な一体性をもった地域圏の競争力の強化を図る「シティ・リージョン（City Region）」という考え方が唱えられた。シティ・リージョンでは、経済的競争力を重視しながら、①バランスのとれた多極分散型の都市圏システムの確立と新たな都市農村関係の構築、②交通（都市間の空港、高速鉄道）・情報インフラへのアクセシビリティ確保、③持続的発展ならびに自然・文化遺産の管理と保全（知識産業を支援するための大学・研究機能、文化機能などの拡充）などが図られている。また、このような新たな都市地域像を実現するために必要と考えられた新たな計画手法として、「空間計画」（spatial planning）[4] という考え方が提唱されている。

※4　空間計画という考え方は、以下の三つの特徴をもつ。①都市・農村の区別を問わず、地域を形成する空間に関わる諸政策を、分野横断的（水平的）かつ異なる空間スケール間（垂直的）に統合的に調整する、②競争力とともに、結束と多核性も大切にする、③単一都市ではなく、複数都市が連担している「地域」を重視する。

「都市圏」を構想する

　近代都市計画は、人口が急激に集積する中で発生した都市問題（過密・衛生・公害）の解決を目的としていたが、これに対応するために、急激に、そして、無秩序に開発される都市空間の適切な制御が必要とされていた。1920年代の欧米では、広域的な地域計画（regional planning）が重要視され、1924年に開催されたアムステルダムでの国際都市会議でも、この地域計画が中心議題となっている。

　都心の過密化に対応する都市空間の構想としては、ハワードの田園都市論などにまで遡ることができるが、都市政策に位置づけた具体的な計画としては、「大ロンドン計画（グレーターロンドンプラン）」（1944）を見ることができる。ここでは、ロンドンの市街地辺縁部に、豊かな緑の保全されたグリーンベルトを設け、郊外部に計画的に衛星都市（ニュータウン）を設置することで、都市の無秩序な拡大を防ぎつつ豊かさを生みだす都市空間が構想されている。

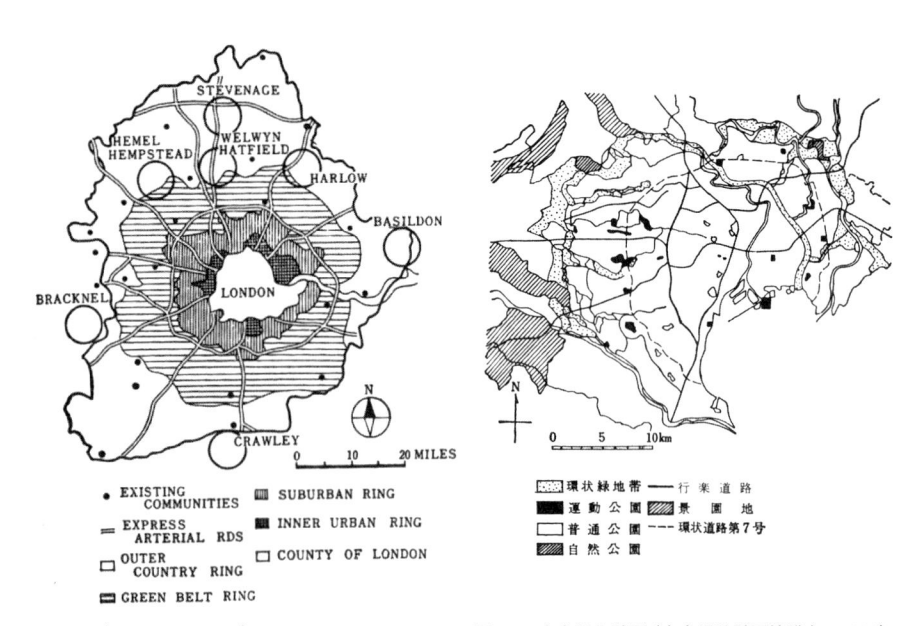

図 4.3　グレーターロンドンプラン　　　　　　図 4.4　東京緑化計画（東京緑地計画協議会、1939）

日本でも、戦前期に策定された「東京緑地計画」(1939)における「環状緑地帯」[※5]や、戦後の「(第一次)首都圏整備計画」(1958)において、母都市東京の影響圏100km圏を、既成市街地(母都市)・近郊地帯(グリーンベルト)・周辺区域の三つに区分し、その周辺に市街地開発区域(衛星都市)を設置する計画がなされるなど、何度か「グリーンベルト型」の市街地制御が試みられたが、いずれも都市化のスピードのほうが速く、想定通りの制御を行うまでに至っていない。その後も、第四次全国総合開発計画の中で「業務核都市」構想が示され、東京一極集中を防ぐため複数の業務核都市による「多極分散型都市形成」が図られた。

一方、大きく都市が動く時代においては、多くの建築家・都市計画家などから、都市空間の方向性を導く将来像を示した空間的な構想が提案された。例えば、「東京計画1960」(1961年、東京大学丹下健三研究室)では[※6]、高度成長期の急激な人口増加に対し、東京における求心型の閉じた都市構造から、東京湾上へと伸びる線形平行射状の開いた都市構造[※7]により、成長と増殖に対応できる都市像が提案されたほか、メタボリズムグループ[※8]により、新

※5 1都4県を対象としながら、公園・緑地・行楽道路などが計画された。その後、東京防空空地および空地帯計画などの計画を経て、一部が緑地や公園に指定されている(砧公園・水元公園など)。

※6 新たな交通システムで建築と都市を有機的につなぐサイクル・トランスポーテ.ション・システム、複数のコア(エレベータ等を中心とした垂直動線)とオフィスをつなぐジョイントコアシステムなどが提案された。

※7 海上都市構想については、当時の日本住宅公団総裁加納久朗の「加納構想」(1958)を始めとして、数多くの提案がなされた。

※8 1960年に開催された世界デザイン会議を契機に結成されたグループ。川添登、黒川紀章、菊竹清訓、槇文彦、大高正人、榮久庵憲司、粟津潔などがメンバーとして参加した。

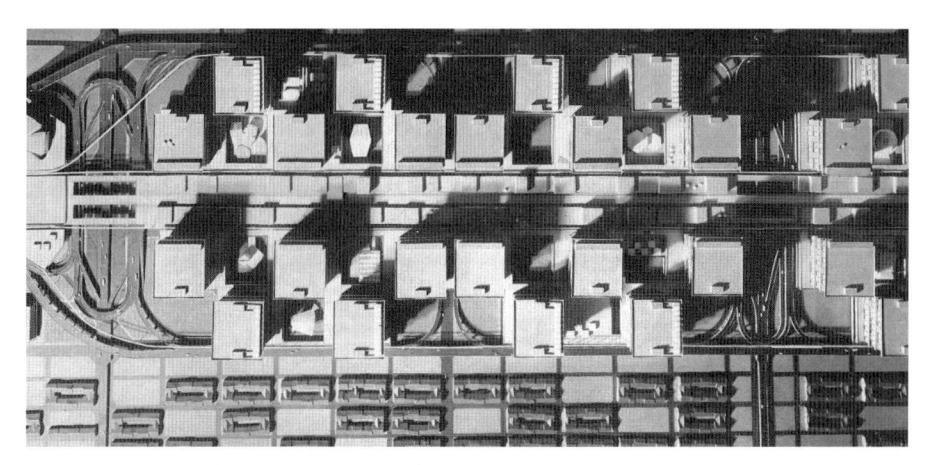

図4.5 京都計画1964(京都大学西山夘三研究室)

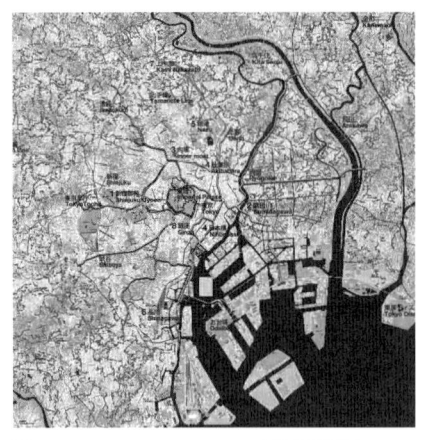
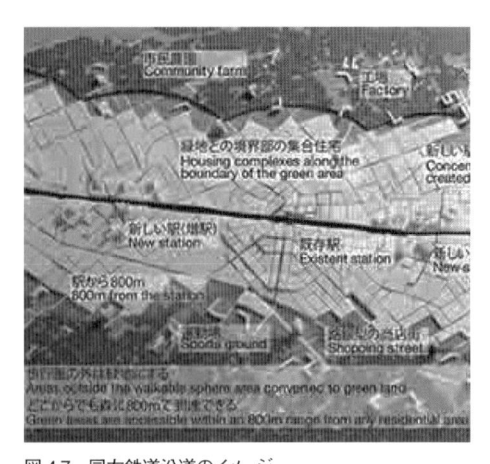

図 4.6　TOKYO 2050 fibercity（大野秀敏ら）　　図 4.7　同左鉄道沿道のイメージ

縮減時代の都市モデルとして、鉄道網を中心とした集約と緑地化、緑のネットワークなどによるまちの再編を構想している。

陳代謝する都市のあり方が多数提案された。また、西山夘三は、京都の未来図と地獄絵を含めた「京都計画 1964」を発表している。近年では、人口減少時代を見据えた、都市の縮減化に対する新たな都市像として、「TOKYO 2050 fibercity」（大野秀敏ら）が提言されている。

ニューアーバニズムとスマートグロース

　人口や産業の安定した成熟都市では、持続的に豊かであり続ける、サステイナブルな都市の姿を実現することが必要とされる。米国では、自動車中心の郊外住宅地とエッジシティの開発に対する批判により、1980 年代ごろから伝統的なまちづくりを見直した住宅地づくり「伝統的近隣住区開発」（TND：Traditional Neighborhood Development）が行われた。その後、80 ～ 90 年代には、①公共交通指向型開発（TOD、後述）によるコンパクトな市街地形成、②歩行者中心の複合的なコミュニティ創出、③ヒューマンスケールの建築・都市空間などを大切にした「ニューアーバニズム」という概念が唱えられた。ピーター・カルソープ

ら建築家・アーバンデザイナーたちにより提唱されたアワニー原則[9](1991)、ニューアーバニズム憲章(1996)以降、環境負荷が少なく、省エネルギーを実践し、財政的にも無駄がなく、人々が親密なコミュニティを実感できるような都市づくりが図られ、シーサイド(フロリダ)などの住宅地開発において実践された。また、EUでは、歴史的市街地の価値を見直し、「高密度居住」「多様性と混合用途」「ヒューマンスケールな都市空間」が重視された。主に英国で実践されたアーバンビレッジ[10]は、刺激に満ちた都市生活を享受しながらも、その中にかつての村落が有していた人間的なコミュニティ生活を回復させようとするものである。

こうした中で、90年代以降には、都市における環境・交通・密度を総合的にコントロールして、過度な開発の影響を最小限に食い止める「成長管理」という考え方も提唱されている。特に近年、都市圏郊外での無秩序なスプロール型開発を抑制し、自然環境を取り戻しながら地域の価値を向上させることで、過度な環境保護主義に陥ることもなく「賢く」発展してゆく戦略として、都市・地域レベルで展開されたのが「スマートグロース」[11]運動である。

コンパクトシティ

日本では、無秩序な郊外開発を抑制するだけでなく、様々な都市機能を既成市街地に集約させることで、空洞化・衰退していた中心市街地の活力を取り戻す「コンパクトシティ」[12]という考え方が掲げられた。まちづくり三法[13]の改正(2006)において、中心市街地活性化基本計画を国が認定する際に、コンパクトシティ形成に向けた郊外開発抑制のための都市計画的取組みが行われていることが条件となった。その後、国土交通省では、インフラコストへの配慮、地域活力向上のための市街地および生活機能の集積、そして高齢社会に対応したあるいて暮らせるま

※9 アワニー原則は、①コミュニティの原則(徒歩圏、公共交通網、階層の混合、コミュニティの集積、オープンスペース、緑、歩行者ネットワーク、地形や植生)、②コミュニティを包含するリージョンの原則、③実現のための戦略、からなる。

※10 アーバンビレッジでは、「多様な都市機能」「複合的な用途」「多様な住宅タイプ、様々な社会階層の共生」「公共交通と歩行者・自転車利用の優先」「場所の感覚・質の高い公共空間」「各段階での地域コミュニティの参加」「サステイナブル・コミュニティの実現」の7原則が掲げられている。

※11 スマートグロースとは、米国環境保護庁によると、「国家の自然環境を保護し、国家のコミュニティをより魅力的で、経済的に強力で、より社会的に多様なものにするための、幅広い開発および保全の戦略群」だとされている。

※12 コンパクトシティ論の第一人者である海道清信の一連の著作は、コンパクトシティの基本戦略が「(商店街を中心とする)中心市街地の活性化」「都心居住の促進」「(歴史的環境保全を含めた)既存ストックの有効活用」「郊外の土地利用コントロール」「自然環境の保全」にあることを示している。

※13 まちづくり三法とは、中心市街地活性化法、大規模小売店舗立地法、都市計画法のことをさす。

ちづくりの標榜などを背景として、一定程度集まって住み、そこに必要な都市機能と公共サービスを集中させ、良好な住環境や交流空間を効率的に実現する「集約型都市構造」という考え方とともに、都市機能が集積する複数の集約拠点とその他の地域とが公共交通を基本に有機的に連携されている拠点ネットワーク型のスタイル（「コンパクトシティ＋ネットワーク」）の構築を目標に掲げている。具体的には、パイロット事業として行われた青森市の同心円的な都市構造および土地利用構想や、富山市のコンパクトシティ政策である「団子と串」モデル（図4.9）などは、自治体におけるコンパクトシティ像を象徴している。また、国の政策的にも、改正された都市再生特別措置法（2014）において、居住地域および医療・福祉・商業などの都市機能を誘導し、公共交通を用いた都市構造の集約を計画する「立地適正化計画」が位置づけられ、全国各自治体で計画策定が行われている。都市計画マスタープランの高度化版とも位置づけられるこの計画では、市町村の総合計画やマスタープランなどの上位計画のほか、公共交通政策、公共施設計画、住宅供給、医療福祉、農業政策など、関連する様々な分野と連携して一体的に策定することが求められている。

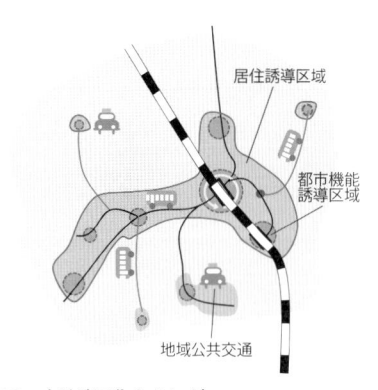

図4.8　立地適正化のイメージ

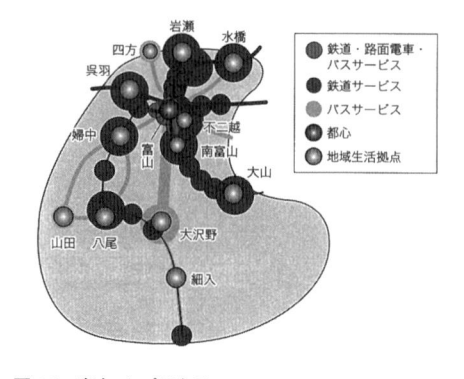

図4.9　富山コンパクトシティ

公共交通網を中心に構想する

　車に頼らず、公共交通機関の利用を重視して、鉄道駅やバス停・公共交通沿線を中心に密度高く組み立てられた都市開発である、TOD（Transit Oriented Development：公共交通指向型開発）[14] では、駅前などの拠点の密度と周辺地域の空間制御、そして、沿線地域間連携を考えた全体のあり方が大切となる。例えば、クリチバ市（ブラジル）では、独自の公共交通（バス）ネットワークシステム（RIT）と、幹線道路を中心とした沿道土地利用・都市開発による都市空間の制御を通した都市空間マネジメントが行われている。また、ポートランド市（米国）でも、TRIMET と呼ばれる MAX ライトレール、ストリートカー、路面バスを統合的に体系化した交通システムを基にした都市圏マネジメントが行われている。

　日本の都心部では、すでに地域鉄道網や地下鉄網などが発達しており、すでに TOD に近い状況が生まれているが、日本において、こうした TOD 型の鉄道沿線開発としては、戦前の鉄道沿線まちづくり（小林一三による阪急電鉄沿線開発、渋沢栄一らによる田園都市株式会社 (1918) と田園

※ 14　ニューアーバニズムの概念を提唱した一人でもある、アメリカの建築家、ピーター・カルソープによって提示された考え方である。

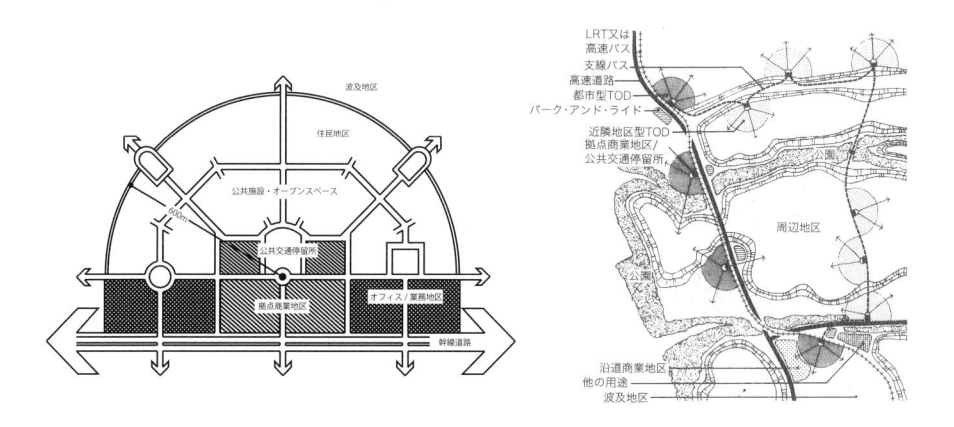

図 4.10　TOD の概念図

図 4.11　TOD の適用例イメージ（広域圏）

調布・洗足・日吉などの住宅地開発）を挙げることができる。戦後においても、「東急多摩田園都市」構想では、川崎、横浜、町田、大和の4市にまたがる東京西南部の多摩丘陵部に鉄道敷設と駅前を中心とした土地区画整理事業により新たな郊外住宅地形成を目指した[15]。この考え方に基づく都市づくりの手法は、現代にまで受け継がれており、コンパクトシティを目指す中で、鉄道網と鉄道駅を核としたまちづくりが多く進められている（つくばエクスプレス駅前開発、東急田園都市線次世代郊外まちづくり、相鉄いずみ野線沿線みらいに向けたまちづくりなど）。

「流域圏」を構想する

　文明・文化の発展のために、「水」の存在は不可欠であり、安定して水の得られる河川流域は、常に都市生成の源である。また、大量の物資を運搬するために水運を用いていた時代には、河岸は物資の交換の場所であり、「流域圏」という概念は、都市同士の関係性を考えても大切なつながりの一つであったが、近代都市の発達につれて、流域圏のつながりが見えにくくなっている。また、気候変動や気象条件の変化により、河川の氾濫や水害などの災害リスクが高まっている近年では、改めて、流域圏での都市のつながりが重要視されている。日本では、1997（平成9）年度の河川法改正に伴い、従来の治水・利水という河川の主な目的に「河川環境の整備と保全」が加わり、流域圏で「河川整備計画」が策定されることとなった[16]。

　また、近年では、水源（川上）と、これを利用する都市（川下）の関係も大切にされており、例えば、横浜市では、鶴見川の水源である道志村（山梨県）と連携し、水源環境整備に対する支援や連携などを実施している。ドイツ・エムシャー川流域は、1970年代以降の産業構造の転換に伴う重化学工業衰退や経済低迷、そして、工業化に伴う自然環境や景観の破壊の影響で人口が急減したため、エムシャ

※15　1960年代における田園都市構想を支えるマスタープランとして、建築家菊竹清訓が提唱した「ペアシティ」構想（プラザ・ビレッジ・クロスポイントの三つの拠点と、交通・ショッピング・緑のネットワークによる都市づくりを目指したもの）を背景としていた。

※16　例えば多摩川では、2001年度に多摩川水系河川整備計画が策定されている。

ー川流域を環境的・経済的に立て直すべく、建築プログラムや工業景観の修景、自然再生を中心とした「IBA エムシャーパーク構想」が推進され、広域的な流域圏が一体的に再生されている。

4.3　都市・自治体を構想する

自治体の総合計画を描く

多主体が同時に存在する都市空間でのマネジメントを実現してゆく中でも、政策実施単位としての「自治体」（特に基礎自治体である市町村）ごとに、都市政策・空間政策の大きな方向性を指し示す「構想」は、とても重要な存在である。

自治体では、一般的に「総合計画」と呼ばれる計画を策定して、自治体運営を統括している。これは、自治体全体の政策および予算を統括する計画であり、これを基に各部局は施策を実行する。地方自治法改正（1969）で「基本構想」の策定が義務づけられることで、総合計画を策定する自治体が増えた[17]。

一方、1992 年の都市計画法改正によって、市町村での「都市計画マスタープラン」（市町村の都市計画に関する基本的な方針）の策定が義務化されており、都市計画の大きな方向性を定めるプランが全国各地で策定されている[18]。おおむね 20 年先を目標年次として、人口や社会経済の動向を読みながらの長期的な計画目標、および都市の将来像の設定と、その実現に向けた土地利用計画や都市施設整備の方針を定める必要がある。これに基づき、上位計画に即しつつ、様々な分野に対して調整・整合が必要になる。内容は、主に、全体構想・分野別構想・地区別構想などで構成されていることが多いが、計画策定時に都市計画決定を必要としないこともあり、あるいは、具体的な将来像が見にくいこと、実効性が薄いことなどの課題も挙げられる。

※ 17　「基本構想＋基本計画＋実施計画」で全体を「総合計画」とする自治体も多い。一般的には、「基本構想」（おおむね 10 年）→「基本計画」（おおむね 5 年）→「実施計画」（おおむね 3 年）→（基本・実施設計）という形で策定される。なお、2011 年に基本構想策定の義務づけ自体は削除されている。

※ 18　これに対して、2000年の都市計画法改正により都道府県が都市計画区域ごとに定めることとされた、「都市計画区域マスタープラン」（都市計画区域の整備、開発および保全の方針）がある。

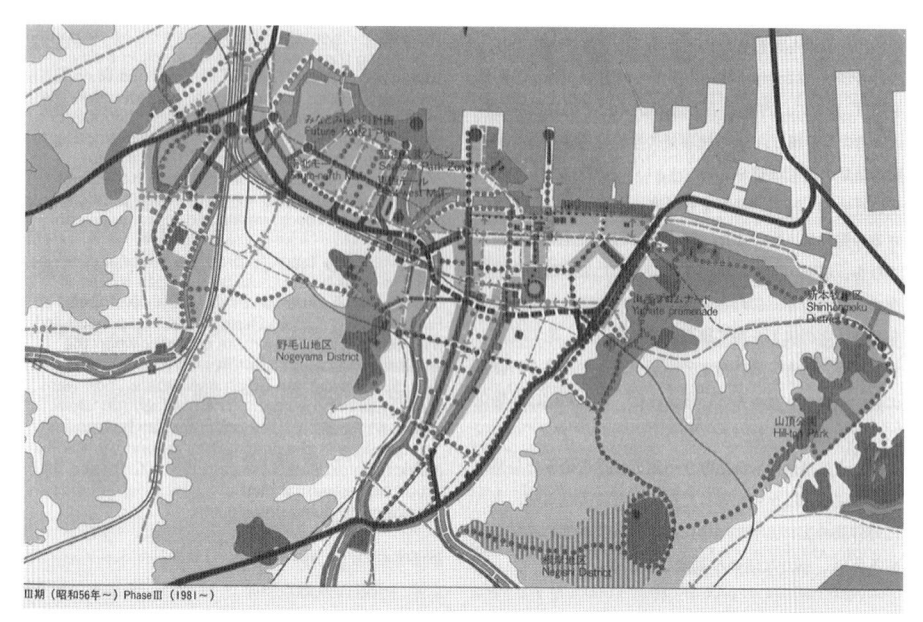

III期（昭和56年〜）Phase III（1981〜）

図 4.12　横浜都心臨海部における歩行者空間中心の都市デザイン

自治体の特徴を活かした独自の構想

　また、都市計画マスタープランとは異なる
形で、市域の空間構想を描いてプロジェクト
を推進している例もある。横浜市では、1965
年「横浜の都市づくり」構想を発表し、米軍に
よる接収などの影響により東京より遅れた都
市復興を図る際に、高度成長期の急激な人口
増加と無秩序なベッドタウン化を制御しつつ、
人間的な都市空間創出を目指した構想が示さ
れた。そこでは、①コントロール：守るとこ
ろは明確に先に守りつつ、開発の力をうまく
誘導・利用して開発を進めてゆく、②プロジェクト：骨格
となる事業を優先的かつ重点的に行う、③アーバンデザイ
ン：人間のための都市空間を創出するためのデザインを
行う、という三つの視点が示され、固定した将来像を描く

図 4.13　六大事業

マスタープラン型の計画ではなく、都市の骨格づくりとなる「プロジェクト」を提示するという、「マスタープログラム型」の新たな都市構想のスタイルであった。具体的には、「六大事業」[19] と呼ばれる、都市骨格形成を踏まえたプロジェクトの戦略的な挿入が企図されたものであった。

テーマに特化して構想する

　自治体においては、それぞれの具体的な施策は分野別計画として位置づけられることが多いが、地域や自治体の個性を高めるためには、その地域らしい魅力を活かした、テーマ特化型のまちのあり方を構想することも重要である。例えば、各務原市（岐阜県）では、「水と緑の回廊計画」を策定し、都市空間の骨格を、「水と緑」という、具体的な自然環境をテーマとして掲げつつ、これをランドスケープを中心に統合して、都市空間のマネジメントを行うという具体的な空間ビジョンを提示し、「緑の基本計画」の中にまとめている。近年では、「環境」をテーマにした「環境未来都市」や、エネルギーなどを IT 技術なども用いながら賢くマネジメントする「スマートシティ」などを標榜した都市経営を目指している自治体も多く見られる。

　脱工業社会から知識社会へと向かう現在、都市の魅力や地域の価値を高めるために、文化的な「創造性」に着目して、文化芸術・創造性をもった人々（クリエイティブクラス）のソフトパワーも交えた都市再編手法である「創造都市」[20]（クリエイティブシティ）概念が注目されている。文化芸術や創造性の高まる取組みを用いて都市のアイデンティティを高めながらこれを発信し、都市経営を展開するとともに、多様な人々の参画を受け入れ、社会的包摂を行う都市政策としても注目されており、2004 年以降は、ユネスコ創造都市ネットワーク[21] も設立されている。日本では、横浜市が、2004 年より「芸術文化創造都市構想」を掲げ、これまで蓄積してきたアーバンデザイン行政に加え

※ 19　六大事業とは、①金沢地先埋立事業、②港北ニュータウン建設事業、③高速鉄道＜地下鉄＞建設事業、④高速道路網建設事業、⑤横浜港ベイブリッジ建設事業、⑥都心部強化事業＝後のみなとみらい 21 事業など

※ 20　創造都市とは、「市民の創造活動の自由な発揮に基づいて、文化と産業における創造性に富み、同時に、脱大量生産の革新的で柔軟な都市経済システムを備え、グローバルな環境問題や、あるいはローカルな地域社会の課題に対して、創造的問題解決を行えるような『創造の場』に富んだ都市」と定義づけられる。都市社会学者であるリチャード・フロリダやチャールズ・ランドリーなどによって、論じられている。フロリダは、技術（Technology）、人材（Talent）、寛容性（Tolerance）の三つを重視する「3T 理論」を提唱している。

※ 21　ユネスコ創造都市ネットワークでは、文学、映画、音楽、クラフト＆フォークアート、デザイン、メディアアート、食文化の 7 分野が用意されている。2017 年 10 月現在、72 カ国 180 都市が加盟している。

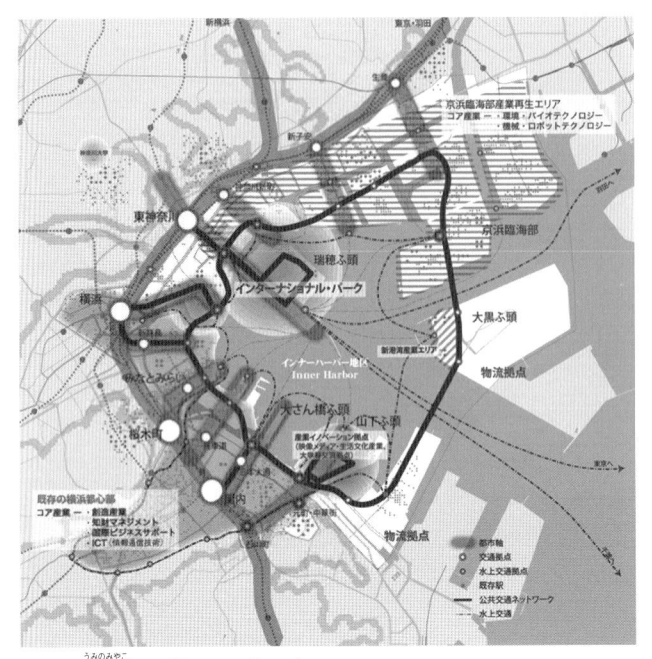

図 4.14　海都横浜構想 2059（2010）

て、創造性に基づく都市資産の活用、創造界隈の形成、創造人材による活動を高めるまちづくりを進めている。

　このほかにも、ニューヨークでは、歩いて暮らせる健康なまちづくりとこれに基づく公共空間の利活用をベースとした「アクティブ・デザイン」（健康まちづくり）という考え方に基づく都市政策を実施している。

　「海都（うみのみやこ）横浜構想 2059」では、横浜市の都心臨海部（インナーハーバー）の産業・流通構造の変革に伴う 50 年後の将来像が提案されている（図 4.14）。

4.4　市街地を構想する

　新たな都市空間を短期間に整備したり、プロジェクトを実践したりするときこそ、都市空間の姿かたちが直接立ち現れてくるため、そのプロジェクトが都市をどのような方

向に導いてゆくものなのか、具体的な空間計画や構想を描いて整備することが求められる。

新都市・新首都を構想する

近代化に伴う人口急増に対応するためには、タブラ・ラサ（白紙）の状態から新たな都市を創出する必要が生じてくることがある。あるいは、政治的状態が変化する中で、新たな政治の中枢として新首都が建設されることもある。先述のようなトニー・ガルニエの工業都市や、ル・コルビュジエのヴォアザン計画など、近代都市モデルを下敷きにしながら、新都市の建設・実現を通して、都市空間の将来像が顕在化された。例えば、ワシントン D.C.（米国）、キャンベラ（オーストラリア）、オタワ（カナダ）などの首都建設のほか、ユニット・セルと段階的交通体系を組み合わせて拡張可能な都市モデルを実現したチャンディーガル（イ

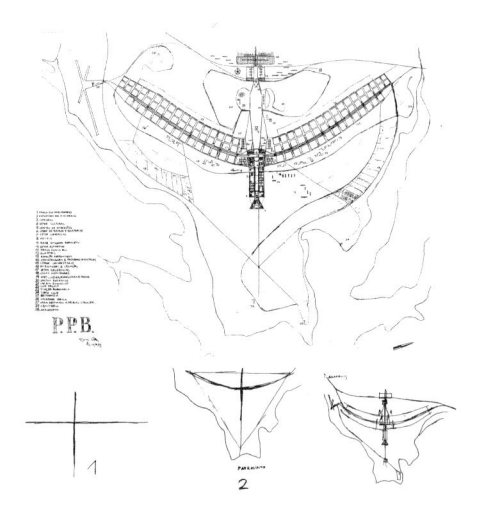

図 4.15　ブラジリア

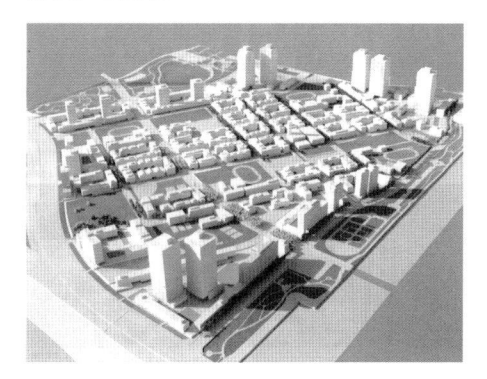

図 4.16　幕張ベイタウンの全体像を示す模型（縮尺 1/500）

ンド）、飛行機の形状をモデルに、工業化時代の効率的都市システムを実現したブラジリア（ブラジル）（図 4.15）のほか、近年では、連邦行政機能と経済情報機能の中心となるプトラジャヤ・サイバージャヤ（マレーシア）などがある。

ニュータウンを構想する

高度経済成長期の都市空間には、短期間に大量の「団地」が整備されたが、新しい都市空間がゼロから創出され

たこと、そして周辺環境に与える影響も大きかったことから、ある程度秩序だった空間整備の方向性（構想）が求められた。特に、生活の場である住宅地として、その安全性や利便性、快適性などを意識した住宅地像が描かれた。

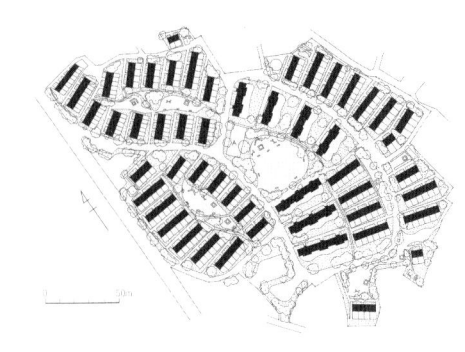

図4.17　阿佐ヶ谷住宅（現存せず）

　伝統的には、徹底的な歩車分離による、効率性と安全性、豊かな自然環境を両立させた住宅地計画（ラドバーン［米国ニュージャージー州］など）、近隣住区論によるクラスターシステムを採用したもの（ハーロウ［英国］や千里ニュータウン［大阪市]）、ワンセンターシステムを採用した中心とネットワー

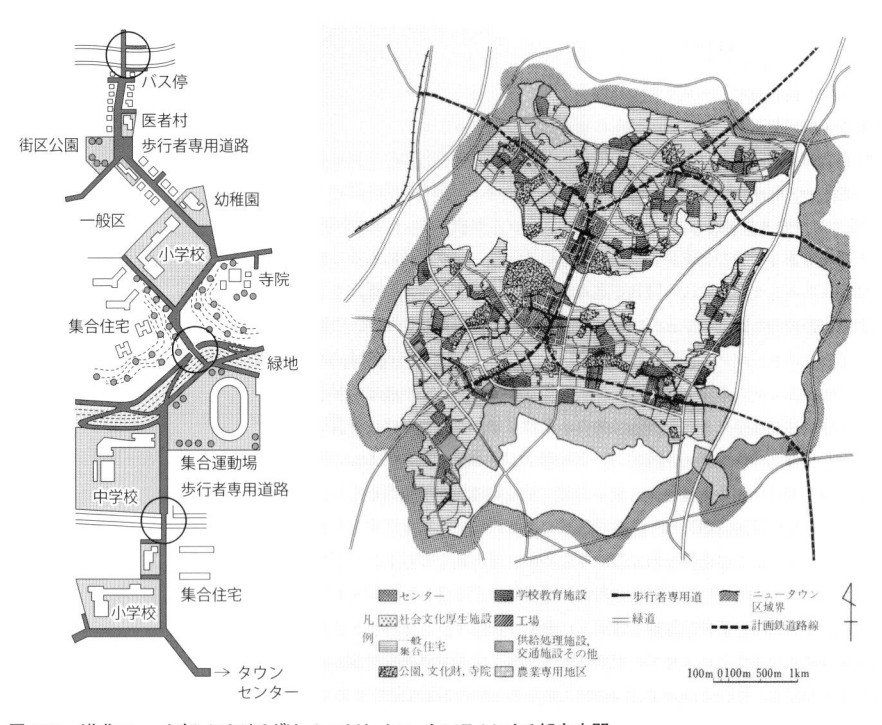

図4.18　港北ニュータウンにおけるグリーンマトリックス・システムによる都市空間

クによるもの（カンバーノールド
［英国］や高蔵寺ニュータウン［名
古屋］）、ミルトンケインズのよう
なグリッドシステムで広がるニュ
ータウンなど、様々な形式が試み
られた。また、急速に大量の住宅
供給を図るためにとかく画一的に
なりがちな空間に景観的な魅力を
与えるために、スターハウスなど
の住棟計画、配置、ランドスケー
プデザインなどを用いた工夫もた
くさん行われている[22]。

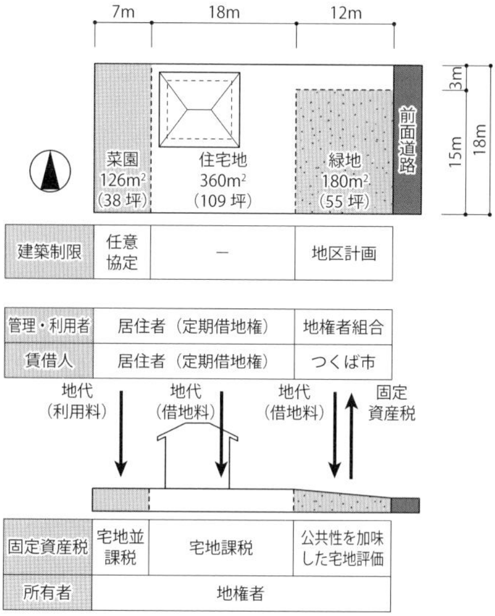

　特に、マスターアーキテクト方
式を用いながら、イタリアの山岳
都市をモチーフに、統一的で高質
な景観形成を通して、空間イメー
ジの共有化が図られたベルコリー

図 4.19　中根金田台地区春風台における住宅供給の仕組み

※22　日本住宅公団（現都市再生機構）では、津端修一（1925-2015）を中心に、阿佐ヶ谷住宅（現存せず）、多摩平団地、高根台団地、高蔵寺ニュータウンをはじめとした多くの団地で景観的な魅力を付加したデザインによる計画が策定された。

ヌ南大沢（八王子市）、既存の谷戸の水と緑を維持したま
ま周辺の斜面緑地もできるだけ保全する、自然や地形と
共生した空間づくりとともに、多様な空間（機能）と活動
（アクティビティ）をかけあわせて考える「グリーンマトリ
クスシステム」による新しい都市づくりを試みた港北ニュ
ータウン（横浜市）（図4.18）、「住宅で街をつくる」ことを
目標に、住宅の配置・にぎわい施設・街路等の検討を基
に、街路と建築、住宅密度と住棟形式、隣棟間隔と日照条
件などを考慮した、モデル街区とボリュームタイプの検討
を経て、中層の中庭・沿道型街区による都市空間像が構想
された幕張ベイタウン（千葉市）（図4.16）などが特徴的な
事例である。さらに近年では、駅前を中心に、公共交通を
核とした都市空間、周辺に立地する大学との連携、スマー
トシティなどの環境まちづくりとの連携、広域自治体の掲
げる国際キャンパスタウン構想などを背景とした総合的な

住宅地づくりを実施した柏の葉キャンパス地区（柏市）や、人口減少時代を背景に、緑や農地も積極的に位置づけた「緑住農」街区を基にしたまちづくり（中根金田台地区春風台：つくば市）（図4.19）、時間軸も踏まえた住宅地形成（ユーカリが丘団地）、既存のストックを活かしてリノベーション・改修型の再生を試みた事例などが見られる。

復興市街地を構想する

　震災や戦災など、都市が大きな災害や被害を受けた際に、単に失われた部分を復旧するだけでなく、被災を乗り越えつつ、将来の被災や都市課題も予見しつつ、さらなる豊かな市街地形成を図るための復興市街地が構想される。近代都市、東京・横浜で被害が大きかった関東大震災の復興の際には、帝都復興計画（後藤新平）として、土地区画整理事業による再生のみならず、幹線道路や生活道路、公園の整備、豊かな隅田川橋梁群の設置、復興小学校＋小公園の組み合わせ、同潤会による不燃化住宅と新しい集合住宅の

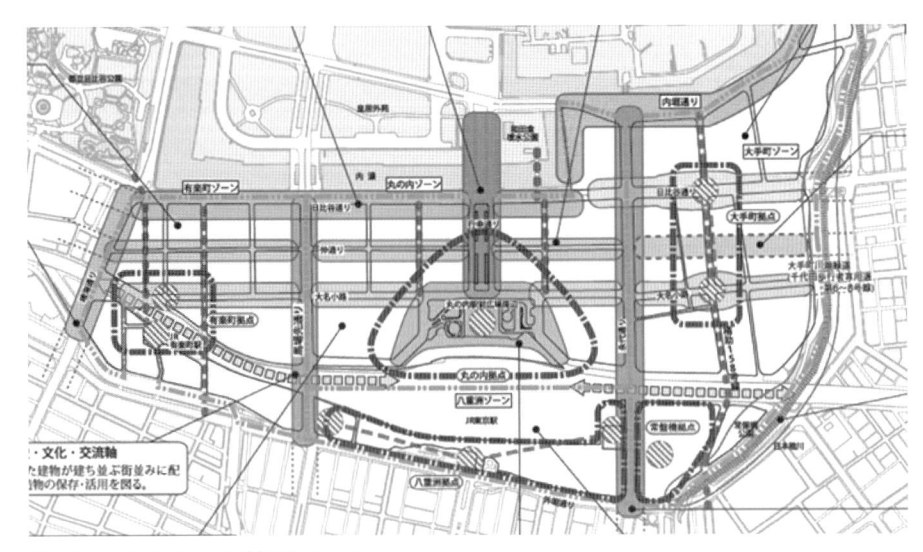

図4.20　大丸有エリア まちづくりガイドライン

挿入などが行われた。

　石川栄耀らによる東京の戦災復興計画では、広幅員街路と広場、緑地帯、公園、特別地区、緑地地域などを用いた都市空間の再編が構想されたほか、中心市街地のアーバンデザインコンペ（銀座・神田・新宿）や文教地区計画など、建築家や都市計画家にも新たな都市像の提案を求めた。

　また、東日本大震災（2011）後には、被災した各自治体で「復興計画」が立案されるとともに、防災集団移転・高台移転などに伴い、新たな住宅地・市街地形成が図られた。

都市の再編を構想する

　具体的なエリアやプロジェクトごとに、将来像が構想される場合もある。バルセロナ 22 @（アットマーク）プロジェクトでは、工業専用地域（22 @）だったところから、IT や新たな産業も含めた創造都市形成（22 @）を目指した都市空間形成が図られている[23]。ハーフェンシティ（ハンブルク）では、使われなくなった港湾地区において、これまでの港湾資産（赤レンガの倉庫など）を活用しつつ、新しいウォーターフロントの複合的な都市空間構築を目指したプロジェクトが構想されている。また、セーヌ左岸計画（パリ）では、川沿いの鉄道操車場や工場跡地を再編する際に、クリスチャン・ド・ポルザンパルクをマスターアーキテクトとして、パリ独特の中庭型街区の形状を現代的に再解釈した「オープン街区」による街並みが提示されている。

　中心市街地や都心部においても、エリアマネジメントの考え方に基づいて、地区・地域に基づいた再編が試みられている。日本屈指の都心部である「大丸有」[24] エリアでは、近代以降、常にそのあり方が検討されており、三菱の開発による「一丁倫敦（ロンドン）」「一丁紐育（ニューヨーク）」など、その時代時代に合わせて欧米の都市空間を参照しながら、日本にはなかった都市空間（オフィス街）が構想されるとともに、美観地区に指定するなど、日本の都市を牽引する代表的な

※23　バルセロナでは、工業専用地域を示す土地利用のコードを22aと示すが、IT や現代産業を含めた再生を試みるこの地域では、22@ という通称で、産業と都市をつなぐ都市像を表現している。

※24　大手町・丸の内・有楽町エリアのこと。

都心空間像が示された。その後も、「丸の内総合改造計画」（1959）や、民間による「マンハッタン計画」（丸の内開発計画、1988）など高密度型の都市像が提示されたほか、近年では、これまで土日は人のいないオフィス街だったところを商業も含めた複合都市となるように、丸の内仲通りなどを中心とした再生を行うとともに、大丸有エリアの地権者を中心としたエリアマネジメントが行われており、かつての景観を継承する表情線を設けながらも街区型超高層ビルを中心とした都市像を基にした「まちづくりガイドライン」が設けられている。一方、地方都市でもこうした事例はいくつも見られるが、詳しい説明は、第9講に譲る。

4.5　地区・界隈を構想する

コミュニティ単位で構想する

　都市空間を魅力的な場所としてデザインするには、生活環境、特に、歩いて暮らせる範囲内のあり方を構想することもまた重要である。近代都市計画の歴史から見ると、コミュニティブロックや小学校区を大切にした「近隣住区論」（1929）は、高度成長期の団地開発などに参照されたほか、1960年代には、交通分野でも、コミュニティ単位の計画が重要視され、道路の段階構成と居住環境地域による空間づくりが提唱されており[25]、この考え方を踏まえた「交通セル」という手法も都心部で用いられた[26]。また、都市が大きく変化する中で歴史的街並みや環境を守る動きの中から、ボトムアップで地域空間を見直し、地域資源や地域の個性を磨き上げるような都市のつくられ方が重視されるようになる。1980年に制定された地区計画制度（都市計画法）では、設定された対象地区の方針、地区整備計画を策定するために小さな地区ごとの空間像が模索されると同時に、まちづくり協議会の設置など、地域が構想づくりの主体として役割を果たすようになる。また、ニューアー

※25　通称「ブキャナンレポート」（C.ブキャナン『都市の自動車交通』（Traffic in towns）において、幹線道路・補助幹線道路・地区内道路・アクセス道路という段階構成と居住環境地域による、コミュニティを自動車交通が分断しないような空間づくりが提示されている。

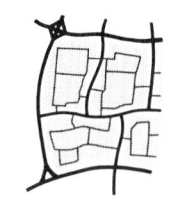

※26　地区内を歩行者用道路やトランジットモール等で区切ってセルを形成し、セル相互間の自動車流入は、都心環状道路とそれから延びるセル内道路へ誘導することで、自動車での都心アクセスを阻害せずに、都心街路の自動車交通をコントロールする手法。

バニズムやアーバンビレッジを背景に、公共交通を中心とした、歩いて暮らせる都市づくりが重視される90年代以降にも、こうした地域・界隈レベルの空間像が提示された。横浜市では、地域まちづくり推進条例が制定され、地域まちづくりプラン・ルールの策定が一部の地域で進められている。

密集市街地の再編を構想する

　密集市街地を再編整備する際には、地域の空間になじむ協調建替えや、個々の更新を用いた緩やかな改善型の再編を試みるにあたって、その再編がどのような将来像に結びつくか、方向性を示すための空間プランが必要となる。京島地区（墨田区）、一寺言問地区（墨田区）、太子堂地区（世田谷区）、真野地区（神戸市）などでは、密集市街地や復興市街地の再生にあたって、実際に改変行為を行う地域住民や地権者、地域のNPO団体などを交えた構想策定プロセスが用意されている。

　また、錦三丁目（名古屋市）では、活力を失いかけた繊維問屋街において、まちづくり協議会が自らまちづくり構想を策定し、「都市の木質化」や「公共空間デザイン」、特色ある取組を進めている（図4.21）。

小さなプロジェクトを積み重ねて界隈を構想する

　また、小さなプロジェクトを構想してこれを紡ぎながら、徐々に街全体に空間再生を波及させてゆく手法もある。代官山ヒルサイドテラスでは、一地権者の計画でありながら、地域の空間構造を大きく変えてゆくような、空間の遺伝子が埋め込まれた開発が、25年の時をかけてゆっくりと実施された結果、地域全体のイメージをつくり上げるプロジェクトとなった（図4.22）。また、小布施町（長野県）では、「栗の小径」と民間を中心とした小さなまちづくりの積み重ねが、魅力ある空間を紡ぎ上げている（図4.23）。金沢

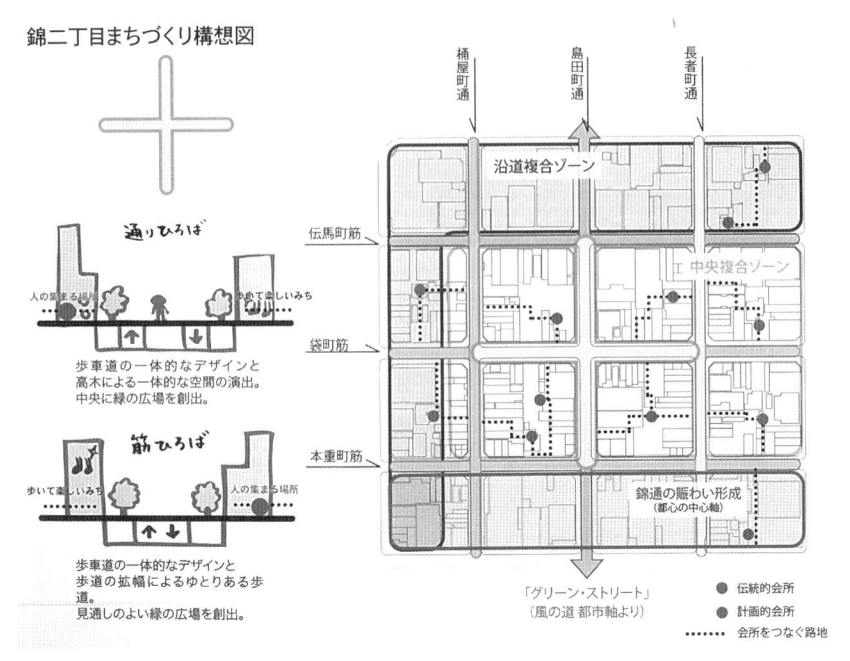

図4.21　名古屋市錦二丁目まちづくり構想図

市の中心市街地でも、香林坊、近江町市場、21世紀美術館など、様々な整備を歴史的資源との関係も意識しながら紡ぎ上げることで、魅力的な連鎖型の市街地再生を実現している。

図4.22　代官山ヒルサイドテラス（渋谷区）

図4.23　栗の小径（小布施町）

街並みを設計する

5.1　建築の技術と街並み
5.2　街並みのパタン
5.3　様式と表現

どんな建築が都市を生き生きさせるのだろうか。建築には用・強・美の単体性能と、群をなして都市や地域の空間を形成する集団的な意味もある。古い城下町、洒落た商店街、緑豊かな住宅地など、人々が好ましく感じて長く使い続けられる場所には、個々の建築が様々でも全体にまとまりがあり、豊かな緑と常に人々の姿がある。それぞれの建築が個性を備えながら集まった、群として調和のとれた街並みを形成するにはどうすべきか学ぶ。

幕張ベイタウン中層街区（千葉市）

5.1 建築の技術と街並み

　建築は計画に基づいて資源を調達し、部材を現場で組み立てて長く使う構造物である。建築群からなる街並みも実体をもった構造物である。建築の材料、構造、設備、加えてそれらを司る事業の観点から街並みを捉える。

天然素材と伝統工法

　近代以前の町家や民家は、地元の技術者が地元の材料で建て、技術と意匠が幾世代も継承される中で洗練して伝統となった。東アジアの温暖多雨地帯では、材木を切り出し製材して架構した。乾燥地帯では土を練って日干しレンガをつくって積んだ。寺社や神殿など重要施設には岩山から石を切り出した。歴史的な街並みが統一されているのは、建築の材料と工法が地域に限定されていたからである。

　伝統建築は天然素材を人力と道具による手づくりで加工して組み立ててできている。同じ樹種や石材でも形や色はひとつひとつ違う。部材の継ぎ重ねに誤差や伸縮を勘案して目地を空ける。木造建築の陰影は仕口の段違いから生じ、緑で覆われた石積みは風が目地に種子を運んできた。天然素材と手づくりに起因する伝統建築の個体差や隙間が街並みに肌理をもたらした。天然由来の建築材料と人力工法は、

図 5.1　イタリア・シエナ

図 5.2　東京都心住宅地

それ自体が自然の理にかなうとともに、動植物や経年変化を受け入れて風合いを増す仕組みも内在している（図5.1）。

伝統建築は気候と材料に応じた形態をとる。乾燥地帯の日干しレンガ造は陸屋根建築になる。ヨーロッパのレンガ造建築は厚い壁を立て、木造の床で階を重ねて勾配屋根を架ける。木材は軽くて靭性があるから軒や庇をもち出して雨から建築を守る。柱梁の軸組構造は通風に優れ、東南アジアの熱帯湿潤気候をしのぐ。風雨が強い地域では壁や塀を石造にして建築を守る。

工業製品と商業主義

現代の街並みを構成する建築のほとんどが、一律管理下の工場でつくられる工業製品からできている。プレファブ住宅は金属板の屋根、耐候プラスチックの外壁、軽量鉄骨の骨組み、アルミサッシとガラスの窓からなる。建材メーカーの既製品を念頭に設計し、専属業者が現場にもち込んで組み立てて建築ができる。工業化建築は経年劣化や加工誤差が極めて小さいため生産が安定し、天然素材を使った手づくりからなる伝統建築のような個体差や隙間、それらがもたらす風合いは小さい。結果的に人工的で均質な街並みになる傾向がある。

工業製品は短時間で大量生産・大量輸送により世界中ど

図5.3　アムステルダム・ボルネオ埠頭再開発住宅

図5.4　金沢東茶屋

こでも入手使用可能である。品質と価格が同じだと形や色など見た目の違いと個人的嗜好で選ばれる。これが商業主義であり、建築では形態意匠の個別化という形で現れ、街並みが脈略を欠く一因になっている（図5.2）。

　建築の商業主義は自動車社会とともに肥大した。近代以前の商業は一品生産品の店頭販売だった。歩行者が足を止めて商品に目を向けるように、店舗は開いて構えて細かい意匠を施した。自動車の速度からは単純な形や鮮明な色彩しか判別できないから、今日の商業建築の外観は大味で派手である。最たるものが屋上や壁面の屋外広告物である。郊外幹線道路沿いの商業施設は、建築全体が店舗名とシンボルカラーをまとう広告物に見えることがある。

　街並みは人間的尺度に調和すべきという立場にこだわり、建築の工業化や商業主義を嘆くのは簡単である。社会の成熟高齢化を迎え、伝統工芸や一品生産など天然素材と手づくりへ回帰する動きもある。だが現状への対処は不可欠である。広告や色彩の適切な規制、巨大建設産業に対する啓発、既製品のデザイン向上など街並み形成の観点から建築の生産単位ごとに水準を高める努力が必要である（図5.3）。

構造と設備の革新

　構造と設備の技術革新が建築表現と街並みを変えてきた（図5.5、図5.6）。在来の木造建築は通常2階まで、組積造は高々5階程度である。五重塔やピラミッドなど巨大な建造物は古来存在するが、柱・壁・梁が多大のため日常的な使用に適さない。19世紀後半に鉄とガラスが普及し、構造の物量に比べて大きな空間を手にした。1851年ロンドン万国博覧会クリスタルパレスが見せたように、靭性が高い鉄は工場で精密正確な加工を経て大架構を可能とし、ガラスは大窓やトップライトを介して建築空間全体に光をもたらした。1871年シカゴ大火を機に高層鉄骨建築が登場し、今日世界中に数100mの超高層摩天楼が林立する。ガ

図5.5　香港上海銀行

図5.6　香港理工大学

ラスは薄さのわりに強くて汚れにくくカーテンウォールに重宝されている。

　高層建築にはエレベーターが必須である。階段昇降の限界は5階に塔屋を含めた20m程度である。超高層建築には収容人員の増強、高速化、停止階のゾーニングなどエレベーター技術の開発が不可欠だった。高層建築には機械空調も要る。高層階は風圧や落下物の危険から窓を常閉として機械空調を用いる。高層建築にカーテンウォールが多いのはそのせいでもある。

　機械設備は建築の平面規模も飛躍的に高めた。それ以前は天窓や光庭で採光通風するため、建築を分割または分節していた。電気設備が内部環境の高度な制御や演出を可能にしたことが、工場や倉庫はもとよりショッピングモールのように外部に対し閉鎖的な建築が増えた背景にある。

　20世紀後半以降は情報技術と環境技術が建築を変えた。コンピューターが複雑な構造計算を可能にして建築形態の自由度を高め、三次元プリンターが設計と施工の距離を縮めている。屋上・壁面緑化の普及、断熱遮熱外装の発達、高層木造の開発など、自然環境や天然素材を取り込む建築技術が街並みにも潤いをもたらすと期待される。

大規模建築と人間的尺度

　中心市街地の空洞化や形態意匠の乱雑化など、既成市街地の街並み劣化が危惧される一方で、資金の一極集中や技術の超高度化が地域の風景を一変させる面的再開発を促している。一元的な大規模事業に多様性と人間的尺度をどうやってもたらすか、街並み設計の課題である。

　公共か民間かを問わず、住宅団地は標準の住戸や住棟を繰り返して単調な街並みになる傾向がある。1970〜80年代先進的団地では住棟や外構に個性的工夫を凝らし、1990年代には多摩ニュータウンのベルコリーヌ南大沢から普及したマスターアーキテクト方式が一団地に複数の設計者を

図5.7
幕張ベイタウン高層住宅

登用、千葉県幕張ベイタウンが街区ごと違う住宅事業者をあてて多様性が自ずと生じるメカニズムを仕組んだ（図5.7）。

ビジネス街の街並みは一様に冷たい印象がある。東京・丸の内は1997年文化交流機能などの導入を条件に緩和容積を増し、超高層建築へ建て替える際、従前高さ31m以下に商業施設や公共空間を設け、歴史的建築物の保全も進み、昼夜賑わう高級店街に生まれ変わった。

大規模再開発事業では容積緩和が梃子になって様々な用途が導入される。初期1980〜90年代の事例はオフィス、住宅、ホテルが上階を占めて店舗や文化施設を低層階に置くいわゆる下駄履き状の単純な積層が多かった。2000年代の六本木ヒルズや東京ミッドタウンは、アトリウムや広場など公共空間を建築と一体で計画している。さらに2010年代、例えば大阪あべのハルカス（図5.8）と東京渋谷ヒカリエを階数で見ると、商業施設や文化施設が全体の3分の1から半分を占めている。大都市主要駅では駅ビルや駅ナカと称する駅舎と一体の商業施設はめずらしくない。立体的な大規模複合再開発は都心の土地有効活用、開発圧力を利用した公共貢献、高水準の利便性やサービス提供など利点を得つつ、来街者の囲い込みや周辺市街地との断絶を避ける工夫が要る。

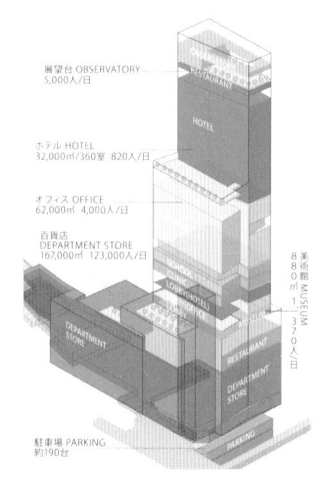

図5.8　大阪あべのハルカス用途ダイアグラム

5.2　街並みのパタン

街並みは基盤となる都市の立地と構造、道路と街区の町割り、そこに立つ建築型式によって決まる。

都市の立地と構造
古来、建築は自然の要衝に集まった。農村は木材と食糧

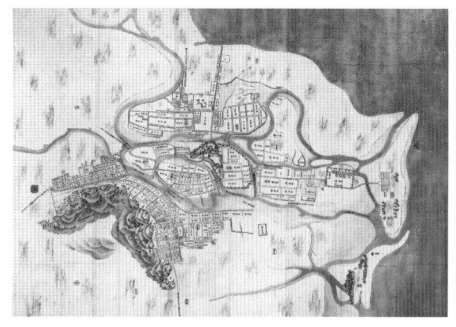

図 5.9　徳島城下絵図 1683 年　　　　　　図 5.10　イギリス・ダラム

を得て戦時に籠る里山を背に田畑を見渡す微高地に屋敷を構えた。漁村と港町は山に抱かれて波風静かな湾を家々がひしめき合うように囲む。建築は通り沿いに並んで辻に集まり、裏通りができて横丁が表通りと裏通りを結んで縦横広がる市街地となる。舟運を担った河川沿いに商家や蔵、河岸や橋詰に都市施設が集中した（図 5.9）。

　建築の密度と種類が増すと、都市を秩序立てる構造が必要になる。もっとも単純な都市構造は建築と非建築を区域分けするゾーニングである。市壁で分ける城壁都市はヨーロッパ中世都市、中近東オアシス都市、中国格子状都市など世界中にある。河川や水路で分ける水濠都市にアムステルダム、ベニス、江戸がある。水濠は運河となって交通も担う（図 5.10）。

　道路沿いに建築が集まるから道路構成が都市構造を決める。格子状道路は古代ギリシャ都市、中国長安と京都平安京、アメリカ大陸植民地など古今東西限りない。道路を間に挟みながら矩形街区を繰り返して市街地を拡大する。

　単一または複数焦点の求心状道路はヨーロッパで発達した。ルネサンス理想都市は軍事的かつ審美的理由により正円や正多角形の平面をもつ。ローマ、パリ、ロンドンなど大都市は 17 〜 19 世紀絶対王制期に直線道路と沿道建築で広場同士を結ぶバロック都市改造を施した。

日本の城下町は独特の都市構造をもつ。城郭が中心にあるが直行する道路はない。市壁はないが武家地が城郭を囲む。町人地が街道沿いに並び、要所に寺社を置いた。

街区

道路で囲まれて建築や公園緑地に用いる一体の土地を街区という。道路で区画された街区に建築するとも、建築が立つ街区同士を道路で結ぶとも、民間建築と公共空間を街区が仲介しているともいえる（図5.11、5.12）。

道路整備が整形に行われた地区では100mがひとつの目安になっている。東京丸の内のオフィス街区は一辺約100mの方形、同じく銀座の商業街区は長辺約100mの矩形である。これは江戸の町割りが京都の条坊制から道路間隔約120mを倣ったためといわれる。

長方形街区のほうが正方形街区より多い。同面積であれば長方形のほうが正方形より周長が大きく、道路からアクセスと通風採光をより多く得られること、長方形街区は長辺と平行に背割りを入れれば道路沿いに宅地を分筆できること、逆に正方形街区を分筆すると角地に変則画地や内

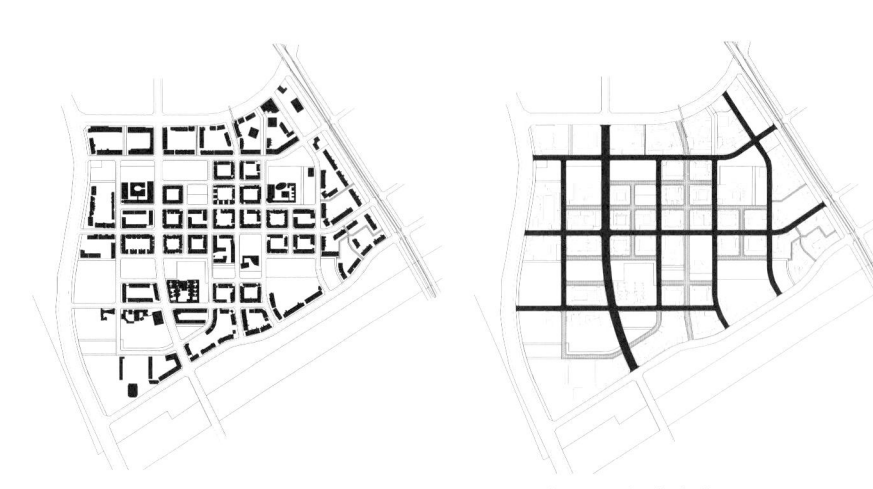

図 5.11　幕張ベイタウン建物配置　　　　　図 5.12　幕張ベイタウン街路パターン

図 5.13　ロンドン・セントポール寺院の遠望　　　　図 5.14　イスタンブールのモスク

奥に残余地が生じることが理由にあげられる。ニューヨーク・マンハッタンの標準街区は長辺 250m 短辺 80m、背割り線をはさんで両側の区画の後庭が連担する場合もある。

　標準的な辺長 100m を大きく超える街区を大街区またはスーパーブロックという。超高層ビルは大街区の中央に建築して環境影響を街区内に抑える。住宅団地や大学キャンパスは建築基準法の一団地認定を受け、大街区に複数の棟を配して構内通路や広場で結ぶ。大街区は小さな都市のように自由な設計が可能な反面、周囲から断絶しないように動線計画や境界の設えに注意が必要である。

　道路、鉄道、河川など都市基盤施設は流線型をなすから面積以上に長く市街地と接し、高架下や狭小または不整形の街区を生じる。こうした特殊な街区は立地に恵まれ、店舗や公共施設に利用される場合もあるが、都市基盤施設と市街地を緩衝する糊代であり、市街地を長く貫く貴重な公共空地でもあることを忘れてはならない。

建築の高さ

　主体も用途も異なる建築が集まる市街地では、高さが街並みのもっとも単純な指標となる。2 〜 3 階木造住宅の 10m 以下が低層、旧建築基準法の住居系高さ制限 20m や階段昇降可能な 4 〜 5 階が中層、旧建築基準法の商業系高

さ制限かつ現行法の非常用エレベーター設置義務の31m
が高層、評定の必要な60mが超高層、塔状が合理的な
100mが目安になる。

　需要の高い都心部や幹線道路沿いでは、法規制が建築の
高さを制限する。高層部の壁面後退のほとんどが道路・隣
地・北側それぞれの斜線規制による。等時間日影や天空
率の性能規制は、道路境界に長く接する沿道建築よりも、
道路境界から離れて細く高い塔状建築に有利にはたらく。
1963年容積制によって廃止された中高層建築の絶対高さ
規制が、近年の高度地区などで復活し、眺望の確保や複合
日影の抑制に効果がある。

　建築の高さ（Height）を評価する際、街路を空間と見な
し、道路をはさんで正対する建築の間隔（Distance）との
比（D/H）が重要である。適正値は1程度、下限0.5、上限
2とされる。幅員9mの区画道路に低層、幅員12〜18m
の分散道路に中層、幅員30mの幹線道路に高層を置くと
D/Hはほぼ1になる（図5.15）。

　中層以下の建築が下地となり、高層以上の建築が際立つ
と街並みにメリハリができる。ヨーロッパ都市では大聖堂
が広場に独立し、中層建築が市街地を密に埋め、劇的なシ
ークエンスとまとまったシルエットを生み出している。日
本の城郭と城下町も同じ対比関係にある（図5.13、5.14）。

　高層以上の建築を中層以下の建築になじませるやり方も
ある。超高層・高層建築の中層階以下を道路に沿わせて低
層階に店舗を置くと、周囲の中層・低層建築と連続する人
間的尺度の街並みとなり、ビル風を低減して快適かつ緑豊
かな公共空間が道路沿いにできる。

建築の型式

　建築と建築以外の空地の位置関係には、時代や地域を問
わない型式がある。プロトタイプということもある。建築
と空地を「図と地」に塗り分けるとわかりやすい。建築の

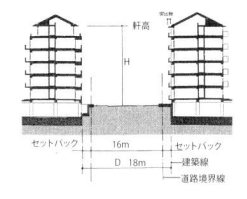

図 5.15　幕張ベイタウン沿
道住棟の断面

型式は鳥瞰しないと見えないが、街並みの輪郭を形づくる。

　中央に建築して周囲を空地に残す型式を開放型建築という（図5.16）。典型は独立住宅、原型は農家や武家屋敷である。規模はまったく違うが、超高層建築も開放型である。形態規制が道路や隣地に面する外周寄りに厳しく、道路沿いの公開空地に容積率緩和が手厚い建築基準法が、周囲に幅広の空地をともなう塔状建築を生み続けている。

　外周に建築して中央の空地を囲む配置を閉鎖型建築という（図5.17）。典型は中庭住居で、地中海や中近東から中国の四合院、日本の町家まで世界中に広く分布する。防御やプライバシーと並ぶ理由に、最小限の間口で高密に並ぶ経済効率と、前面道路と中庭の二面から採光通風を得られる住環境性能がある。

　建築型式が健全に成立するには、建築本体と道路や街区の都市基盤に相関する条件がある。開放型建築は周囲の空地が小さくて棟間隔が不足すると、ビル風や日影の複合影響が格段に大きくなる。日本のように中緯度帯の閉鎖型建築は、中庭の広さに対して建築の高さを抑えないと、冬は暗くて寒く、夏は蒸し暑い。千葉県幕張ベイタウンでは、中庭を抱くロの字型6階建て沿道囲み型住宅が、容積率300％で法規制も事業条件も満たすように、一辺80mの方形街区と幅員16〜18mの格子状道路が導き出された。

　隣り合う建築は一定の型式に揃えるのが望ましい。埼玉県川越の重要伝統的建造物群保存地区では、敷地境界を越えて中庭が連担するように、四間ルールという中庭の位置指定がある。建築家、仙田満が独立住宅向けに提唱した十字式設計法（図5.18）は、十字形平面の開放型建築が4棟

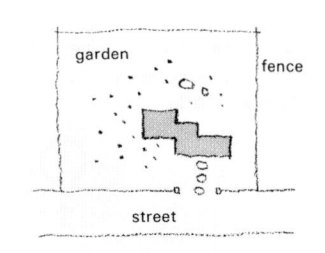

図5.16　開放型建築

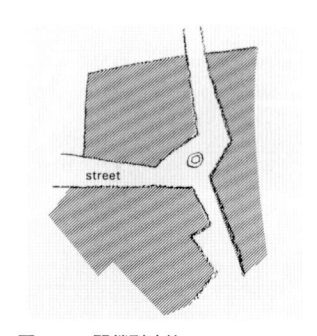

図5.17　閉鎖型建築

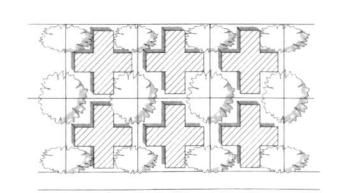

図5.18　十字式設計法

並ぶと閉鎖型建築のように中庭状空地を囲む点が巧みである。

5.3　様式と表現

　現代建築において表現は原則自由である。建築は社会的存在であるから表現も公共性を負う。街並みに活力と秩序を与える建築表現とは何か。

建築様式

　世界中の都市は欧米の影響下で近代化を進める中で西洋建築を取り入れた。その様式は歴史的な古典とゴシック、近代のアールヌーボとモダニズム、現代のカーテンウォールに大別され、日本ではこれらに在来木造が加わる。

　古典様式は古代ギリシャを起源にオーダーと呼ばれる列柱を正面に据える。古代ローマはこれにアーチを加えた。古典様式は中世キリスト教に遠ざけられた後にルネサンスとして復活し、バロック様式のような発展形を生み出し、近代まで庁舎や銀行など公共建築に重用された（図5.19）。

図 5.19　明治生命館

　ゴシック様式は北ヨーロッパのキリスト教会が起源である。尖塔アーチの高さが針葉樹林を表現して都市部のランドマークとなった。教会と関係が深かった大学、鉄道駅や事務所など、民間建築に多用された。東京丸の内の東京駅も三菱一号館もゴシック建築の流れをくむビクトリア様式である（図5.20）。

図 5.20　東京駅

　アールヌーボは20世紀初期に鉄やガラスを使った新しい表現の総称である。鋳鉄製の植物的曲線がヨーロッパを席巻し、米国やオランダでは直線的なアールデコが広がった。わが国でも関東大震災の復興小学校や同潤会アパートなど大正から昭和戦前に多用された。

　ル・コルビュジエらが先導したモダニズムは鉄筋コンクリートの箱型建築を大量に登場させた。日本では第二次世界大戦後の復興に際し、住宅団地をはじめ民間ビルや公共

建築がモダニズム様式で埋め尽くされた。20世紀後半に超高層ビルの時代が到来し、ガラスとサッシュや外装パネルの品質が向上してカーテンウォールの隆盛に至った。

三層構成

　建築は人体と同じく重力を受けて直立し、上から頂部と胴部、そして地面に接する基壇部の三層で構成される。西洋古典建築はオーダーと呼ばれる列柱廊が胴部をなし、堂々とした正面を構える。寺社の頂部をなす大屋根は、東アジアの日射と雨雪に伏せて耐える風情を醸す。モダニズムの象徴サヴォワ邸も、屋上庭園の曲面塔屋、横連窓の住居階、丸柱が並ぶピロティが頂・胴・基壇をなし、用途に応じた形態を呈する。建築表現がますます多様な今、街並みを整える補助線として三層構成を見直すことができる（図5.21）。

　基壇部は地上階と直上数階の低層部をさし、多くの機能と動線が集まって彩り豊かな開いた構えとなる。道路に面して玄関や店舗が置かれてピロティやポーチも付設され、駐車場・駐輪場や設備室など機械も収容される。住宅が置かれる場合は見通しを避ける目隠しや格子、屋外を楽しむテラスが付設されて基壇部の表情となる。道路境界からの壁面後退部分は植栽や歩道状空地に用いられる。

　頂部は最上数階と屋根からなり、荷重が小さくて比較的自由で開放的な形態が可能である。大型住戸やホールなど少ない壁で高さがほしい用途に適する。細高い塔状建築と長い板状建築で異なるが、頂部の表現が街並みのシルエットを形成する。屋根は天空と境界を描き、軒は輪郭を隈取る。角部や塔屋の特別な形態はランドマークになる。

　胴部は頂部と基壇部に上下をはさまれた中間階をさす。中高層建築では基準階が胴部にあたる。一般的な中高層集合住宅の基準階では住戸の表裏が直に表現され、主採光面を連続バルコニーが、反対側を外廊下が占め、水平線が積層する一様な胴部が形成される。オフィスは中高層以上に

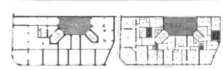

図5.21　オスマンの都市改造によるパリのアパルトマン

なると室内環境が機械制御されて屋外と遮断され、カーテンウォールが象徴するように胴部全体が皮膜で覆われる。

建築の表出と環境への呼応

　街並みは建築本体だけからできているわけではない。人々が建築を使う様態や、建築の周囲で育つ緑も、街並みの構成要素である。公共空間に直接現れる付帯要素のほうが、建築本体よりも街並みに及ぼす影響が大きい場合もある。屋外広告物の氾濫や重篤な汚損は論外とし、建築で起きる行為が外部に表出し、建築が環境に呼応していく余地を仕込んでおくことは街並み設計の要諦である。

図 5.22　東京・月島の路地

　典型的な表出は日本の町屋や長屋の軒下に見られる（図5.22）。これら平屋の低層高密市街地は、格子戸で屋内への視線を遮り、軒下の商品や鉢植えが前面の通りを生き生きさせている。ロンドンのテラスハウスは壁面後退部分をドライエリア（空堀り）にし、1階に半階上がる階段と地階に半階下がる階段を設けて接道、採光通風、プライバシーを確保する。飲食店の屋外席や季節を感じる植栽など、沿道空間の自発的活用が界隈の雰囲気を一変させる。

図 5.23　木材会館

　建築の環境への呼応は地球環境時代の命題である。カーテンウォールが多数を占めるオフィスビルに、庇やバルコニーを設ける事例が増えた。縦横それぞれの庇は日射制御、壁面緑化、設備配管など、環境負荷の低減や建物の長寿命化に効果がある。バルコニーは庇と同じ効能に加え、休憩場所、避難経路、窓の開閉、落下物防止、窓拭きなど、ビル使用者の用に供する。このように自然環境を取り込む装置や人間の行為をともなう空間が、建築の外観に立体的に表れると、街並みに人間的尺度がもたらされる（図5.23）。

　リノベーションやコンバージョンなど建築再生は、従前の構造物を引き継いで改善を施して再活用する、時間的要素を織り込んで建築表現を豊かにする行為である。耐震補強や古民家再生、日除けなど熱負荷低減改修、空き家・空

き店舗の転用など、性能補強や需要の変化に応じて工夫を講じることが、現代建築におけるクラフトマンシップといえる。

集合住宅の街並み設計

　市街地を占める集合住宅は住性能と街並みの両面を担う。「住宅で都市をつくる」を掲げた幕張ベ

図 5.24　幕張ベイタウン試設計模型

イタウンから要点を抜粋する（図5.24）。幕張ベイタウンは千葉市東京湾埋立地に建設された幕張新都心のうち面積84ha、計画人口2.6万人、計画戸数8,900戸の住宅地区である。100m間隔格子状方形街区の道路沿いに中層住棟を並べて内側に中庭を抱く沿道囲み型住宅を、民間6社公営2社の住宅事業者が参加する中で、細部に渡るガイドラインとデザインレビューによって面的に実現した。建築の表現に係る要点は五つある。

　第一は日照・採光・通風・プライバシーに劣る入隅部の扱いである。大型住戸や階段等共用部に使う他、住棟の奥行きにあたる12m以下のスリットを許容し、街並みの断絶を最小限に抑えつつ採光通風を確保している。

　第二は道路に接する地上階の設えである。住宅地として計画された幕張ベイタウンは、集合玄関や集会所など入居者の共用施設を優先、その他に商業業務施設を道路沿いに極力置いた。駐車場、自転車置場、機械室など設備諸室も多い。地上階住戸は床を地面上から約1m上げている。

　第三は公共空間に直面する住棟の外観であり、基壇、中間、頂部の三層構成を条件とした。頂部は屋根の過半を傾斜屋根とする、軒を設けるなど、住棟の輪郭を表現して街並み全体に変化のあるシルエットを与えている。

　第四は道路側の外廊下とバルコニーである。壁面率の下限60%を満たすため手摺を壁状に設え、住戸の採光・通

風・プライバシーの向上を兼ねて階段の分散配置やスキップアクセスによって外廊下を減らした住棟も多い。

　第五は駐車場。各戸1台を与条件として当初は地下駐車場を計画したものの、建設費縮減要請を受けて強制を取りやめた。地下駐車場を断念した街区は、道路側への露出を避け、中庭と住棟地上階中庭側に駐車場を置いている。

アーバンデザインの計画体系

　多様かつ調和のとれた街並みは全体と部分が不可分にできている。これを異なる主体と複数の専門分野で実現するには体系的な計画が必要となる。アーバンデザインのそれは基本構想、基本計画、事業計画の三段階からなる。段階間の軽重は不可避で、実際の都市・地域には既往の実践も計画もある。定石の理解が柔軟な対応を可能にする。

　基本構想はアーバンデザインの目的と理念を示すために策定する。分析と洞察から都市空間の将来像を提起して、実現に向けた課題を提示する。基本構想が多くを巻き込む求心力と多くが関わる展開力を兼備することが、アーバンデザインが起動し持続する肝となる。

　基本計画はアーバンデザインの方法を示すために策定する。基本構想の具体化に必要な行為を規模や位置とともに定めるマスタープランである。土地利用計画や都市基盤計画が典型で、法定の地区計画に相当する。基本計画で次の事業計画の重要事項をシミュレーションしておくことが、アーバンデザインの効果を高める。

　事業計画はアーバンデザインに係る個別事業を示すために策定する。基本計画が定めた行為に仕様、予算、事業者、工期を当てる実施計画である。都市基盤や公共建築など主要施設の基本設計、地区整備計画やデザインガイドラインなど一般建築向けのルールが含まれる。事業計画で顕在化した課題を前の基本計画に遡って対処するフィードバックが、アーバンデザインの質を高める。

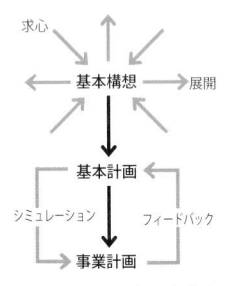

図 5.25　アーバンデザインの計画体系

第6講

オープンスペースを設計する

6.1 街路の設計
6.2 広場の設計
6.3 緑地の設計

都市におけるオープンスペースの種類には、道路、広場、緑地（公園、庭、水面を含む）、その他（空き地、残地、更地、他）がある。また、オープンスペースの機能には、人や車等の移動・交通機能、屋外活動の場・レクリエーションの場、景観形成、公衆衛生および日照や通風などの環境確保、建物や土地利用の誘導、防災、アメニティ・心理的効果、自然の保護・生態系の維持といった多様な機能がある。本講は都市におけるオープンスペースの計画・設計について、アーバンデザインの視点とその考え方に基づく基本的事項を説明する。

ファニュエル・ホール・マーケットの通り抜け広場（ボストン）

6.1 街路の設計

通常、都市の中にあって人や車等が通る広い道は「街路」、建物と建物の間を抜けるような狭い道は「路地」と呼ばれる。B.ルドフスキーは『人間のための街路』(1969) の中で、「完璧な街路は調和のとれた空間であり、建ち並ぶ建物と一体になって、都市の居間となり、遊び場となり、様々な人生のドラマが演じられる舞台となる多義的な空間である」と述べた。人間のための街路という観点から、オープンスペースとしての街路をデザインすることが重要である。

人間のための街路

道には名前がつけられている[1]。ある道と他の道との区別をわれわれが必要とするからである。都市の中にある道は、大通り、目抜き通り、表通り、ウラ通り、横丁、等々のように、その街の中での位置づけに応じた呼び名がある。道沿いのランドマークが道の名称となる場合、商店街など街の名前がそのまま通りの名称となる場合もある。通りから海や山が見える眺望景観から名づけられた道、その場所の歴史に由来した名称を与えられた道もある。つまり、道はその空間を形づくる建物や街並み、街の眺望景観や歴史などと一体のものとして人々に認知されてきた。このことが地域の人々に理解されながらつくられてきた道には、個性がある。

都市における道路の機能は交通、空間、土地利用誘導の三つに分類できる。交通機能とは、自動車、自転車、徒歩など交通手段に対応した交通処理と、沿道の建物へ行き来するためのアクセスといった機能である。空間機能とは、遊びや交流など日常の生活空間として、祭りやイベント利用など祝祭空間として、通風・採光などの環境衛生あるいはプライバシー確保、あるいは積雪の一時堆積、火災時

※1　建築家バーナード・ルドフスキーの古典的名著『人間のための街路』(1969) によると、かつては、道の名前がその行き先、すなわち町や山あるいは海などに由来していることが多かった。このような名前は方向の見定めを助け、街が風景に溶け込むことを可能にした。

の延焼防止、災害時の避難や消防活動といった有事に備えた空間としての諸機能である。土地利用誘導機能とは、道路の整備による沿道の宅地供給やライフラインなどインフラ収納により、市街地形成を促す機能である。

　自動車の普及とともに現代都市は拡大した。その過程で、自動車の通行を主目的とする道路が多く整備され、自動車普及以前に形成された道路についても自動車交通に合わせた拡幅や線形変更等を進めてきた。自動車交通だけに注目して道のあり方を考えると、安全確保、移動時間短縮、交通混雑緩和、輸送費低減など交通機能の充実に強く意識が向いてしまう。道路には多様な機能があることを踏まえ、三つの機能をバランスさせつつ、人間にとって快適で魅力的な道路とは何なのかを提示し、実現していくことがアーバンデザインの課題である。

図 6.1　ニコレットモール（ミネアポリス市中心部）
アメリカのミネアポリス市の都心にあるニコレットモールは、車道をバス専用とし、道路線形を蛇行形状にしたトランジットモールである。

自動車交通を抑制する街路デザイン

　歩行者の安全性や快適性を考慮して自動車交通を抑制するとの考え方から、自動車の通行を主たる目的とせず計画された道路をコミュニティ道路という[2]。コミュニティ道路では、道路の線形を蛇行させ、歩道部だけでなく車道部にも路面にペーブメントを施すなど、自動車の速度を抑制させるデザインが工夫されている。自動車が走りにくいことから、抜け道利用（通過交通）の抑制が期待される。

　自動車の通行を制限し、特定の交通車両（バス、路面電車、LRT、タクシー等の公共交通機関）の進入・運行のみを許可した道路をトランジットモールという。北米の都市において主に公共交通機関への依存度が高い客層を呼び込むことにより、中心市街地の賑わいを再生させようとする施策の一つとして導入された。

※2　自動車の速度抑制を促すデザインには、車道の左右に交互に花壇を設ける、駐車スペースなどを設けて車道を蛇行させる、不規則な曲り角を設置（クランク）する、車道を部分的に極端に狭くする（狭窄）、道路を凸型に盛り上げる（ハンプ）、路面の塗装等による視覚的な効果を得るなどの方法がある。もともとは 1971 年オランダのデルフト市において生活道路への車の進入を防ぐために住民たちが花壇や敷石を置いたボンエルフが始まりとされる。ボンエルフ（woonerf）とはオランダ語で「生活の庭」の意味である。

自転車の促進による自動車交通の抑制という考え方もある。アメリカのオレゴン州ポートランド市で行われた歩行者や自転車のための道路整備の政策と実践の取組みは、現在は歩行者や自転車、様々な世代の人、様々な利用者にとって安全で快適、便利な移動を可能にするために道路を計画、設計、維持するコンプリート・ストリートという考え方に発展した[※3]。

歩行者空間をつなぐ街路デザイン

歩行者空間が適切にネットワークされている市街地は歩きやすい。アーバンデザインでは既存の歩行者空間のつながりを増強するように市街地全体でのネットワーク化を計画する。例えばボストン市や横浜市では、市街地内からウォーターフロントの住居や集客施設まで歩行者空間と眺望景観をつなぐ計画がある。

ネットワークには建物内の歩行者通路も加える。ヨーロッパの都市で19世紀半ごろに整備されたパサージュは、建物内を通過する近道として歩行者が利用していた。都心部や地下街においては平面ばかりでなく垂直方向にも建物内の通路ネットワークがある。例えば渋谷駅周辺のアーバンコア計画は駅ビル、地上道路、地上の鉄道駅、地下鉄駅、地下街をつなぐ垂直方向の吹抜け空間がネットワーク化のハブとして計画されている。

古い密集市街地では、路地を活かした歩行者空間のネットワーク化を計画することが好ましい。自然発生的な路地を残しつつ通り抜け道のつながりを増すことで、当面の防災性能が向上するためである。住宅系密集市街地では路地に対して開かれた土地利用とせず、照明や植栽、舗装面の工夫等により人が歩きたくなるような歩行者空間をデザインする。繁華街の密集市街地では、路地のヒューマンスケール感を商業空間として活かすようデザインする。

※3 コンプリート・ストリート（complete street）は、アメリカの各州で法制化され、各都市に導入が進んでいる。道路利用者の安全性向上、交通費の削減、交通手段の選択肢の提供、歩行と自転車による健康の奨励、地域経済の刺激、場所の感覚の創造、社会的相互作用の改善といった点から注目され、主に自転車の通行帯や歩行者空間の整備において成果をあげている。

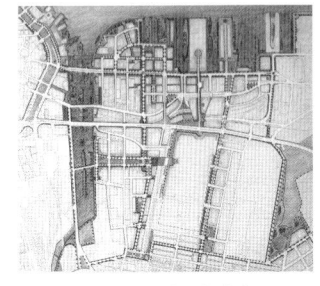

図6.2 ボストン市中心部南ウォーターフロントの公共空間計画

図6.3 パサージュ（ウィーン市内）
パサージュはガラス屋根の天井をもつことから明るく、外の街路と違って静かな雰囲気がある。歩行者は自由に通り抜けできる。ブティック、雑貨屋、おもちゃ屋、ギャラリー、古書店、レストランなどが面しており、床は繊細なタイル模様によって美しくデザインされ、歩く楽しさがある。

パブリックライフのための街路デザイン

人間のための街路について考える際に欠かせないのは、パブリックライフへの眼差しである。ジェイン・ジェイコブスは、都市計画の古典『アメリカ大都市の死と生』（1961）において、街路は社会的空間であり人々の通行や自動車のためだけの空間ではないと主張し、街路の社会的側面を重要視した。カリフォルニア大学バークレー校のアーバンデザイン教授だったドナルド・アプリヤードは著書『リバブル・ストリート』（1981）の中で、サンフランシスコにおける交通量の異なる三つの住宅地の比較研究を通じて、交通量が増えれば増えるほど、パブリックライフやコミュニティ感覚が失われることを示した。アプリヤードの同僚教授であり、サンフランシスコ市の都市計画局長であった都市計画家のアラン・ジェイコブスは、アプリヤードとともに『Toward an Urban Design Manifesto』（1987）を出版し、街路を人々のための場ではなく交通空間として考える都市計画を批判した。彼らは CIAM や田園都市運動といったモダニズムが否定した前近代の都市空間の質を再評価したのである。続いて出版した『グレート・ストリート』（1993）において、ジェイコブスは世界の有名な街路を取り上げて街路と街区パターン調査、デザインや平面断面構成を分析し、人間にとって魅力的な道路について考察した[※4]。

デンマークの建築家ヤン・ゲールは約 40 年におよぶパブリックライフ研究の仕事を振り返った著書『人間の街』（2010）において、居心地の良い街路には人が集まり、賑わいが生まれることを説いた。賑わいとは、人間の数ではなく、その場所に人が生活し、使っているという感覚に依拠する。人数、密集度、街の規模は問題でなく、都市空間が魅力的で人を惹きつければ、意味深い場所が生まれ、そこに人の活動は増殖するとした。ヤン・ゲールは、コペンハーゲンの市庁舎とコンゲンス・ニュートー広場をつなぐ

図 6.4 『グレート・ストリート』（Great Streets）表紙（Allan Jacobs 著）

※4 ジェイコブスによれば、グレート・ストリートは、コミュニティ形成に寄与する。人々の交流や活動を促す。故に、誰もがアクセスでき、見つけやすく、辿り着きやすい道路は、そうでない道路より良い。生理的には快適で安全である。夏でも日陰が多くて爽やか。突然のビル風もない。もっとも良い通りには人々の関与がある。立ち止まり、おしゃべりし、腰掛けて眺める。デモやパフォーマンス等も可能である。もっとも良い通りは長く強く、思い出に残る。

※5 1962 年に行われた交通規制の社会実験では、歩行者数が 35% 増加した。それ以降、歩行者交通と賑わいの動向に合わせて徐々に交通規制のエリアを広げ、道路空間も改良した。2005 年までに、歩行者と賑わいのための街路の領域は約 1 万 5,000 ㎡から 10 万㎡へと 7 倍増加した。街の公共空間を歩き、立ち止まり、座ることを心地よく促す要素が増えた結果、より多くの人々が街を歩き、滞留するようになり、新しい都市活動が生まれた。

中心商店街ストロイエにおいて歩行者と自転車以外の交通を排除させた[※5]。ストロイエは歩行者専用空間として定着し、40年かけて車優先の都市から歩行者優先の都市へと徐々に転換することに成功した。

パブリックライフ研究および実践の蓄積は、人間のための街路を取り戻すことをアーバンデザインの目標として明確に位置づけることに貢献し、パブリックライフを楽しめる街路デザインが各都市に展開することとなった。例えば、ニューヨーク市で始まったプラザ・プログラムは、道路の車道や駐車帯をコミュニティの拠点や公共交通結節点における広場へと転換するものである。サンフランシスコ市で始まったパークレットは、道路の駐車帯に歩行者等が滞留できるスペースを仮設するものである。ともに人が交流・滞留するための場所を再び道路に取り戻す実践として、アメリカ国内だけでなく世界中の都市に広まっている。

図6.5 ストロイエ
（コペンハーゲン市内）

都市の骨格としての街路デザイン

古代より、その都市の顔となり骨格となる街路は「見せ場」として計画されてきた[※6]。市街地の拡充により新しい街路空間を形成する場合には、建物のセットバック[※7]等によるゆとりある道路幅員の確保、市街地の骨格として相応しい街並みの形成など、道路と建物を一体とするアーバンデザインの計画が求められる。駐車場の配置には十分な配慮が必要である。車利用を優先して道路に駐車場がずらりと並ぶと歩いて楽しくない道路になり、殺風景な都市空間になる。駐車場は車でのアクセス性を高める反面、歩行者にとってのバリアをつくることにもなる。場所性を踏まえた入念なデザインが必要である。

道路と建物の一体的なデザインでは、街並みの形成に合わせて「中間領域」のあり方を考える（図6.6）。道路と建物が接する場所、道路に沿って建物が並ぶ場所というのは、公共空間である道路と私空間である建物の両者の性格があ

※6 古代バビロンの直線大路や古代ローマの凱旋街道は儀式と行進のためにつくられ、バロック都市の広幅員街路は、軍隊の教連や行進、王の行列に使われた。中世都市では祭りの行列が街路を行進した。現代都市においても、神輿や山車など祭りの行列、様々なパレードの場として使われる街路空間がある。

※7 セットバック（set back）。敷地境界線、道路境界線などから後退して建築されること。

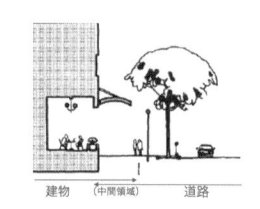

建物　（中間領域）　道路

図6.6 道路と建物の中間領域

わさった中間領域になる。道路から建物へと歩行者をいざ
ない惹きつける空間として、あるいは建物の利用が溢れ出
す空間として中間領域は利用される。例えば、古着屋の店
頭には衣類が並べられ、街角の花屋からは道路際に色とり
どりの花が溢れ出している。カフェでは道に沿ってテラス
席が設けられている。中間領域への溢れ出しは、歩行者の
足を止め、店内に人を誘導する役割を担う。商店街などで
は溢れ出しの連続がショッピングを楽しませ、歩行者の回
遊性を高める。通りの景観をつくる要素にもなる。

6.2　広場の設計

　広場とは都市において人々が集まれるよう設けられた空
地、または人々が集まることで自然発生的に形成された空
地である。誰でも自由に出入りできるよう開放されており、
売買のため、仕事のため、政治のため、祝祭のために、使
われてきた。広場は街路と同様に建物等で囲まれた公共空
間であるが、街路よりも自由な形状・大きさ・広がりをも
っている。

図 6.7　「謝肉祭と四旬節の喧嘩」（ピーテル・ブリューゲル）
中世ヨーロッパ都市の広場は自由な人間的活動の場所であった。

人が集まるための空間としての広場

　日本では格子状街区の中心部が会所地として広場となっ
ていた。社寺の境内は人々の集まる空地であり
広場であった。街路の使われない場所は辻子と
呼ばれる自然発生的な広場となっていた。江戸
では広小路や橋詰のように、ある場所では道路
が広げられ、市場や芝居小屋の集まる場所とし
て、あるいは高札が掲げられて掟書が示される
など行政の場としても使われた。

　西洋の古代都市では、神殿やいくつもの公共
建築に囲まれて広場が形成されていた。政治や
宗教の場所として、市場として利用されていた。

図 6.8　ユニオンスクエア（サンフランシスコ市）
現代の都市広場は市民の憩いと賑わいを提供する貴重な場所となっている。

中世都市において広場は都市の中心であった。庁舎や聖堂が面していた。中世の都市広場は古代ローマ時代の広場造形と異なり、自由で不規則な形をもっていたが、それは使い手にとって合理的な形態であった。バロックの時代には、ヴィスタやアイストップといった視覚的な効果を都市の骨格となる空間に用いるようになり、そのことが広場の形態にも影響した。現代都市においては以上のような伝統的な広場に加えて、交通広場などの機能的な広場、都市開発諸制度のもと高密度な開発において確保される公開空地などの制度的な広場が誕生した。

人が集まりたくなる広場をつくる

人が集まりたくなるような公共空間は、人の居場所としての魅力を備えている。空間の形態、人の活動、イメージの三つの視点において、他の地域との差別化をはかり、風土的・文化的特質としての「センス・オブ・プレイス」を付与することで、空間を人の居場所へとその質を転じるような、公共空間の計画・設計・運営手法をプレイスメイキング【参照】という。

プレイスメイキングは、誰もが取り組むことができるアイデアを通じて、コミュニティの人々の直接の参加活動を促す。結果として、人々の健康や幸福、快適さといった満足感に寄与する良質なパブリックスペースを創造する。対象となる空間と使い手のつながりを強化する共同作業の過程を通じて、人の居場所を形成する（図6.9）。

人が集まりたくなる広場は、外から見えやすく、アクセスしやすくなっている。容易に動き回れて、広場内のいろいろな場所を利用できる便利さがある。居心地よく座れる場所、人が座りたいと思う場所を選択できるようにすることは重要である。安全性や清潔さ、隣接する建物のスケール、空間の特色等の印象は、人が公共空間の中で居場所を選択する際に重要である。人の活動は空間の基本的な要素

図6.9　プレイスメイキングにより誕生した街角の広場
サンフランシスコ金融街マーケット通りの一角にある三角地では、ファニチャを設置することで人の居場所を創出している。

【参照】プレイスメイキング➡
14.2　P.248

として、人がその場所を訪れる要因になる。活動が何もない場合、空間は廃墟になり、使われなくなる。

広場の造形

　都市における広場は、自由な形状と大きさ、広がりをもっている。ポール・ズッカーによると、広場には、周囲を囲む建物の壁面、地表面の広がり、頭上の空の三つの限定要素があり、これら三要素が上手く組み合わさると統一感が生まれる[8]。

　ヨーロッパの中世都市広場を研究したカミロ・ジッテは『広場の造形』（1901）を出版し、優れた広場の五原則を次の通り表した。第一に中央を自由にしておくこと。古い広場では広場の中央にはモニュメントを建てず、外縁に立てている。中央は、祝祭、出し物上演、公式の儀式、法律公布ほか公共生活の大部分が営まれる場所として空けてある。第二に閉ざされた空間としてつくること（図6.10）。空間が閉ざされ、明確に限定され、固定されていることから広場としての領域性が生まれる。第三に大きさと形について。広場を囲む建物に対して垂直方向に測った広場の幅と釣り合っていなければならない。広場の最小の大きさは広場を支配している建物の高さと同じでなければならず、広場の最大の大きさは建物の高さの2倍を超えてはならない。長さが幅の3倍以上などあまりにも細長い空間は芳しい印象を与えない。第四に不整形であること。優れた広場は、例えば以前そこに存在していた運河や道や建物の形によって引かれた線を歴史的に踏襲するから不整形である。そして不整形な広場の偏った位置に公共建築が建っていたりするほうが、広場の機能を全うしやすい。第五に広場が群で構成されていること。単体よりも複合のほうが空間に奥行きが出て賑わい、景観が多様になる。

※8　統一感をもたらす広場の形式として、周囲を建物で完全に囲まれた囲繞型の広場、建物配置や空間の広がりによって軸線が想定されて動線や景観が軸方向に展開するような軸線型の広場、囲まれた印象は少ないがオブジェ等の配置によって中心のある有核型の広場、複数の広場群が集合体として関係性をもつような広場、そして特定の自然的な場所が広場に転化し、人々の集まりがある場所を広場化してしまうような無定型の広場がある。

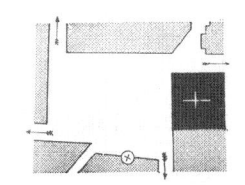

図6.10　ラヴェンナの大聖堂広場

図6.11　カンポ広場（シエナ）

135m×90m程度だが外縁部よりやや内側に車止め柱があり、実際の体験距離は約100m程度に制限されている。すり鉢を半分にしたような広場は、市庁舎に向かって低くなり、見晴らしと活動舞台を提供してくれる。

都市の顔となる広場

　都市には顔となるような大広場がある。例えばシエナの
カンポ広場（図6.11）、パリのコンコルド広場、ロンドン
のトラファルガー広場等である。こうした大広場は美しく、
壮大であることが求められ、都市の大きさと性格に応じた
固有のスケールと形を与えられてきた。

　大広場であっても、ほどよい囲い込みのある空間であれ
ば広場として心地よいことはカミロ・ジッテの研究が証明
している。ほどよい囲み感というのは人間のコミュニケー
ション能力に関係している。例えばヤン・ゲールは100m
程度が、社会的な視界の限界だと指摘し、およそ100m以
下であれば大まかな動作やボディーランゲージが見える
ため、かろうじてコミュニケーションが成立することから、
ほどよい囲み感が生み出せるとしている。ヨーロッパの古
い広場の多くはこの寸法範囲に収まっている。空間のスケ
ールが25 〜 100mの範囲では大きな違いはないが、おお
むね25m以下になると感情と表情を読み取ることができ
るようになり、さらに1m短くなるごとにコミュニケーシ
ョンが豊かになる[9]。

日常性のあるヒューマンスケールの広場

　ヒューマンスケールでつくられた小さな広場は、一人で
も居心地がよいし、複数の友人とおしゃべりしたり遊んだ
りするにも手ごろな日常性がある。小さな広場のデザイン
では、その空間寸法が人と人の対面的なコミュニケーショ
ンを規定している点に留意する[10]。

　舗装材の色彩や素材など質感は人の行動に影響を及ぼす。
例えば、寝転んだり、転げ回って遊んだりするようなアク
ティビティは、その場所が清潔でなければ引き出せない。
芝生広場は、芝刈り、除草といった維持管理の手間とコス
トがかかるが、人間的な広場の質感がある。

　広場のデザインでは空間の造形が主役ではなく、人間の

※9　カミロ・ジッテは小さい広
場は幅がおおよそ15 〜 28m
であるとし、クリストファー・アレ
グザンダーも『パターンランケー
ジ』の中で60フィート（18m
程度）が適当であると主張した。

※10　米国の文化人類学者
エドワード・ホールは著書『隠れ
た次元』（1970）において、人
にはコミュニケーションのありか
たを規定する距離帯、具体的
には、密接距離（愛撫・格
闘・慰め・保護する距離感覚、
0.45m程度土以下）、個体距
離（常に他者との分離している
自己感覚的な距離感、0.45 〜
1.2m程度）、社会距離（社会
的な用件を果たそうとするだけの
距離感、1.2 〜 3.7m程度）、
公衆距離（公的な場でとるべき
距離感、3.7m程度以上）とい
う4つの距離帯があることを示し
た。ホールの研究は「プロクセ
ミクス」という文化人類学の一
分野として発展した。空間のプ
ロクセミクスは文化的・社会的
環境によって異なることが示され
ている。

活動が主役である。ファニチャのデザインよりも、その場所が居心地の良さが重要である。物を配置する場合には、その意味と効果を認識することが重要である。例えば、噴水などの水景は、広場に設置することで、空間に求心力が生まれ、周囲から視線を集めることができる。視線を集めるが互いの姿は水越しなので不快にならない。眺めのよいところにはベンチを用意する。

人はベンチのない場所でも、腰を下ろしたり寄りかかったりする。人を座らせるために無作為にベンチを置いても、人は必ずしも座らない。座りたくもない場所に座らざるを得ない場合もあるが、それは決して心地よい行為ではない。

都市の中のヒューマンスケールな広場にポケットパークがある。例えば、ロバート・ザイオンの設計したペイリーパークはわずか 50 × 100 フィートの敷地である（図6.12）。ポケットパークというコンセプトは1970年代のニューヨークをはじめ、高層化が進んだ市街地の都市環境に多大に貢献した。ヴェスト（チョッキ）のポケットのように小さい公園という意味で「ヴェスト・ポケットパーク」とも呼ばれている。

図6.12　ペイリーパーク（ニューヨーク）
ペイリーパークの敷地は周囲を高層建築に囲まれているが、広場中央に配置された樹木の樹冠によってヒューマンスケールの空間が形成される。側面はツタの絡まる壁面で、敷地の奥には滝が設けられ、街路の騒音をかき消す効果をもっている。ベンチやテーブルは軽くて持ち運び可能なため、ランチやおしゃべりなど利用者がその都度置き換えて使うことのできる自由さがある。

6.3　緑地の設計

都市における緑地は様々なオープンスペースを包含する用語・概念である[11]。水辺もこれに含まれる。都市の緑地は多種多様に広がっている。施設としての緑地だけを見ても、公園をはじめ各種のレクリエーション空間や、緑道や並木道などの交通空間としての緑地（街路としての緑地）、墓園、遊園地・ゴルフ場などがあげられる。

アーバンデザインでは緑地を、都市を構造づける重要な空間要素として認識してきた。さらには、緑を活かしたランドスケープデザイン、人々が利用するパブリックライフの場としての認識も求められる。

※11　緑地には広義と狭義の二つの用語扱いがある。1918年から21年にかけて都市計画家の池田宏が、その著書の中でオープンスペースの訳語として自由空地を用いた。28年に当時大阪市長だった関一が自由空地は緑色地帯であるとし、これらの用語がやがて広義の緑地の語となり、都市計画用語として広く用いられるようになった。一方で32年、内務省の「東京緑地計画協議会」が「緑地トハ、其ノ本来ノ目的ガ空地ニシテ、宅地、商工業用地及頻

都市緑地の計画

　都市の緑地は、個々の施設空間の計画・設計・管理と、国土・地域・都市等の広がりをもった圏域を対象として、自然条件をベースに良好な生活環境を確保するために都市緑地計画が作成される。ペンシルバニア大学教授イアン・マクハーグは『デザイン・ウィズ・ネーチャー』(1969) において、科学技術に根ざしたランドスケープ・プランニングを提唱した。環境を気象や地質、水門、土壌の観点から捉え、そこに住む動物や植物の生態を地理的条件との関係性から考察した。さらに、そこに形成された人間生活を分析し、人間生活と自然が調和するような計画論を提示した。

　都市緑地計画は、自然条件・社会条件・景観といった土地条件の調査分析に基づいて、土地分類、土地評価、土地利用計画を策定する。さらに、上位計画や関連計画との整合もはかりながら、緑の土地利用パタンを定め、緑地系統計画を定める。緑地の土地利用計画には、環状、放射状、放射環状、クラスター状、格子状等のパタンがある。都市の立地条件によって計画すべきパタンは異なる。緑地と市街地の接点がなるべく多くなることが望ましい。

　1994 年の都市緑地保全法改正により「緑の基本計画」を市町村が策定することが制度化された[12]。緑の基本計画は都市の総合的な土地利用計画の一環であり、他の土地利用計画と相互に整合性が保たれている必要がある。

都市の公園デザイン

　公園とは、戸外において住民の休養・保健・慰楽・休息・運動・遊戯・鑑賞・教育などのレクリエーションの用に供するとともに、公害・災害の防止、大気浄化、地震・火災の際の避難のために、官公庁が設置し管理運営する施設である。一般に公園は「営造物公園」と「地域制公園」とに大別される。営造物公園は都市公園法に基づく都市公園に代表され、国または地方公共団体が一定区域内の土地の

繁ナル交通要地ノ如ク建蔽セラレザル永続的ノモノヲ謂フ」とした。40 年、都市計画法の改正にあたり、都市施設としての公園に並列させて営造物としての緑地が位置づけられた。これが狭義の緑地である。公園がレクリエーションと保健を主目的とするのに対して、営造物としての狭義の緑地は自然の保存および防衛・防災に重点を置いた空地であるとされた。

※ 12　国土交通省は緑の基本計画において、環境保全、レクリエーション、防災、景観構成の四つの柱から系統別に調査と配置計画を検討して、各種の緑地機能が効率的に発揮される総合的な緑地系統計画をとりまとめることとしている。

権原を取得し、目的に応じた公園の形態をつくり出し一般に公開する営造物である。地域制公園は自然公園法に基づく自然公園など、国または地方公共団体が一定区域内の土地の権原に関係なく、その区域を公園として指定し土地利用の制限・一定行為の禁止または制限等によって自然景観を保全することを主な目的とするものである。

都市公園法に基づく都市公園には様々な規模、種類のものがあり、その機能、目的、利用対象等によって、住区基幹公園（街区公園、近隣公園、地区公園）、都市基幹公園（総合公園、運動公園）、大規模公園（広域公園、レクリエーション都市）、国営公園、特殊公園、緩衝緑地、都市緑地、緑道、都市林、広場公園に区分される。

これらの公園の中で、都市住民の日常的な利用に供する公園として都市公園法に位置づけられているのが住区基幹公園である[13]。住区基幹公園は、街区公園、近隣公園、地区公園の3種類に分けられる。もっとも分布数の多い街区公園は、従来、児童公園として計画されてきたが、市街地構造や社会構造の変化によって児童や老人の利用を主体として公園へと変化してきた。街区公園と類似する公園として、児童福祉法に規定された児童遊園がある。このような公園に類似するものとしてアメリカにはプレイロットと呼ばれる遊び場があり、わが国では集合住宅地等に併設して計画されてきた。

近隣に住む者全般の多目的な利用に供することを目的とするのが近隣公園である。誘致距離500m、面積2haを標準として計画される。住民の日常的な屋外レクリエーション活動に応じた施設を中心にして休養スペースを十分に確保した設計がなされる。

地区公園は近隣住区よりも広く徒歩圏内に居住する者の利用に供することを目的とし、誘致距離1000m、面積4haを標準として計画される。地区防災公園としての位置づけをもちつつ、地区住民の身近なスポーツを中心とした幅広

※13　住区基幹公園は1km²の標準近隣住区を区域として街区公園4カ所、近隣公園1カ所、4近隣住区に地区公園1カ所を標準に配置される。街区公園は、誘致距離250m、面積0.25haを標準に計画され、街区内居住者を主たる利用対象者と想定している。児童遊園は標準面積を200坪と定められ、広場・ぶらんこ・便所、必要に応じて滑り台等が設けられてきた。

い利用に対応してレクリエーション施設を主体に、休養施
設・修景施設等を十分に確保し、各種機能空間が有機的に
配置されるよう設計される。

　住区基幹公園は人々の日常的な利用が目的とされること
から、広場と同様に、人が集まりたくなるような魅力的な
公共空間としてデザインする。住人の日常利用という面か
らは、公園にアクセス性と開放性をもたらすような周辺と
の「つながり」が求められ、レクリエーションの場あるい
は休養・修景施設という面からは、周辺の都市的な景観や
環境との「分離」が必要な箇所もある。

　アーバンデザインでは、法律に定められた公園施設とし
ての最低基準に合致させつつ、地域住民のニーズを含む地
域の場所性や歴史性、景観形成、パブリックライフ等のた
めの空間デザインを実現すること
が課題となる。公園は緑の空間で
あることから、エコロジーの視点
をもって、緑を活かした空間とし
てデザインするべきであり、ラン
ドスケープデザインとしての生態
学的発想が必要となる。

パークシステム

　公園や緑地を単独で整備するの
ではなく、緑道などと組み合わせ、
都市の土地利用計画とも整合させ
ながら、系統的に整備し、有機的
につなごうとするようなオープン
スペースのシステムを公園緑地系
統（パークシステム）という。

　個々の公園は単独で分散するよ
り、連結して系統化されているほ
うが効果的な土地利用がなされる

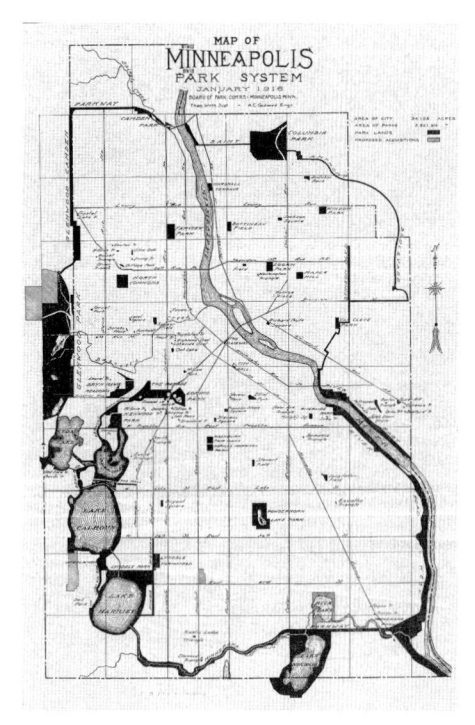

図6.13　パークシステム（ミネアポリス）

という思想に基づき、都市の骨格として公園をネットワーク化し、計画的な市街地開発を誘導しつつ、良好な自然環境を保全することがパークシステム計画の狙いである。19世紀後半から20世紀初頭にかけて米国のシカゴ、ミネアポリス（図6.13）、カンザスシティ、ボストン、クリーブランド等で計画されている。ボストンの「エメラルド・ネックレス」は特に有名な計画である。市街地周辺の自然環境や農場を活かして都市を美しくしていくべきとの考え方から、市街地の外周に田園公園、樹木園、河川と遊水地としての湿地、河川沿いの公園、海浜公園、児童公園などをパークウェイでつなげた計画となっている。

　米国中西部の開拓と民間投資による都市建設の誘導においては、パークシステムを重視したマスタープランが策定され、緑豊かな地方都市の形成が図られた。アメリカにおいて公園づくりがさかんになった19世紀、従来は別々に整備が行われてきた街路と公園をも一つの系統の都市基盤とみなし、当時ヨーロッパ都市でブールバールと呼ばれた広幅員の緑道がアメリカにおいても計画されるようになった。これを造園家のオルムステッド[14]はパークウェイと呼び、公園とつなぎあわせることで安全で美しい都市をつくり出そうとした。

グリーンインフラ

　グリーンインフラとは、生態系のもつ恵み（生態系サービス、多面的機能）を活用した土地利用やインフラ装置の総称である。土地利用としてのグリーンインフラは、都市の水環境の保全と地域および敷地規模での自然環境の重要性をより強調した土地利用計画手法として1990年代中ごろから米国で使われ始めた。その後、自然環境保全、防災・減災、都市機能強化、農山村振興等の行政分野においてグリーンインフラという概念に注目が集まるようになった。

図6.14　グリーンストリート
（シアトル）

インフラ装置としてのグリーンインフラは、都市における地表水の浸透・蒸発・再利用という水文学的循環プロセスを回復・強化することを目的とした装置や自然領域に対して適用される。各装置は相互に連結させることで地表水を誘導し、できる限りその場所で地表水の浸透・蒸発・再利用を実現する。

グリーンインフラの計画には、湿地・公園・森林・植生など面的な自然領域を対象とする流域規模での計画、透水性舗装を用いた道路や緑道、広場、庭園、農地など多様な空地を対象とする近隣規模での計画、透水性の街路・緑道・緑化屋根・雨庭など低影響開発（Low Impact Development）と呼ばれる敷地規模での計画の三つがある。

グリーンインフラ機能が設けられた街路は「グリーンストリート」と呼ばれる。通常の街路の植栽帯と異なり、地表水を集めて滞留させやすくなるようデザインされている（図6.14）。花壇としてのアメニティ機能だけでなく、降雨を一時的に貯留する遊水機能、排水を浄化する水質浄化機能、さらには地域の植生を提供することによる生物多様性保全の機能等、多様な機能が備えられている。合流式下水管や降雨管への雨水など地表水の流入量を減らすことにより、各管からのオーバーフローによる冠水や河川への一時集中による洪水を軽減する効果がある。

グリーンインフラとは、多機能な生態系サービスの提供と、都市の環境変化や人為的影響に対するレジリエンス[15] の向上を目指すものである。グリーンインフラの適用は、社会資本の効率的な利用、維持管理コストの低減、環境保全、社会・経済活動の振興につながると考えられている。

※15 レジリエンス(resilience)
回復力・弾力・復元力の意。

第7講

水辺を設計する

7.1 河川
7.2 港湾
7.3 水害に係る防災と復興

水辺は都市と自然の接点である。日本列島は豊かな海に恵まれるとともに、地震と台風による津波と高潮の脅威に常にさらされている。国土の隅々まで張り巡る河川は、きめ細かな水運と山林の滋養で都市と田園を満たす一方で、洪水と土石流が壊滅的被害をもたらす。戦国の世より「水を治めるは郷を治める」という。河川と港湾そして水害への対処を通して水辺のアーバンデザインを学ぶ。

広島県鞆の浦

7.1 河川

　日本の都市形成は河川とのつきあいといってよい。山地が多い中で三角州、扇状地、河岸段丘など河川が開いた平地に都市ができた。夏蒸し暑く、稲作を生業としたから、人々は水流の近くに居を定めた。平城京と平安京は、河川が横切る盆地を選んだ。城下町は河川を城郭と運河に使った。江戸と大阪は河口の浚渫と埋立てを繰り返して巨大水網都市を形成した。

日本の河川

　日本の河川は急流かつ降雨による水位差が大きい。高低差 1km をヨーロッパの大河ライン川は 1500km かけて流れ、日本最長の信濃川は 400km で下る。平時わずかな水流が大雨で濁流と化す。堤防決壊や都市洪水は日本特有の河川構造に山林伐採や流域開発が重なった複合水害である。

　河川行政の基本、旧河川法は 1896（明治 29）年に制定された。主旨は川の氾濫を防ぐ治水にあり、河川改修が進んだ。戦後経済成長とともに水力発電や上下水・産業用水に河川利用の需要が高まった。1964 年の法改正により利水

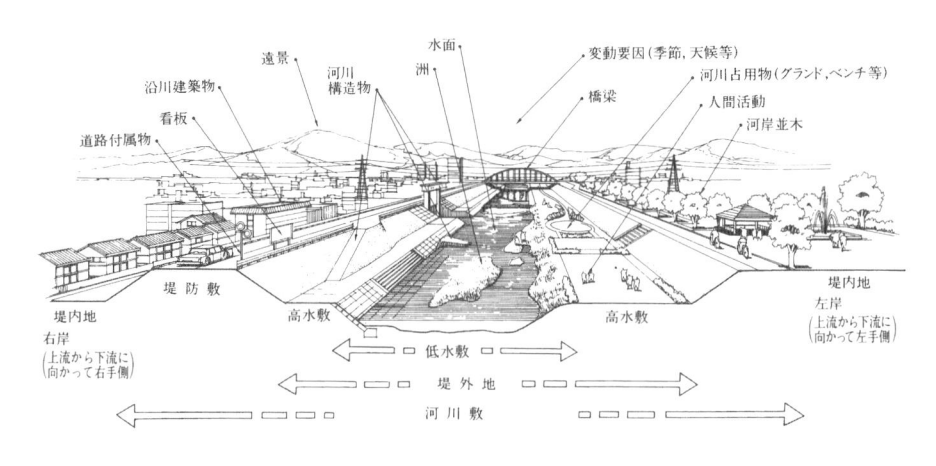

図 7.1　河川景観の構成要素

の観点が加わり、国管理の一級河川、都道府県管理の二級河川、市町村管理の準用河川、適用外の普通河川の等級が定まった。東京の隅田川は一級河川、目黒川は二級河川である。2004年の法改正により生物多様性や風景など環境概念が持ち込まれ、多自然型工法や景観設計が活発化した。

　水路は人工の河川全般を指し、生活用、農業用、工業用がある。水路のうち輸送に用いるのが運河である。大きくいうと内陸の運河は河川、沿海の運河は港湾とされる。東京湾岸では江戸初期に現在の江東区や墨田区に運河として開削された小名木川や横十間川は河川、戦前東京港の近代埠頭整備とともに築造された豊洲や芝浦の運河群は港湾に管轄されている。

護岸改修と景観設計

　広島市中心部を流れる一級河川太田川の1979～83年護岸改修工事は、河川整備に景観設計を採り入れた日本最初の例といわれる（図7.2）。今日に通じる土木デザインの先駆けでもある。工事範囲は河口付近の幅100m、延長880m。瀬戸内海に注ぐ左岸に広島城址、右岸に寺町、南端の相生橋越しに原爆ドームと平和記念公園を望む。

図 7.2　広島市太田川

　河川の断面は、平時に水が流れている低水敷、増水時に水流を受け入れる高水敷、洪水時の堰となる堤防敷の3段からなる。低水敷と高水敷を仕切るのが低水護岸、高水敷と堤防敷を仕切るのが高水護岸である。大規模な河川では、これら土木構造物が長大となり、河川空間はもとより後背地を含む都市空間の形質に影響する（図7.1）。

　太田川の都心側左岸は、全体の構成と詳細の工夫によって伸びやかな風景を見せる。上流寄りの高水敷は勾配25分の1の芝生で堤防敷に達し、後背の市立中央公園に連続する。下流寄りは花崗岩で高水敷の舗床を敷き、同じ石材で高水護岸を積み上げ、広島城外堀の石垣を再現して後背の公共建築群に導く。低水護岸は玉石積みで河原石のよう

に湾曲する部分と、花崗岩積みの直線護岸にぶつかる部分
があり、干満4mの潮位差に応じて水際線が変化する。階
段状に低水護岸から突き出す水制堤は、水に近づく足場に
なり、低水護岸の長さを適度に分節する。原爆スラム時の
ポプラが1本河川敷に移植保存された。

太田川の景観設計から公共空間の基本を学ぶことができ
る。第一に構造物を天然の緑、土、石で仕上げ、前から存
在していたような自然風景をつくり出した。第二に構造物
の断面を後背地に連続するように設計し、公園、城址、公
共建築群が河川に直接面する空間構成を実現した。第三に
余分な要素を排除するマイナスのデザインに徹し、刻々変
化する水流を風景の主役にした。

市街地に流れる小川の再生

倉敷や佐原など、伝統的建造物群保存地区が往時を伝え
るように、かつて都市の河川や水路は人々の生活とともに
あった。機械化や車優先によって失われた身近な水辺を回
復すると、人間的空間を都市に取り戻すことができる。

静岡県三島市を流れる源兵衛川は、河川再生が都市再生
につながった好例である（図7.3）。三島は東海道箱根越え
の宿場町として栄えた。源兵衛川は市内を流れる富士山麓
湧水の一本であり、三島駅南口を水源に南方1.5kmの温
水池まで中心市街地を縫って農業用水となる。上流の工場
の地下水汲み上げが流水の量質悪化を招き、暗渠や埋立て
が一時議論された。

図7.3　静岡県三島市
源兵衛川

1990〜97年、静岡県の河川整備事業と連動するように、
三島グランドワークという行政と地域と企業の共同NPO
ができ、多自然親水型河川への蘇生が始まった（図7.4）。
市民が清掃活動を広げる一方で、水量低下の原因となった
工場が使用後処理した冷却水を川へ放流し、流量を確保す
ると水質もみるみる改善した。

富士山の溶岩からつくったブロックを、生活雑排水の濾

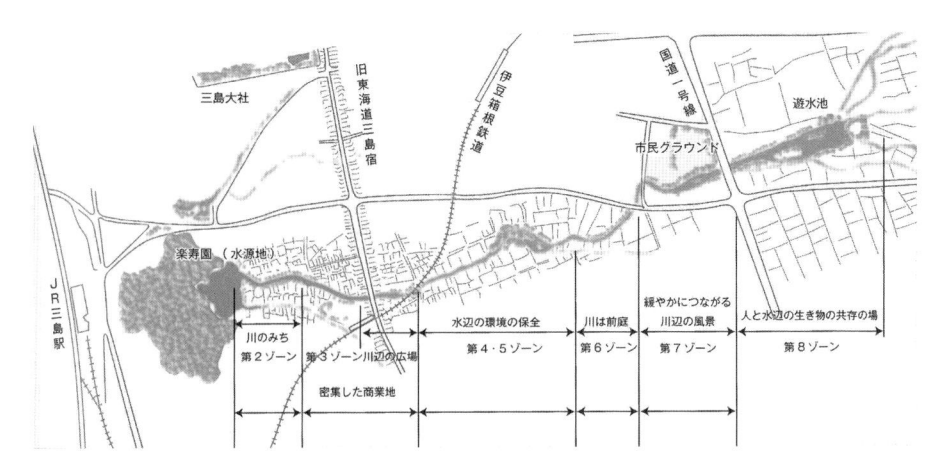

図7.4　静岡県三島市　源兵衛川流域図

過装置として通路の土台や護岸に用いた。市街地を流れる区間では宅地が河川に直接面することもあり、「川のみち」と呼ばれる管理用通路を兼ねた散策路を水上に設けた。飛び石や木製デッキなど川遊びの仕掛けも付設し、架橋部には階段と小広場を設けている。屋敷林や生垣が緑陰をなして快適な水遊び場になっている。

　沿川には飲食店のテラス席の他、寺院や病院が集会室やロビーを川側に配置し、直接水辺に降りられる通用口を復元または新設する住宅が現れた。富士山の湧水流の喪失という、地域の個性を失う危機が生じた際、公共事業と地域活動の連携を動力にして流水の量質回復、多自然型構造物の開発、親水空間の創出、川に表を向ける土地利用や建築というように効果が目に見えて広がった。

水都大阪

　大阪は淀川と大和川が瀬戸内海に注ぐ三角州に位置し、古代から難波津が開かれ、京都と奈良の外港を担った。豊臣秀吉が築いた大阪城と上町台地の城下町を徳川幕府が引き継ぎ、西側に隣接する船場に町割りを実施、さらに西方

の沿岸地区では商人に宅地開発を許可して市街地整備を進めた。この過程で排水、造成、交通のために掘削した堀川が、後に水都と呼ばれる運河網を形成した（図7.5）。

　大阪は畿内文化を背景に江戸時代は航路が集散して「天下の台所」として賑わい、明治一時期衰退した後に近代商工業で復活すると「東洋のベニス」「東洋のマンチェスター」と称された。縦横に走る堀川沿いは、江戸時代各藩が蔵屋敷を構え、明治以降は公共施設や産業施設に建て替わり、飲食店や歓楽街も集まった。とりわけ中之島周辺は大阪市中央公会堂、中之島図書館、大江橋など当時最先端の歴史的建造物が並んだ（図7.6）。

　戦後地盤沈下や水害が多発、河川はコンクリートで護岸され、車社会の到来で埋立てや高架道路で覆われた。世界中の都市で人間的環境を取り戻す動きが活発になる中、大阪は水辺回復に舵を切った。2001年「水都大阪の再生」が内閣官房都市再生本部再生プロジェクトに採択されたのを機に、大阪府、大阪市、経済界が協力して水辺を都市観光とシビックプライドに活かす活動を進めた。基盤となったのが中之島を含む旧淀川、木津川、豊臣時代の東横堀川、徳川初期の道頓堀川からなるロの字型の水の回廊である。歴史豊かな河川と、そこに点在する歴史的建造物に脚光が当たり、八軒家浜の船着場と雁木、道頓堀川の遊歩道、中之島の親水公園と修景など、市民が近づける水辺空間の量と質が格段に向上した。水面を使ったアートイベント、管理通路上部から護岸上端に川床を架けた「北浜テラス」など、実験的な取組みも広がった。

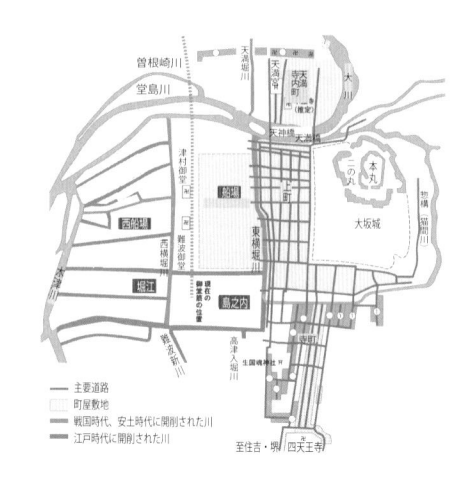

図7.5　大阪の町割りと堀川

図7.6　大阪中之島

7.2 港湾

港湾は港と湾の合成語である。「港」の語源は読みから「水の戸」とも、字から「水の巷」ともいわれ、海や川の結節点をさす。「湾」は風や波が静かな入り江をいう。すなわち港湾とは、水域を介して人や物と情報が行き交う機能（港）と、船舶が安全に停泊できる空間（湾）を兼ね備えた場所を指す。近代初期まで水運が輸送交通の主役を担い、現代都市の多くが港湾都市を起源にしている（図7.7）。

図7.7　横浜

図7.8　ロッテルダム旧港

港湾の種類

港湾には河川港と海港がある。テムズ川のロンドン、ライン川のロッテルダム（図7.8）、漢江のソウルは河川港を備えて大都市に発達した。日本は海港が主である。山地が多くて川が細く急流だからである。海港でも多くは河口に設けられ、港に停泊した船舶から艀（はしけ）や小舟に荷分けして河川で内陸に運ばれ、河岸（かし）と呼ばれる荷揚げ場で陸に移した。徳島城と城下町は暴れ川で名高い吉野川の河口から水路を引いて築かれた。現在の静岡かつての駿府は巴川を介して約7km離れた清水港を外港に用いていた。

日本には港湾法の定める港湾が2017年4月現在994カ所ある。そのうち国際戦略港湾が東京、横浜、川崎、大阪、神戸の5カ所、国際拠点港湾が千葉、名古屋、博多など18カ所、重要港湾が102カ所、地方港湾が808カ所、いずれも港湾が立地する自治体が管理運営する。これ以外に都道府県が水域を公告する港湾が61カ所ある（図7.9）。

港湾とは別に漁港は水産庁が所管する。第1〜4種および特定第3種があり、2017年4月現在合計2860カ所ある。そのうち主に地元の漁業に使用する第1種漁港が2128カ所で4分の3を占める。港湾と同じく漁港も立地する自治体が管理運営する。

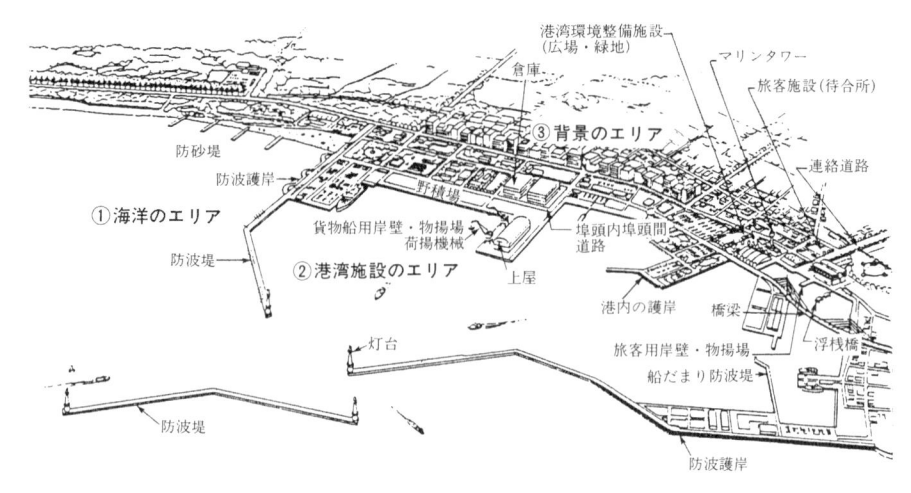

図7.9　港湾景観を構成する構造物

歴史的な港湾

　日本の歴史的港湾は山と海にはさまれた狭い平地に港と町を築いた。広島県瀬戸内海の鞆の浦は江戸時代まで北前船の寄港地として栄え、大型船舶が停泊できなかったことが幸いし、中世から近世の姿を色濃く残す。潮待ちもあったから宿場町のような商業的要素も多い。街道沿いに商家が軒を連ねて酒屋、菓子屋、遊郭も営まれた。景観権紛争の先駆けとなった海上県道計画の取り下げを経て2017年重要伝統的建造物群保存地区に指定された（図7.10）。

　港湾では海陸間の見る見られる関係が管理上も美観上も重要となる。鞆の浦では江戸時代に山裾の沖合を埋め立て、長径約500mの楕円形の入江と港町を造成した。山裾の微高地にある寺社は、中世以前から海上の保安監視を担った。埋め立て前は沖合の小島だった港町中央付近の丘に建つ鞆城に、奉行所を置いて湾内外を見渡した。さらに沖合方向の丘には朝鮮通信使が定宿とした対潮楼が置かれ、島並みを愛でた。

図7.10　広島県鞆の浦

　港湾には海と町を結ぶ装備がある。鞆の浦には江戸時代

末期から明治時代初期に築かれた大波止と呼ばれる石積み防波堤が、湾口の両側2カ所と外海2カ所の計4カ所残っている。雁木と呼ばれる潮の干満に応じて使える階段状の荷揚げ場も3カ所残っている。その近くに立つ地上5.7mの石造の常夜灯は、江戸時代末期に町民の寄進によって建造され、当時貴重な油が灯されていた。

　漁業を生業とする集落が漁村である。入江や日和山の地形を活かす空間構造は港町と大差ない。漁村は水際線に直行する何本もの路地に漁家が連なり、街道沿いに店が立ち並ぶ。生物の捕獲、水揚げ、加工、搬出を迅速に遂行するように、集落全体で流れ作業ができる空間構成である。古い港町と漁村がいまなお魅力的なのは、人間が自然に対峙して懸命に生業を営んだ歴史が偲ばれ、その痕跡がそこかしこに見えるからである。

港湾の変遷

　港湾は輸送体系の近代化とともに機能と形態が変わり、都市の構造と様相に変化をもたらした。日本の港湾は都市と同様に明治開国時と戦後経済成長期に大きく変貌した。

　江戸時代まで港湾は河口付近に築かれ、都市に水路網、全国に内陸航路が張り巡らされた。北前船が瀬戸内海から日本海で活躍、中国や朝鮮と朱印船貿易、東南アジアと南蛮貿易がさかんだった。明治開国後は欧米と大型船舶による貿易が活発になり、太平洋岸に近代港湾が整備された。瀬戸内海と日本海側に近代以前の姿を残す港湾が多い。北海道小樽と福岡県門司は旧港を早くから観光に転用した。

　初期の近代港湾整備は湾奥を浚渫して埠頭を築き、臨港鉄道で内陸と結んだ。船舶の規模が増大すると、湾外に外港を築き、艀や小型船に荷を積み替えて湾奥の内港へ移してから内陸へ発送した。1970年代にコンテナが普及すると、沖合に増設したコンテナヤードから直接コンテナトレーラーに積み替えて各地に搬送されるようになった。

コンテナ化で低未利用となった先進国の内港地区は1980年代規制緩和に後押しされ、ウォーターフロント再開発と呼ばれる土地利用転換が進んだ。中心市街地に近接する好立地を活かして商業・業務や住宅に高度利用された。東京臨海副都心、横浜みなとみらい、福岡ももち浜など大規模な湾岸開発が進んだ。北米のボストンやボルチモアが先行し、埠頭倉庫の商業転用や水族館など集客施設整備など、港の歴史を継承し活用する再開発が行われた（図7.11）。

図7.11　東京・天王洲

流通や工業に特化した臨港地区を、商業・業務・居住に再利用するには諸々対策が要る。生活用の基盤整備はもちろん、地盤強度や土壌と地下水を点検し、必要に応じて改善策を講じる必要がある。港は開かれた水辺で、都市に近接する自然環境である。風道、眺望、生態系、景観、日影など内陸への影響にも一層の配慮が必要である。

図7.12　東京・品川浦

隅田川と東京港

東京の前身「江戸」は、河川（江）の出入口（戸）と称するように、東京湾奥の隅田川河口に発達した。太田道灌（1432-86）の水辺の砦を、1590年関東に移封された徳川家康が引き継いだ。大川と当時呼ばれた隅田川経由で資材を搬入するよう、現在の中央区や台東区に運河を築造、城郭を整え、掘削土で入江や低湿地を埋立造成した。1603年江戸開府、1630年代に内堀と城東下町、1640年代に外堀と城西山手に武家地が並び、1657年明暦大火を機に隅田川の東と外堀の外が市街化した。現在の隅田川両岸と山手線内側にあたる大江戸に100万人が居住したといわれる。

1858年開国にあたり江戸から適度に離れた横浜が開港した。これが東京港の近代化を遅らせた。1906〜35年隅田川口改良工事は文字通り堆積土砂を浚渫し、国際港横浜へ航路を確保する事業だった。3期に渡る工事で運河をはさみながら、奥行き数100mの小島状に月島、日の出、芝

浦、竹芝、豊洲の各埠頭と後背宅地が造成された（図7.12）。

第3期改良工事中の1923年関東大震災が起こり、通行不能に陥った道路と鉄道に代わり、海路が避難応急に使われた。1931年東京港修築工事、1910〜33年荒川放水路工事による土砂流入低減、1936年横浜港と直結する京浜運河着工、1935年築地に東京市中央卸売市場開設というように近代整備が進み、1941年東京港は国際貿易港になった（図7.13）。

戦後経済成長期に整備された品川・豊洲埠頭と大井・青海コンテナ埠頭が外港を形成した。江戸以来水運と近代初期産業を担った湾奥の機能が低下し、造船所跡地の大川端リバーシティやビール工場跡地の墨田区役所他など、1980年代隅田川河口付近の土地利用転換が急進した。港区と品川区の湾岸いわゆる港南地区は、羽田空港、大井コンテナ埠頭、東海道方面の交通幹線など、陸海空の広域輸送体系の一角にあって流通・産業機能を維持している（図7.14）。

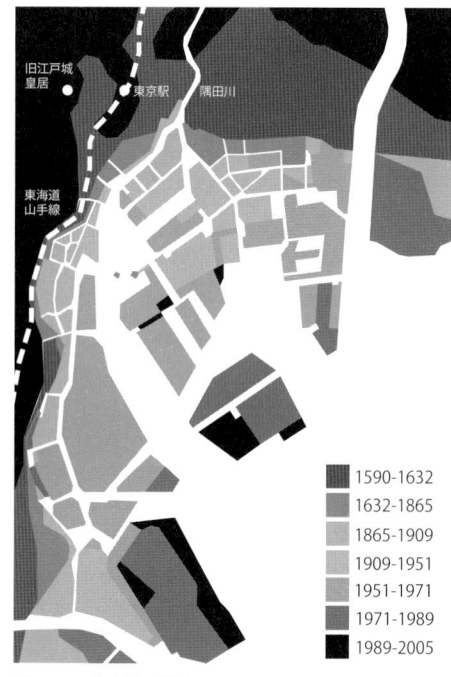

■	1590-1632
■	1632-1865
■	1865-1909
■	1909-1951
■	1951-1971
■	1971-1989
■	1989-2005

図7.13　東京湾の埋立て

図7.14　東京・芝浦

7.3　水害に係る防災と復興

洪水被害に対する防災と復興のためのグリーンインフラ

都市の洪水には内水氾濫と外水氾濫がある。堤防を境界として、人の居住地の外（河川側）を「堤外地」、居住地側を「堤内地」と呼ぶ。河川の水を外水と呼ぶのに対し、堤防で守られた内側の土地（人の居住地）にある水を内水と

呼ぶ。大雨が降ると、側溝・下水道や排水路だけでは降った雨を流しきれなくなることがある。支川が本川に合流するところでは、本川の水位が上昇すると、本川の外水が支川に逆流することもある。これにより、内水の水はけが悪化し、建物や土地・道路が水に浸かってしまうことを内水氾濫という。川の水が堤防からあふれる、または川の堤防が破堤した場合に起こる洪水を外水氾濫という。外水氾濫の場合、流れの速い大量の氾濫流が一気に市街地に流入し、短時間で居住地の浸水被害が起こるため、人的被害を伴う大きな災害になるおそれがある。また、泥水が流れ込んでくるため、洪水が引いたあとも浸水家屋内などに土砂が堆積するなど、復旧が困難な状況になる。外水氾濫では、下流側では雨が降っていなくても、山間部での豪雨により、上流側の雨が集まって流れてきて発生する場合もある。大河川などでは、上流の雨が時間をかけて下流に集まって水嵩を増す場合もある。小さな河川ではすぐに川に雨水が集まるため、短時間・短期間に集中して降る豪雨時には外水氾濫のリスクが高まる。

　生態系を保全することは洪水災害に対して非常に大きな意味をもつ。少子高齢化社会において自治体財政が厳しくなる中、かつて建設した道路や下水道あるいは防波堤など社会基盤の劣化が顕在化している。気候変動を背景とする自然災害が頻発している情勢下にあっては、社会基盤の長寿命化だけでは防災の対応は不十分との認識から、社会基盤にも生態系の保全概念が取り入れられつつある。

　エコロジーの考え方で災害に対するリスクを最小化する考え方を、エコDRR（Eco Disaster Risk Reduction）という。生態系と生態系サービスを維持することで、危険な自然現象に対する緩衝材として用いるとともに、食糧や水の供給などの機能により、人間や地域社会の自然災害への対応を支える考え方である。例えば、河川の氾濫原、河口域の干潟、砂浜背後の低地などは、本来は津波や洪水の影響

を受けやすい。そこで日本の伝統的な里山においては、攪乱を受けやすい低地と、受けにくい自然堤防や段丘の上などを使い分けるといった土地利用の知恵があった。これもエコ DRR のひとつである。

グリーンインフラ【参照】の計画は、自然生態系の保全や緑空間の整備を通じて、土石流災害や大規模水害の抑制といった治山治水としての防災・減災にも対応する。生態系保全によるアプローチは地域固有の景観、里山や中山間地の農山村の景観保全、生物多様性の維持にも貢献できる。旧来の土木的な社会基盤整備計画に基づくインフラは単一機能に特化しているが、緑などの生態系には複合的な機能があり、社会に対する便益も大きい。

【参照】グリーンインフラ
➡ 6.3　P.129

米国のニューオーリンズ市では、2005 年に発生したハリケーン（カトリーナ）災害からの復興計画として、ミシシッピデルタの治水計画「Greater New Orleans Urban Water Plan」を作成した（図 7.17）。カトリーナによってミシシッピ川沿いの自然堤防（微高地）の安全性が逆説的に明らかになり、地形に即したミシシッピ川沿いの開発計画が後押しされることとなった。港の未利用地の開発にとどまらず、このリバーフロント開発が長期的視座に立って経済的な繁栄や市民活動の萌芽にまでゴールを据えたものとなった。

国土の大半が河川の三角州に位置するオランダでは、自然の河川氾濫原と湿地を回復し、河川の水位上昇に対して水をためる緩衝空間として活用するルーム・フォー・ザ・リバー・プログラムを 2007 年から進めている。これにより、氾濫原の拡張を目的とした内陸への堤防移転、特定の地域への浸水を許容するための堤防改善、より速い水流を許容するための低い堤防への転換、高水位時に代替水路となる側方流路の整備、河床の増深、水流を妨げる障害物の除去、一時貯水地の整備、人口密集地における堤防の強化などが行われている。

津波防災と復興

　「津波」とは港（＝津）に押し寄せる、異常に大きな波のことである。津波は、海底で発生する地震に伴う海底地盤の隆起・沈降や海底における地滑りなどにより、その周辺の海水が上下に変動することによって引き起こされる。発生した海水面の動き（上下動）が特に大規模なものであれば、沿岸に達すると破壊力の大きな大津波となる。

　津波に対して、人命および財産を保護するためには、構造物による施設整備を行うことが不可欠である。津波に対する防災施設には海岸堤防、津波防波堤、水門・陸閘、津

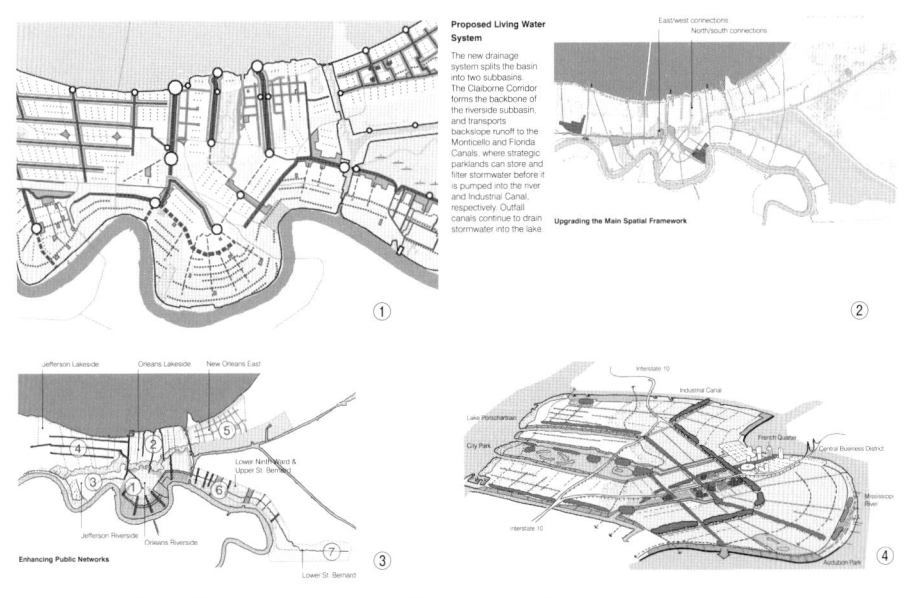

図7.15　防災の観点に基づくアーバンデザインの構想（ニューオーリンズ）
①リビング・ウォーター・システムの提案
ミシシッピ川（図下側の河川）とポンチャートレーン湖（図上側）の流域を複数の細流域に分割する新しい排水システムの計画である。例えば、図中央に位置するクレイボーン地区では、新しい水路（図の東西をつなぐ太い破線）が計画されている。雨水などの地表水をポンチャートレーン湖に直接排水しないよう、モンティセロ用水およびフロリダ用水に誘導するよう公園緑地が戦略的に設けられている。集められた地表水は貯留・濾過され、最終的に地区の東側のインダストリアル運河（ポンチャートレーン湖とミシシッピ川をつなぐ運河）およびミシシッピ川に排水される。
②主要な空間フレームの改善（東西と南北のそれぞれをつなぐ水と緑の空間の形成）
③空間骨格のつながりとエリア形成の全体イメージ図
④公共空間の骨格ネットワークを強化する（街路、緑地、河川、用水、等）

波・高潮防災ステーションがある。海岸堤防は、居住地など背後地への津波の浸入を防ぐために整備される。湾部にある港湾など、水際線に高い構造物を設けることに支障がある場合には、湾口部に津波防波堤を設けることで、津波の高さを低め、進入する津波の波力を弱めることができる。津波は、河口を経て河川流域まで進入することがある。進入した津波は水面を上昇させ、その河川堤防を破壊することがある。水門は、そのような津波の河川への進入を防ぐために整備される。また、陸閘は道路が堤防と交差するとき、交差部に門を設け、津波のおそれがある場合には速やかに閉鎖することができるようにしたものである。津波や高潮の発生を気象庁からの警報や注意報、沖合の観測施設の観測データ等を収集し、収集した情報を海岸の利用者や関係機関等にいち早く伝達するとともに水門や陸閘などの海岸保全施設を遠隔操作することにより迅速に津波や高潮に備えるために津波・高潮防災ステーションが整備される。

　東日本大震災以前の地震対策は、わが国の過去数百年に経験してきた最大級の地震のうち、切迫性の高いと考えられる地震を想定してきたが、東日本大震災では、これまでの想定をはるかに超えた巨大な地震・津波により甚大な被害を受けた。そこで東日本大震災を踏まえ、最大クラス（L2）の津波に対してはハード整備とソフト対策を組み合わせた多重防御により被害を最小化させるとした減災の考え方が新たに示された。比較的発生頻度の高い津波（L1）に対しては、住民財産の保護、地域の経済活動の安定化等の観点から、引き続き、海岸堤防の整備を進めていくこととされた。2011（平成23）年12月に「津波防災地域づくりに関する法律」が成立した。これにより、ハード・ソフトの施策を柔軟に組み合わせて総動員させる「多重防御」による津波防災地域づくり[※1]を進めることとなった。

　ハード整備の代表的なものに高台移転がある。これは、津波被災後の市街地復興において、丘を切り崩すなどして、

※1　都道府県知事が津波防災地域づくりを実施するための基礎となる津波浸水想定を設定したうえで、ハード・ソフト施策を組み合わせた市町村の推進計画の作成、推進計画に定められた事業・事務の実施、推進計画区域における特別の措置の活用、津波防護施設の管理等を実施する。また、都道府県知事による警戒避難体制の整備を行う津波災害警戒区域や一定の建築物の建築およびそのための開発行為の制限を行う津波災害特別警戒区域の指定等を地域の実情に応じ、適切かつ総合的に組み合わせることにより、最大クラスの津波への対策を効率的かつ効果的に講ずるよう努める。

高台に住宅地を造成し、集団移転してもらう事業を指す。復興事業では、高台移転後の市街地にコミュニティに配慮した災害公営住宅や避難路等が整備される。東日本大震災後の復興では防災集団移転促進事業の下で、造成費用と被災した土地を被災者から買い上げる費用を国が全額負担する形で高台移転が行われた。高台移転の事業

図7.16 津波防災地域づくりのイメージ（国土交通省）

は安全な居住地を確保することとともに、集落のコミュニティをできる限り維持することを意図している。被災した従前の集落の多くでは、住民同士が強く結びつき、互いに支え合って生活していた実態があり、コミュニティの再生が住民の生活再建には必要不可欠であったことから、高台移転が計画された。三陸地方の多くの集落の移転においては、住民は土地への強い愛着があり、津波のおそれがない内陸の土地ではなく沿岸の高台が選ばれた。漁業を生業とする住民だけでなく、沿岸に住まいを構えていた住民の暮らしも海とともにあったからである。

図7.17 高台移転による復興住宅の整備（釜石市）

　代表的なソフト対策の一つに、被災した低平地を対象とした災害危険区域の指定がある。これは建築基準法第39条に基づき、津波等の自然災害から市民の生命を守るために、居住の用に供する建築物の建築を制限する区域を自治体が指定するものである。指定により、以降は住宅等の新築や建替え、増築・改築等ができなくなる。災害危険区域は市町村による主体性（指定、運用、地元まちづくり）を前提として自治体の自力復旧を目指して制度化されたものだが、東日本大震災の復興における国の集団移転促進事業にともなう国補助では、国の基準が大枠となり、自治体の自力復旧という前提が崩されることとなった[※2]。

※2　児玉千絵・窪田亜矢（2013）「建築基準法第39条災害危険区域に着目した土地利用規制制度の理念に関する研究」都市計画学会論文集、pp.201-206

都市空間を計画・調整する

8.1　公共空間を計画・調整する体制
8.2　都市開発を計画・調整する体制
8.3　都市の景観コントロール

都市空間は、計画され、調整される。都市空間を計画・実施する際のデザイン的側面がアーバンデザインであるとするならば、そうした政策意図は主に1970年代から欧米を中心に確認することができる。本講では、まずアーバンデザイン行政の世界的展開を振り返り、次に都市開発における計画・調整の具体的事例を紹介する。最後に都市空間の計画・調整の制度的側面の全体像を理解するうえでポイントとなる事項を抽出して重点的に解説する。

計画・調整された複合用途開発（千葉県柏市柏の葉）

8.1　公共空間を計画・調整する体制

　高度成長期の住宅の大量供給や都市更新は、都市空間の画一化と歴史的な断絶という課題をもたらした。そうした中、市民のために快適かつ安全で時空間が連続した公共空間を形成するアーバンデザインを自治体行政の柱に据える都市が現れてきた。理想的な空間像を作成して示すだけでなく、それを実現するために、道路整備や公共施設の設計など様々な公共事業と、民間都市開発を横断的に調整することが求められる。

ニューヨーク

　基礎自治体における「アーバンデザイン」という職能を最初に実践的に追求したのは、1960 年代後半から 70 年代前半にかけてのジョン・リンゼイ市長の時代のニューヨーク市であった。そこで活躍したジョナサン・バーネット【参照】は、二次元の土地利用計画に終始しがちなプランナーと、

【参照】ジョナサン・バーネット
➡ 2.3　P.45

たとえ自分の設計する建物を周囲に関係づけようという意識があったとしても周囲の他所に影響を与える術をもたない建築家のそれぞれの職能の間の「相当大きな中間部分」こそが、アーバンデザイナーが担うべき職能であるとした。「建築をデザインすることなく、都市をデザインする」というバーネットの言葉には、都市デザイン行政が様々な主体間の利害を調整し空間化を計画する役割を担うべきであることが示唆されている（図 8.1）。

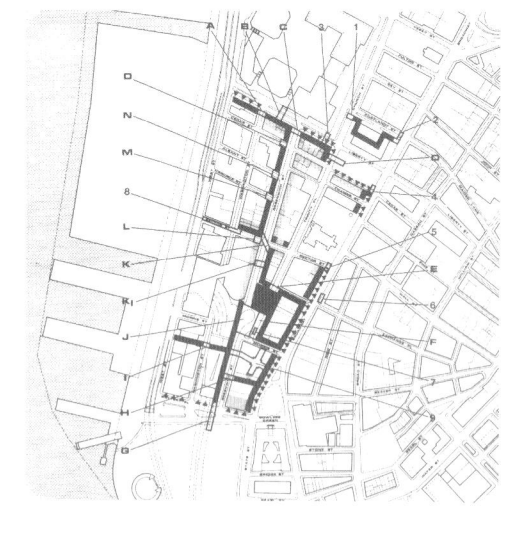

図 8.1　ニューヨーク市アーバンデザインガイドライン
建築をデザインすることなく都市をデザインする。

ニューヨークは、2002年から13年までのブルームバーグ市政下で再びアーバンデザインの先進都市に生まれ変わった。経済金融メディア企業の創業者であるブルームバーグ前市長は、都市文化や多様性、密度、コスモポリタニズムをニューヨーク市の最大の魅力と捉え、都市空間の再編を進めた。また、市政の各部署に民間企業・NPO・大学から専門人材を積極的に登用し、専門家に新たな機会を提供した。具体の事業としては、部局横断型の長期ビジョンである PlaNYC の策定（図8.2）や市全域の4割のゾーニング改定など、長期的な人口増への対応や地球環境問題への都市分野からの積極的な対応を進めた。陳腐化していた公共領域（public realm）の改変も積極的に進め、高架鉄道跡地の公園化（ハイライン公園）や埠頭用地の公園化（ブルックリン・ブリッジ公園）（図8.3）、ブロードウェイの広場化など、工業化の時代に生まれたインフラ跡地を、人を中心とした空間に再生させた。

図 8.2　PlaNYC

図 8.3　ブルックリン・ブリッジ公園

サンフランシスコ

　アメリカにおいて全市域を対象としたはじめてのアーバンデザインプランを1971年に策定した（図8.4）。総合計画の一部として、公共政策としてのアーバンデザインプランの位置づけを与えた点が特徴的であった。

　民間の開発プロジェクトのコントロール、地区レベルの計画等が、具体的な公共施策に対する意思決定の指針となる政策文書として表現されている。計画の主な力点は、①サンフランシスコの眺望やスカイライン、②物的スケールといった優れた特

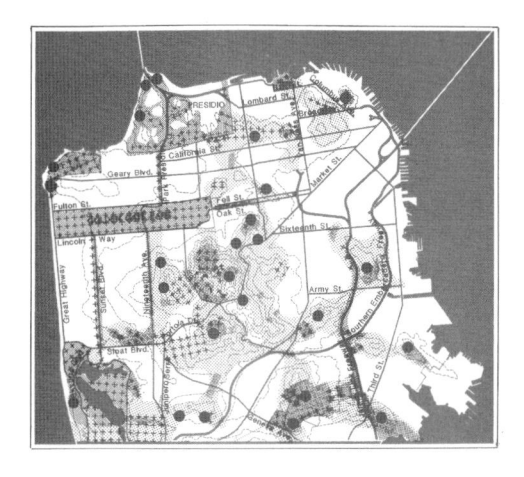

図 8.4　サンフランシスコ市アーバンデザイン計画

徴を高め保護すること、③適切な新規開発を行い、近隣環境を良好にすること、④近隣住区から自動車を締め出し、住環境を改善すること、である。

アーバンデザインプランでは、眺望景観の保全の観点を打ち出し、丘の上から港への眺望を保全するためにスリムな高層建築物を丘の上に誘導するデザインガイドラインを定め、都市空間の計画・調整を図っている。また、歴史的建造物の保全や地区レベルでの歴史性の継承なども位置づけられており、開発と保全のバランスを明示していることも画期的な点である。こうしたテーマ群はいずれも計画・調整を要請するものであり、その役割としてアーバンデザインプランが位置づけられている。

現在サンフランシスコには計画局の都市計画課の中に「都市デザイングループ（City Design Group, CDG）」が設置されている。CDG はサンフランシスコのスカイラインなど都市スケールの空間からヒューマンスケールな空間、さらには自然環境とそれらの関係性をセンス・オブ・プレイスをつくる要素として認識して守り育てること、社会的かつ経済的な活動の場としての公共領域の質の高いデザインを実現することを目標としている。職員は計画、建築、ランドスケープなどの分野をバックグラウンドとするアーバンデザインの専門職が多数在籍し、公共事業局、環境局、交通局、NPO などと協働でアーバンデザイン行政に取り組んでいる。

バルセロナ

1939 〜 75 年までフランコ将軍の独裁政権下にあったスペイン第二の都市バルセロナでは、既成市街地の環境悪化が深刻であった。民主化後の市政府は、実現に数十年かかるようなマスタープランに依存するのではなく、市民の日常生活において大切な「まちかど」レベルでの環境改善こそが重要であるとの立場から、「都市全体が公共空間」「部

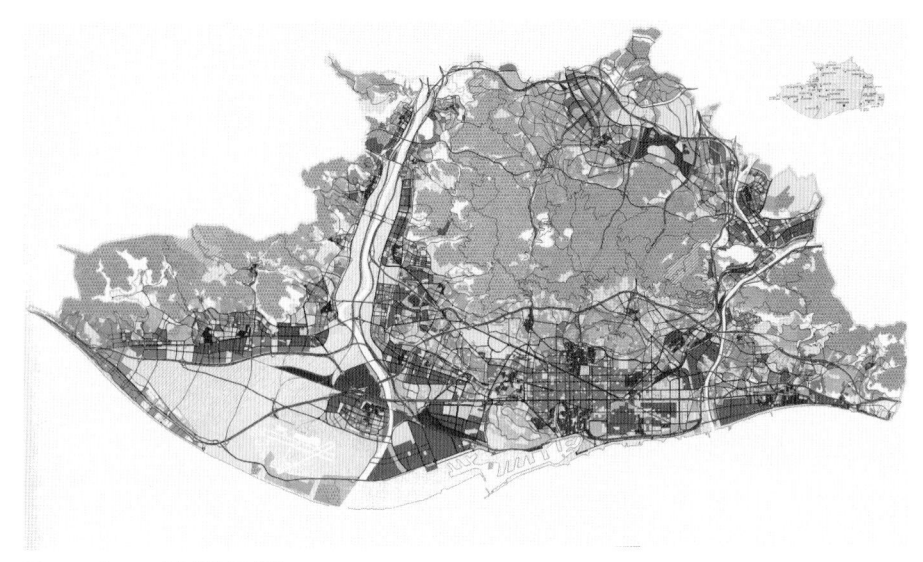

図 8.5　バルセロナ大都市圏プラン

分から全体の改善につながる」「プランからプロジェクト
へ」といったスローガンのもと、都市を構成する様々な界
隈において市民が再生を実感できるような大小様々な公共
空間を創出したり再整備したりするプランを作成した。一
方で、小規模なまちかど再生だけでなく、市場経済に委ね
たままでは着手されないが都市全体から見れば再整備が不
可欠なエリア（環境悪化が進んだ郊外部や旧工業地、イン
フラの整備等）に積極的に介入し、都市構造全体の再編を
促進する施策を進めた。このように、主に 1980 年代半ば
から、公共空間の整備と都市構造の再編というミクロとマ
クロのスケールを併せもった、特徴的なアーバンデザイン
行政が展開されてきた。
　一方で、中心都市であるバルセロナの実質的な影響は単
一の行政単位に留まらず、周辺市町村にも波及する。例え
ば各種施設（文化・教育・工業 etc）やインフラ（道路・公
園・公共交通ネットワーク etc）、公共サービスの整備や
新たな配置は、より広域的な計画・調整を必要とする。そ

こで、バルセロナとその周辺の合計36の市町村で構成されるバルセロナ大都市圏（人口約325万人）を対象に、「広域都市圏」という枠組みから見た大規模な地域間の調整を図るツールとして、バルセロナ大都市圏プランを作成し、秩序ある成長の誘導を図っている（図8.5）。

横浜

わが国においては、横浜市のアーバンデザイン行政が特筆される。1971年に日本で初めてアーバンデザイン専門の部局（企画調整室、後に都市デザイン室）を設置し、従来の行政の縦割り構造の打破を試みながら、都市空間の計画・調整を図り、長年にわたって質の高い都市空間を目指

図8.6　象の鼻パーク

してきた。都心の骨格形成、公共空間の一体的創出、歴史的建造物の保全活用など、縦割り行政を横断した総合的な空間政策が特徴である。都市デザイン手法を用いた魅力的な都心づくりが展開され、くすのき広場や開港広場、大通公園などの公共空間整備、元町商店街、馬車道、イセザキモール等の商店街整備、山手地区の洋館群、開港資料館の保全活用、旧・川崎銀行の外壁保存といった歴史的まちづくりにも大きな進展を見た。

また、港湾の大規模再開発として「みなとみらい21」を整備した。大桟橋国際客船ターミナル設計コンペや、みなとみらい線地下鉄4駅の建築家によるデザインなど、個性的なデザインを積極的に推奨してきた。2009年には、横浜港水際線プロムナード空間のコアとなる日本大通りの先端部に、歴史を蘇らせる象の鼻パークが完成した。

近年では、文化芸術創造都市構想（クリエイティブシティ・ヨコハマ）のもと、これまでに築き上げた魅力ある都市空間や歴史的建造物等を活用し、オープンカフェや新たな組織による文化芸術活動の拠点づくり、BankARTといった新たな地域の活力形成を進めている。

8.2　都市開発を計画・調整する体制

　近年、多数の街区を抱える開発事業や複数の建物が連接する都市開発や大規模複合施設においては、マスターアーキテクト（以下MA）を登用して、異なる建築家が設計する街区や建物を計画・調整する事例も増えている。当初のマスタープランを提示するだけでなく、設計の深度化に合わせて事業に携わる設計者が相互に計画・調整する場を設定している。複数の建築家を登用することで多様性を確保しつつ、素材や形態をデザインコードやガイドラインでコントロールすることで統一感のある街並みを生み出した。

　具体のプロジェクトは、鉄道駅周辺の都市開発（第12講12.1）や工場跡地の再生（第13講13.4）も参照してほしい。

ベルコリーヌ南大沢

　ベルコリーヌ南大沢は、多摩ニュータウン第15住区として旧住宅都市整備公団によって計画された66ha、1562戸の住宅団地である。公団は、南面平行配置からの脱却に加え「丘陵地全体としての景観」や「全体の眺望を活かした構成」などを計画課題として、敷地を七つの街区に分割し、各街区に設計者を起用するとともに全体のデザイン・調整を行うMAとして内井昭蔵を起用した。

　MAと街区の設計者および事業者は6回にわたって「デザイン調整会議」を行い、「欧州の山岳都市」をモデルとして、合意事項をマスタープランとデザインコードとして整理した（図8.7）。デザインコードは①建築物を建てられる空間、②外壁・屋根の仕上げ（勾配屋根・瓦の使用）、③開口の構成、

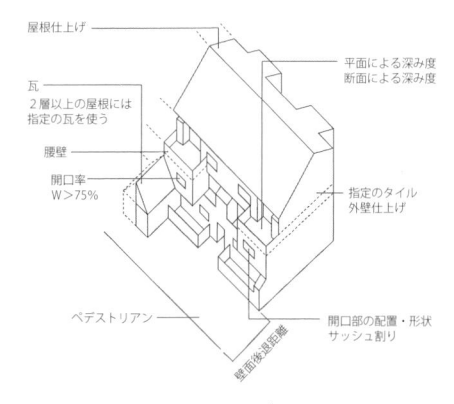

屋根仕上げ

瓦
2層以上の屋根には
指定の瓦を使う

腰壁

開口率
W＞75%

ペデストリアン

壁面後退距離

平面による深み度
断面による深み度

指定のタイル
外壁仕上げ

開口部の配置・形状
サッシュ割り

図8.7　ベルコリーヌ南大沢のデザインコード

④深み度（外壁の密度感）、⑤外壁・屋根の色彩計画、⑥建築物と外構という六つの要素で構成されている。結果として、従来の団地とは大きく異なる勾配屋根をもつ特徴的な街並みが形成された。これらの内容は、MA の一方的な提案ではなく、MA と街区設計者の議論と提案により生み出されたものであり、議論の過程で設計者同士が相互に影響を及ぼし合って設計を進めた。

ボルネオ・スポーレンブルグ（アムステルダム）

　アムステルダム市の東部港湾地区は、1980 年代末から 1990 年代にかけて港湾用途から住宅用途に大規模な転換が行われた。中でも運河を挟んで隣り合うボルネオとスポーレンブルグの二つの地区では、MA に選定された West8 によって、3 階建ての接地型住宅（テラスハウス）を 100 戸/ha の高密度で敷き詰め、ランドマークとして隕石に見立てた三つの巨大な集合住宅を挿入した新たな港湾再開発の形が示された（図 8.8）。

　運河に面した一部の接地型の住戸は、4.2m-6.0m の間口と 16m の奥行きの敷地に最高高さ 9.2m（1 階の階高 3.5m）という条件で、各建築家に住宅のデザインが任された。屋外空間（パティオや屋上テラス）の創出や屋内駐車場の確保、外装に使用する素材（レンガ・木材の種類など）をあらかじめ規定することで、建物のボリュームや素材感は統一感をもちつつも、各住戸の個性が強調された特徴的な街路・運河沿いの景観が生み出された（図 8.9）。

図 8.8　West8 によるコンセプトモデル

図 8.9　多様性と統一感を両立した運河沿いの接地型住戸

幕張ベイタウン

千葉県千葉市東京湾岸の住宅開発地、幕張ベイタウンでは、マスタープランとガイドラインを実際の建築に確実に反映するために段階的な手続きが踏まれた。開発主体である千葉県は基幹的な基盤整備の後にプロポーザルコンペによって民間6社に公社と公団を加えた8社が住宅事業に参加した。コンペの要件にはマスタープランとガイドラインの遵守とともにアーバンデザイナーの登用と設計審査を盛り込んだ。今日いうデザインマネジメントである。街区の割り振りは住宅街区全33を2〜6街区の13工区に分けて、同一工区で同一事業者が複数街区を担当せず、同一事業者の担当街区が隣り合わないように事業者を配置して住宅供給の平準化と事業者間の競争的協働を図った（図8.11）。

千葉県はアーバンデザインに造詣の深い建築家・都市計画家7人を計画設計調整者と称するアーバンデザイナーに任命して住宅事業者を割り振った。計画設計調整者は担当の住宅事業者と設計者を指導して計画デザイン会議と呼ぶ設計審査に建築計画を諮る民間の設計業務と、担当以外の住宅事業の建築計画について計画デザイン会議で審議する公共の監理業務の両方を務めた。住宅建設の許可には計画

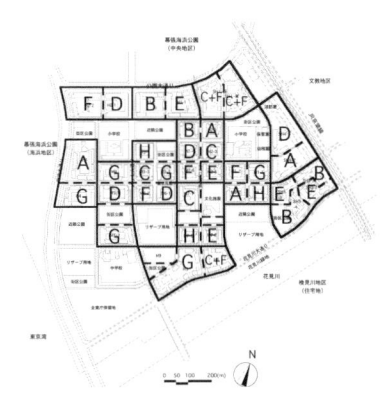

図8.10　幕張ベイタウン計画設計調整者　　　　図8.11　幕張ベイタウン事業者配置

デザイン会議の承認が必要だったため、計画設計調整者の権限と責任は大きかった。

　幕張ベイタウンの計画設計調整者と、住宅団地や大学キャンパスにおけるMAとの違いは、後者が単独事業者の下で設計者間を調整するのに対して前者は複数事業が混合する中で公共的立場から設計者はもとより、事業者とも調整する点にある。主要駅前や工場跡地の大規模複合再開発事業においてマスターアーキテクト（MA）を置くのが一般化しているが、多くが予定調和的な意見調整や表層的なデザイン監修にとどまっている。事業計画や建築計画におけるアーバンデザインへの理解不足とアーバンデザイン自体の関与不足が一因と考えられる。

東京ミッドタウン（防衛庁跡地）

　防衛庁跡地の再開発プロジェクトである東京ミッドタウン（赤坂九丁目）では、MAに米国の設計事務所SOMが任命された。SOMは、統括設計者（日建設計）と共同して、安藤忠雄・隈研吾・青木淳・坂倉建築研究所・EDAWなど各施設やランドスケープ・デザインを行う7社とデザイン調整（デザインセッション）を行った。

図8.12　デザインセッション

　具体的には各建物の配置や大まかなボリュームを定めるマスタープランをSOMが作成し、各建物のガイドラインを設定した。デザイン調整はMAと各建築家が一堂に会する計7回のデザインセッションで各設計案をSOMがレビューするかたちで進められた。最終的な素材確認では、外装や内装に使用する素材を示すマテリアル・パレットを各社がもち寄って相互調整を行い、複合施設全体の統一感と各施設の特色を打ち出す個性的なデザインを両立した。また、明快な動線計画と地区計画で設定された広大な芝生の公開空地が施設の一体感を支えている。

8.3　都市の景観コントロール

　都市計画の伝統的な手法であるゾーニングは、個々の敷地の上で完結する二次元の規制手法である。一方、敷地単位を超え、建築が群となり街並みを形成し、それらが連続することで都市景観が形づくられる。つまり、街路景観やスカイラインといった都市の景観のコントロールは、ある特定の都市像との関係において建造物の相互関係に介入する三次元の形態規制である。

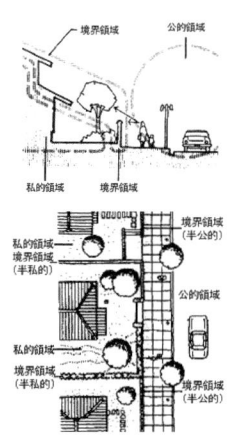

図 8.13　都市景観の領域構成（神戸市都市景観形成基本計画）

景観コントロールの枠組み

　わが国における景観コントロールの基本的制度は、1960年代の町並み保全運動に端を発し、その後、歴史的市街地を対象とした景観条例へと展開していく（金沢市［金沢伝統環境保存条例］、倉敷市［伝統美観保存条例］、高山市、京都市［京都市市街地景観条例］など）。その後、70 年代以降には、必ずしもいわゆる歴史的な町並みが見られない大都市部においても都市部の魅力ある景観づくりを目的とした景観条例が制定された（神戸市［神戸市都市景観条例］1978 年など）。

　景観コントロールを計画対象による分類で見ていこう。まず、主として街路の物的環境を一定水準に形成していくことを主眼とする建築線や道路斜線の制限が挙げられる。次に、都市の重要なモニュメント（ランドマーク）や歴史的地区を保全することを目的とする規制である。そして、そうした都市

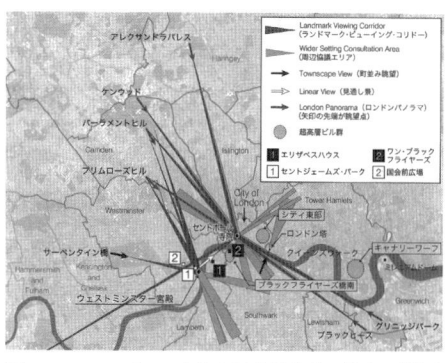

図 8.14　セントポール寺院や国会議事堂に対する「戦略的眺望」による景観コントロール（英国）

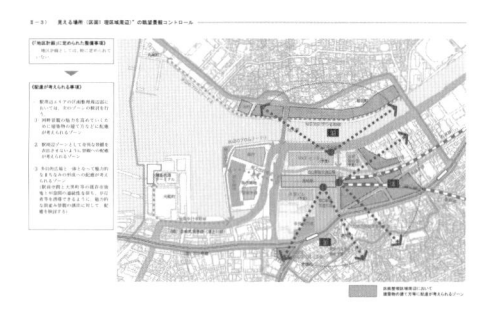

図 8.15　「見える場所」の眺望景観コントロール

内外のランドマークを望む眺望、もしくはランドマークからの市街地への眺望を保全することも計画化されよう（図8.14、8.15）。さらに、住宅地や密集市街地といった一般市街地の景観形成を図ったり、再開発で新たに創出される空間をコントロールしたりする規制がある。

　米国の景観コントロールは、インセンティブ・ゾーニング（広場・歩行道空間等を設置する場合に、容積率や高さのボーナスが与えられる仕組み）、計画単位開発（複数の建物を含む広がりのある敷地を総合的に計画し、通常のゾーニングより柔軟な規制が適用される開発）、開発権移転（主に歴史的建造物の上空に残る開発権を隣の敷地に移動する仕組み）、デザインレビュー（個別の建物のデザイン基準について検討する仕組み）といったツールを駆使し、計画・規制・誘導を図っている。

デザインガイドライン

　具体的なデザイン、空間イメージ、あるいは寸法や素材、色彩などの詳細を決めていく手法として「ガイドライン」を定めることも多い。一般的には、ガイドラインは厳しい規制として用いるよりも、できる限り具体的なイメージを示しつつ、緩やかに誘導する方法で用いることが多い。

　企画段階からプロジェクトに関与して、コンセプトやデザイン方針などを協働で作成し、最終的に合意した計画案のデザイン項目をガイドラインとしてまとめる。以後の詳細設計に際して、ガイドラインの内容に準拠してデザインをチェックしていく。

　大阪の御堂筋（図8.16、8.17）では、区域ごとのまちづくりビジョンに基づき、細かなデザインガイドラインを定めている。大阪のシンボルストリートにふさわしい賑わいと街並み創造に向けて、地域の歴史を考慮したうえで、建築物および敷地単位のみならず、周辺環境や御堂筋沿道全体としての調和も配慮しながら、建築物等の配置、規模、

図8.16　御堂筋のスカイライン

図8.17　グランドレベルのコントロール

形態（例：街並みの連続性を継承するため、50m 以下の部分で基壇部を形成する）、意匠（例：低層部と中層部はデザイン的に分節されるよう工夫する）、低層部の用途等（例：賑わい形成に資する用途の導入。店舗、飲食店、美術館等の用途を基本とする、ヒューマンスケールに配慮し小割りとし、透過性のある構成とする等）の内容について検討するよう、定めている。

欧米のデザインレビュー

デザインコントロールも最低限レベルではなく、より質の高いデザインを志向する。そのために欧米においてしばしば設定されるのがデザインレビュー制度である。

デザインレビューとは、個々の都市開発の設計段階で、届出制度を通じて第三者の介入によって公共的観点からデザインの審議を行うものである。わが国の景観アドバイザー会議と類似する。ここでは先進事例として以下の2つの事例を解説する。

1）英国 CABE

CABE（Committee of Architecture and Built Environment）は 1999 年に設立された英国政府の機関であり、2011 年 3 月に発展的に別組織（デザイン・カウンシル）に吸収されているものの、長年にわたり建築・都市空間の質的向上に関する議論や活動をリードしてきた。CABE は、より良い公共建築、住宅、近隣、通り、広場、公園などをつくることを目標とし、さらに、より長期的には、それらを通じて人々の心構えや振る舞いや価値観を変えることで、つくられた環境を高く評価し支持していくような国民文化を創造していくことを目指している。そのために、実務の専門家によるレビュー（審査・評価）を通して、実際にデザイン案の改善協議「デザインレビュー」を行ってきた。中でも、地方自治体におけるプロジェクトのデザイン

図 8.18　CABE が発行する公共空間の使い方のノウハウ本

検討に対して助言を行うプログラムである「イネーブリング」は興味深い。CABE のスタッフが何度も現地を訪れ、地元の行政担当者や担当する建築家等のチームと議論を行い、必要に応じて特定の専門家の派遣やプロジェクト進行方法についての指導を行うなどの支援を行ってきた。こうした活動を通じて、CABE はデベロッパーや市民にも知られる存在となり、建築や都市空間の質を高めることの大切さについて、継続的にメッセージを送ることが可能となった。

2) 米国ポートランドのデザインレビュー

　総合計画である「ポートランドの将来のビジョン」において、掲げられた 12 の目標のうち「アーバンデザイン」において、建築家やデザイナーの創造性を促進しながらデザインをコントロールすること、ポートランドのアイデンティティ・環境・歴史にとって、そしてその性格の向上にとって重要な地域においてデザインレビューを行うことが盛り込まれている。

図 8.19　デザインレビューにより実現されたパール地区（ポートランド）

　デザインレビューでは、審査主体であるデザイン委員会により、①ゾーニングコードの開発基準との適合性の承認、②デザインガイドラインとの適合性の承認、③調整、緩和措置の承認、④高さ・容積率ボーナス・容積率移転の承認、が決定される。①では、最高高さ、容積率、用途、駐車場・荷捌きに関する規定、建築線基準、1 階の窓の長さ・面積、1 階の用途、駐車場アクセス禁止街路が事前確定基準として定められており、それら基準との適合性の審査および調整審査が行われる。

　協議手続きにおいて、デザイン委員会は幅広い専門性から意見を述べ、公開の場で決定権限をもち、市民に対して抗議の機会を提供する。地元組織は 、地元住民の意見をまとめ、また地元の関心ごとや保全・創造すべき価値を熟知しており、その視点から意見を述べる。そして行政プランナーは透明かつ公正・公平・合理的な行政運営に責任があり、公正なデザ

イン審査を一貫して実施していくため、スタッフレポートに所見を記入し、情報を公開する、という役割分担である。

日本の景観コントロール制度

景観改善や修景においては、事業を通して、（景観を）「新たにつくる」（新築する）ことも可能である。「街並み環境整備事業」（1993〜）はよく用いられており、全国各地の景観まちづくりを推進するときの支えとなっている。また、街路系事業においても、「歴史的地区環境整備街路事業」や「シンボルロード整備事業」などを用いて、道を拡幅することなく舗装やポケットパーク、沿道景観を整備する。

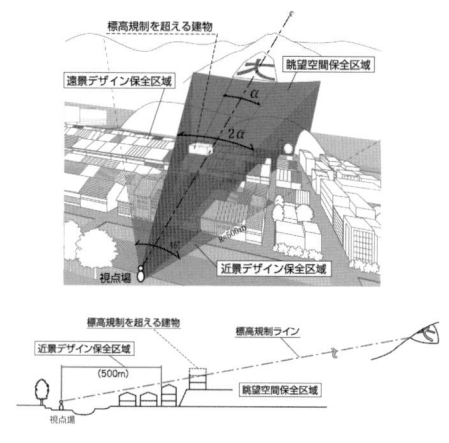

図 8.20　京都の眺望規制

1）景観法（景観計画）

景観法に基づく制度とそれによるプランとして景観計画がある。景観行政団体（都道府県、政令市、中核市に加え、自ら良好な景観形成を図ろうとする市町村が都道府県知事の同意を得てなる）は、景観法に基づいた項目に該当する区域に景観計画を定めることができる。景観計画区域内の建築等に関して届出・勧告による規制を行うとともに、必要な場合に建築物等の形態、色彩、意匠などに関する変更命令を出すことができる。これらの手段によって良好な景観形成を図ろうとするものである。なお、景観計画は景観行政団体が策定するものであるが、住民が提案をすることもできる。

景観法に基づく規制誘導手法のひとつであり、市街地の良好な景観を形成するために定める地区として、都市計画で定めることができるのが景観地区である。景観地区では、建築物の形態意匠の制限について必ず定め、その他建築物の

高さの最高限度または最低限度、壁面の位置の制限、建築物の敷地面積の最低限度については、必要なものを定めることができる。認定制度の導入で、市が定める景観基準に合わない場合、そのデザインを認定せず、建設を止めることが法律上可能となった。この仕組みを京都市は中心市街地の大半に適用し、屋根など独自の基準を守らせることができる。

2) 屋外広告物法

　2004年に施行された景観法とともに、景観形成に関連性の強い屋外広告物法が改正された。この改正により、良好な景観形成のための屋外広告物の表示および屋外広告物を掲出する物件の設置に関する行為の制限に関する事項を景観計画に定めることが可能となった。その他にも、広告物掲出の禁止物件の拡大や山間部も含め許可対象区域の拡大、屋外広告業の登録制と罰則の強化なども特徴である。例えば、京都市では都市計画局の中に広告景観づくり推進室を設置し、屋上屋外広告物の全面禁止といった屋外広告物の規制・誘導策を強化し、景観コントロールに積極的に取り組んでいる（図8.21）。

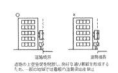

図8.21　京都市の屋外広告物コントロール

3) 景観法に基づく事前協議（景観アドバイザー会議）

　景観の実質的な協議の場として、景観法に基づく届出の前に事前協議を行う自治体もある。例えば東京都心部の特別区（千代田区、新宿区、渋谷区、港区、他）では事前協議のために外部専門家を景観アドバイザーとして活用している。景観アドバイザーは、建築、都市計画、ランドスケープ・土木、色彩、照明などの専門家が登録されている。協議内容に合わせてアドバイザーの混成チームが編成され、行政が事務局となって、設計者と景観アドバイザーが直接協議を行う。建築の階数や構造を変更するような大きな変更は景観審査会などの機関で議論されるが、事前協議では設備や駐車場の修景、建物外装素材や色彩の調整、植栽配置などの各要素についての検討が主として行われている。

図8.22　景観協議による沿道の整備

都市空間をマネジメントする

9.1 民間開発による公共空間の創出
9.2 地区をマネジメントする
9.3 公共空間のマネジメント

なぜ都市空間をマネジメント（経営）する必要があるのか。心地よい都市空間には、通りや建物だけでなくその場所を使う人々のアクティビティが不可欠である。アクティビティが生まれ続けるためには、質の高い都市空間を守り育てるとともに、その場所に豊かなプログラムとコンテンツを提供し、人々にとって魅力的な場所であり続けることが必要となる。加えて、魅力的な場を生み出す可能性をもつ都市開発のほとんどは、民間の開発事業であり、質の高い場の創出が一定の利益を生み出すことも求められる。本講では、公民の連携と様々な工夫により、質の高い都市空間を生み出し、持続的にマネジメントする仕組みを取り上げる。

米国ニューヨーク市　リーバ・ハウス
歩道と一体となったピロティと中庭を備えた超高層ビルでありインセンティブ・ゾーニングの先駆けとなった

9.1 民間開発による公共空間の創出

　わが国において都市を構成する建物のほとんどは、民間が土地・建物を所有しており、現実に質の高い都市空間を行政の力だけで生み出すことは困難である。

　特に都市中心部は地価が高く、限られた行政の予算のなかで公共空間（具体的には歩道および公園・広場）を新たに生み出すことは難しい。この節では、民間事業者による都市開発プロジェクトを通して、行政などの「インセンティブ・ゾーニング」を用いた公共空間の創出を取り上げる。

インセンティブ・ゾーニングと公開空地

　都市中心部における公共空間の創出（もしくは公共の利益となる施設等の設置）と引き換えに、一定の容積率の緩和を認めた制度が、インセンティブ・ゾーニングと呼ばれる制度である。

　インセンティブ・ゾーニングは、ニューヨーク市が1961年にゾーニング条例の改訂を行い、導入した。同市の制度は、日本へと輸入され「特定街区」として制度化される。街区全体を一つのまとまりとした都市開発に限定して、公共的空間の創出と引き換えに容積率緩和を認めたが、決定時に建築物の概形を示すことまで求める厳格な制度であった。特定街区制度を最初に適用した霞が関ビルは、高さ147mの日本最初の超高層ビルとなった。1970年代以降、多くの都市開発で適用され、淀橋浄水場の跡地に計画された西新宿の超高層ビルと足元の公開空地のほとんどは特定街区に基づいて計画されている。これらの制度を用いた事業は、地上部分に公開空地の指定に関する標示板を備えており、公開空地の存在を広く市民に伝えている。

　1970年には、街区全体を開発単位とすることを必要条件としない総合設計制度が導入され、比較的小規模な都市開発においても形態規制の緩和を受けることが可能となっ

図9.1　人々で賑わう新宿三井ビルの公開空地・55広場

図9.2　大規模なアトリウムを備えた米国・ニューヨーク市　IBMビル
公共空間を提供することで、容積率の緩和が認められている。

た。総合設計の広がりによって、公園や歩道など公共空間が不足する大都市都心部において、多数の公開空地が生み出された。一方、自治体が定める一律の運用基準に基づいて許可される総合設計制度では、地区の特性に応じた「総合的な」判断を行うことは困難であり、実際には建物敷地としては使いづらい敷地の残地を公開空地に指定するような事例も見られる[1]。

大規模跡地の発生と民間事業者の役割の拡大

1980年代は、都心および都心周縁部の大規模な工場の廃止・移転が相次ぎ、1987年には国鉄民営化が行われ貨物駅跡地等も多数発生した。これらの大規模跡地の再開発では、広場の創出や歩道の拡幅を目的とした公開空地の創出に加えて、跡地内部の道路や公園の建設も必要とされた。1988年には、大規模跡地の再開発において、再開発の主体が公共施設（道路・公園など）を設置することと引き換えに、対象地区の容積率の緩和や用途変更を認める再開発地区計画が創設され、従来の制度と比べてより大きな規模で民間事業者が公共空間を生み出す役割を担うことが可能となった。貨物ヤードの跡地の再開発である品川駅東口地区（品川グランドコモンズ・品川インターシティ）などが代表例である。

再開発地区計画[2]は鉄道跡地のみならず、六本木ヒルズや東京ミッドタウン（図9.3、9.4）などの都心部の大規模な都市開発事業にも適用されており、都心部における地下鉄駅と直結した広場や公園と一体化した大規模な緑地の創出に寄与している。

敷地規模が大きいため、特徴ある公共貢献を行いやすくなる一方で、容積率緩和によって生み出される建物は巨大であることが多い。従前は工場等に近接する比較的低密度な市街地を構成していた周辺環境と新たな開発が離齬を生み出すおそれがあることに留意しなければならない。

※1　事業者の自主的な協力によって、総合設計制度を用いて地区全体の空間改善を行っている事例も存在する。大阪・船場地区の「魚の棚筋」では、10年以上の年月にわたる複数のビル事業において、事業者と設計者が協力して各々のビルの公開空地を連続させ、幅6mの歩行者空間を実現している。

魚の棚筋

※2　2002年以降は住宅地高度利用地区計画と統合され、再開発等促進区を定める地区計画と名称変更。

図9.3　東京ミッドタウン
（檜町公園と一体的に整備された公開空地を備える）

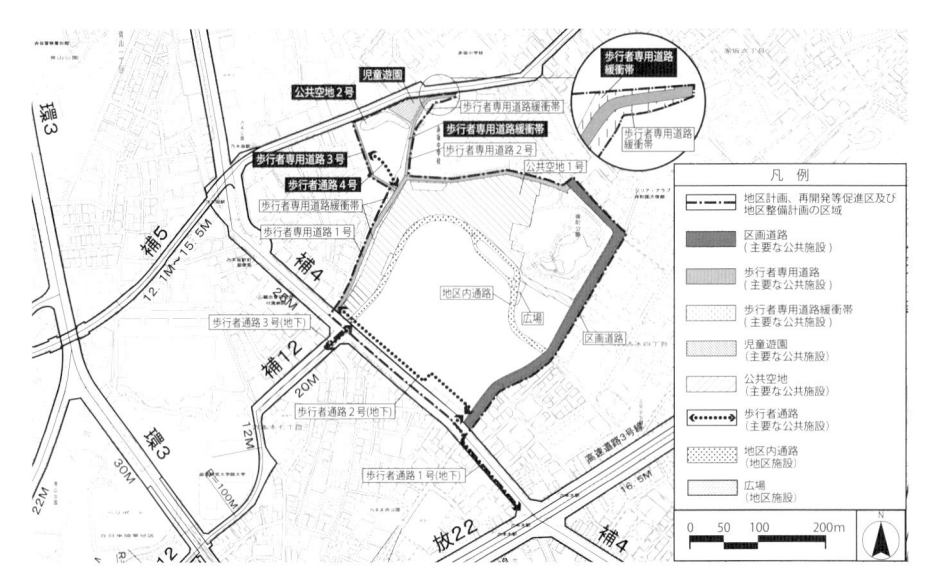

図 9.4　東京ミッドタウンを中心とした赤坂九丁目地区地区計画図（再開発等促進区を定める地区計画）

暫定利用と開発地区の成熟

　前項の東京都心部の大規模跡地では、オフィスを開発すれば確実にテナントが見つかる立地であり、開発当初から容積率上限まで使い切った建物を開発することが合理的である。他方で東京都内でも臨海部や地方都市の大規模跡地では、土地利用転換当初は様々な需要が未確定であり、投資額を抑えた暫定的な利用が検討される場合がある。暫定利用を検討するうえで重要な視点は、その利用が長期的に当該地区の価値を高めうるか、という点にある。

　造船所跡地の再開発である豊洲地区では、造船所のドックを産業遺産として保全して、ドックとその周りの緑地を囲むように低層の商業施設[3]が開発された。この土地は20年の定期借地で商業施設開発者が造船会社から借り受けたものであり、当初は中期の暫定利用として企画された事業であった。しかし、この商業施設の竣工により買物等が不便だった豊洲地区のイメージは大きく変わり、地区内

図 9.5　一体的に整備された豊洲の水辺
造船所の跡地を中心に再開発等促進区を定める地区計画が設定され、海上公園（東京都港湾局所管）と豊洲公園（江東区所管）さらに商業施設の公共空間が一体的に整備された。

※3　ドック周辺は、地区計画では見直し相当容積率が400％に指定されているが、建設された商業施設は使い切っておらず、超高層ビルが並ぶ同地区内では低層の建物である。

で多くの分譲マンションが開発されることとなった。単純にすべての土地を住宅や業務ビルとして短期間で開発せずに、海辺の公共空間と一体となった低層の商業施設を導入することで地区全体の価値も向上した。

　暫定利用の事例として、豊洲の例よりも小規模であるが、常設のイベント広場を設けた商業施設の先駆的な事例である「亀戸サンストリートモール」や、キッチンカーが集まる広場のような空間を生み出した東京・青山の「246 COMMON」[※4]など、仮設的な都市に開かれた公共的空間が生み出された。

容積率などの緩和を伴う都市開発を支える制度

　公開空地と呼ばれる「民間が所有する公共的な空間」は、特定街区や総合設計制度、地区計画等の制度により定められている。ここでは、東京都を事例として、その基本的な考え方を整理する。

　東京都は「公開空地の確保など公共的な貢献を行う建築計画に対して、容積率や斜線制限などの建築基準法に定める形態規制を緩和することにより、市街地環境の向上に寄与する良好な都市開発の誘導を図る制度」を「都市開発諸制度」として、統合的に運用している。都市開発諸制度には、特定街区・再開発等促進区を定める地区計画・高度利用地区・総合設計が含まれる。詳細は各制度により異なる部分もあるが、民間都市開発に対する容積率の緩和は、おおむね以下の共通のルールのもとで行われている。

　容積率緩和の対象となる公共貢献は、①空地（くうち）の創出、②地域に必要な道路・公園・施設等の設置、③歴史的建造物等の保存・復元、街並み景観の形成、に大別される。

　①空地の創出は、都市開発を行う土地の一部に、「公開空地」（専門的には「有効空地」）と呼ばれる空地を設定し、不特定多数の市民に提供するものである。有効空地は設置される場所や形態によって、開発を中心に周辺地区の環境

図 9.6　造船所跡地のドックを活かした豊洲の商業施設と公共空間

図 9.7　246 COMMON

※4　都市再生機構がまちづくり用地の2年間の暫定利用として貸し出した。

を改善する効果が異なるため、周辺道路との高低差や建物との関係（屋内屋外の違い、屋根や側壁の有無）によって、評価のあり方が定められており、単純な面積によらない多面的な評価[5]が進められている。

　②の内容は多岐にわたるが、主に交通施設（地下鉄出入口・公共駐車場など）・防災施設・福祉施設（子育てや高齢者向けを含む）・宿泊施設・都心部の住宅供給が容積率緩和の対象とされる。特に交通施設は地上階に設置されるため、アーバンデザイン上も重要な都市の起点となる場合が多い。③は、重要文化財等の歴史的建造物の保存・復元を評価するもので、基本的に対象建築物の保存床面積に相当する容積率緩和が提供される。具体的には、隣接する街区に歴史的建造物の敷地がもつ余剰容積を利用した高層ビルを建設する場合が多く、歴史的建造物の保存に対して容積率緩和が行われている。貴重な歴史的建造物が保存される一方で、低層の保存建物に隣接して超高層建物が建設されるため、景観上の課題は残る（第11講参照　11.2「歴史的資産を単体で活かす」P.203）。

　東京都は詳細な運用基準を設け、民間事業者や市民に対して、事前にルールを明示することで、制度の公平・公正な運用を行っている。ただし、規則による詳細な制度の規定は、場所の特性に応じた評価を困難にする側面もある。地区の特性に応じた運用を行うために、後述する「まちづくりガイドライン」などの地区ごとのルールを併用したり、都市再生特別地区のような既存のルールに縛られない都市開発の手法が用いられたりする場合もある。

公共貢献の多様化と広がり

　広場の創出や歩道の拡幅を主としてきたインセンティブ・ゾーニングによる公共貢献の対象は、近年ますます多様化している。従来、民間都市開発による公共貢献の対象は、当該事業の敷地内で行われることが原則であった[6]。

※5　例えば、比較的まとまった規模（1,000㎡以上）の「広場状空地」や、既存の歩道と一体で利用可能で実質的に歩道の拡幅に該当する「歩道状空地」のように、都市空間の改善に役立つものは、より高く評価される。また、空地の緑化やベンチの設置など、空地自体の魅力向上も評価の対象となる。

※6　再開発地区計画で民間が建設した道路や公園も、竣工後に行政に引き渡す場合はあるが従前は敷地内にある。

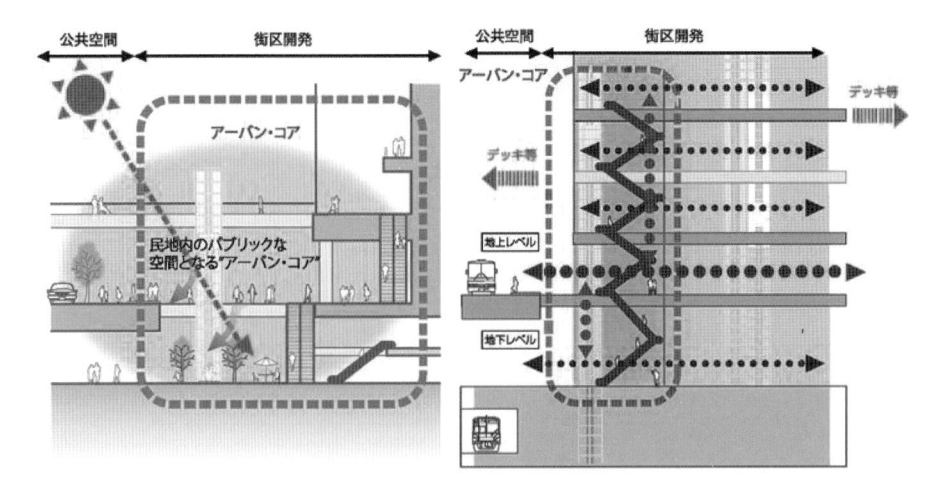

図9.8　渋谷まちづくりガイドラインの事例

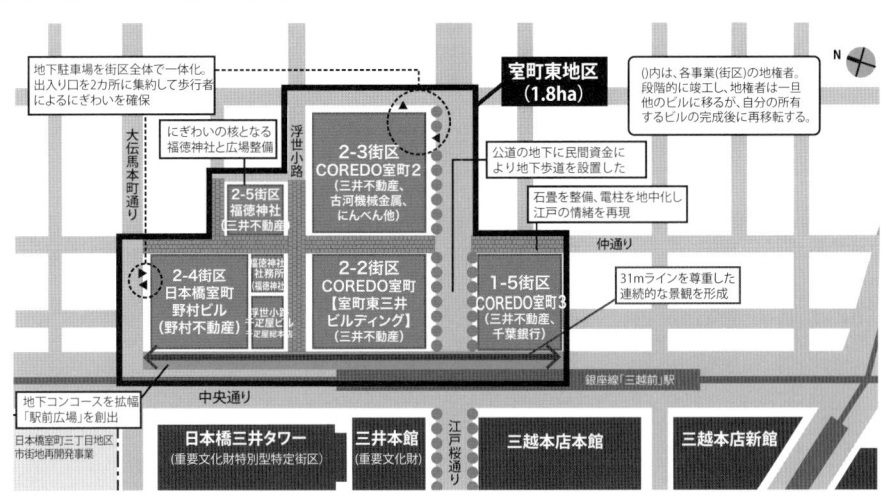

図9.9　室町東地区公共貢献の概要

　しかし、都市再生特別地区等においては、敷地外の空間の改良を民間事業者の負担で実施する事例も生まれつつある。日本橋室町東地区では、複数の街区を一体的に都市再生特別地区に指定し、複数の街区の間の公道の舗装を改良するとともに道路地下に公共歩道を設け、当該地区と地下鉄駅との接続性を向上させた（図9.9）。

　近年は、まちづくりガイドラインと呼ばれる緩やかな指

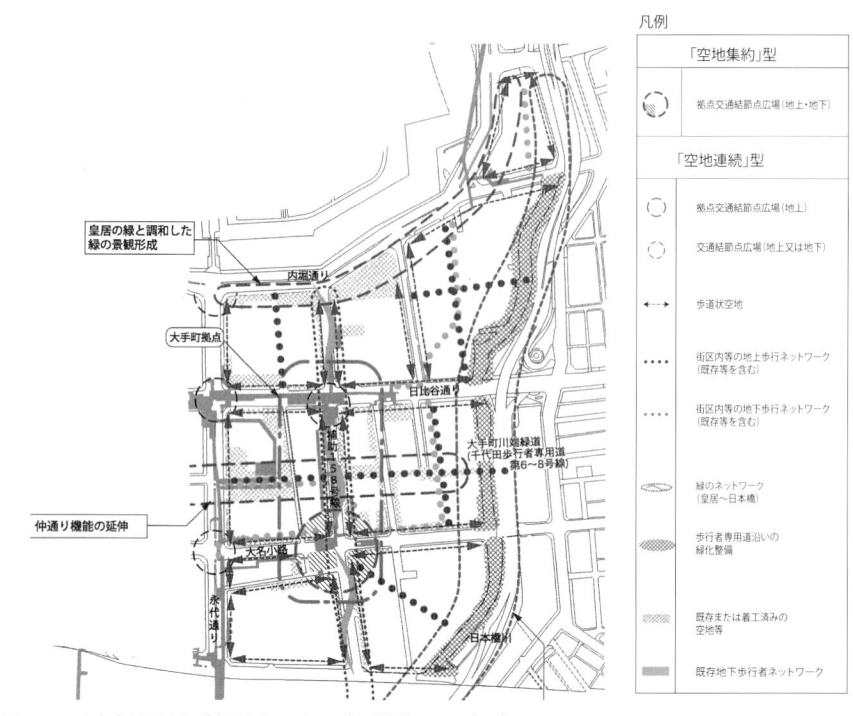

凡例

「空地集約」型

拠点交通結節点広場（地上・地下）

「空地連続」型

拠点交通結節点広場（地上）

交通結節点広場（地上又は地下）

歩道状空地

街区内等の地上歩行ネットワーク
（既存等を含む）

街区内等の地下歩行ネットワーク
（既存等を含む）

緑のネットワーク
（皇居〜日本橋）

歩行者専用通沿いの
緑化整備

既存または着工済みの
空地等

既存地下歩行者ネットワーク

図 9.10　大丸有地区まちづくりガイドライン　空地誘導コンセプトプラン

針を設定し、複数の開発が見込まれるエリア内の事業を相互に調整し、エリア全体で必要な機能を各事業の公共貢献が担うことを目指す事例も見られる（大丸有・銀座・大崎・渋谷など）。特定のエリア内で将来想定される民間開発を見越して、地区全体の将来像を検討し、個別の開発事業に求められる公共貢献の方向性をあらかじめ示すことを狙ったものである。自治体にとっては、民間の公共貢献により地区の将来像の実現可能性が向上する利点があり、民間はガイドラインで位置づけられた整備を行うことで自治体から公共貢献をより高く評価される（容積率緩和を受けやすくなる）ことがメリットである。

大手町の連鎖型再開発

　東京を代表する業務エリアである大手町地区の一部では、

「連鎖型再開発」と呼ばれる方法で更新時期を迎えた大規模オフィスビルの建替えが進められている。連鎖型再開発は、既存のビルを使用しつつ大手町地区内の移転先の土地に新しいビルを建設し移転するという事業を、一つの土地（大手町の場合は国の合同庁舎跡地）を種地に段階的に連続して行うことである。ビル所有者にとっては、大手町地区内の一度の移転で建替えが可能となることがメリットとなる。実際には区画整理事業を用いて換地を繰り返すことで土地の権利を移動させる事業であり、都市再生機構が事業全体のマネジメントを行っている。

　同地区は、大丸有地区のまちづくりガイドラインに基づいて複数の都市開発事業が協調して都市空間を形づくっている。例えば「丸の内仲通りの延伸」では、これまで道路空間が存在しなかった永代通り以北の区画において、民間事業者が公開空地を両側から提供することで連続した歩行者空間を生み出し、区画整理事業によって生み出された日本橋川沿いの緑道まで接続している。

　ガイドラインにおいて、アーバンデザインの考え方として、丸の内および有楽町西側の「街並み形成型まちづくり」と大手町、八重洲および有楽町東側の「公開空地ネットワーク型まちづくり」の二つに設定され、中間領域の形成例（図 9.11）が例示されている。後者については、空地誘導コンセプトプラン（図 9.10）も設けられ、今後形成すべき街区内の地下および地上の歩行者ネットワークが指定されている。

　地価も容積率も極めて高いエリアだからこそ実現できる側面もあり、全国で同様の手法が通用するわけではないが、民間が自主的に取り組んだアーバンデザインの成果として、大丸有地区の都市空間の質は近年大きく向上している。

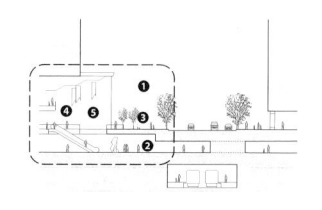

図 9.11　大手町の中間領域の例

❶エントランス空間のギャラリー化、ピロティ、小広場の設置、情報・コミュニケーション系機能の導入等により、屋内外のヒューマンスケールの空間の形成、はつらつとした空間、開放的空間、半屋内空間等の演出を図る。
❷地下の歩行者空間の整備を行うとともに、地上・地下の接続を強化する。
❸歩行者空間を拡幅することにより快適性を増すとともに、カフェやイベント開催の場、語らいの場としての利用等、活動の多様性を拡大する。
❹お濠の水環境をモチーフとする等して、特徴的な環境、空間を形成する。
❺店舗、ギャラリー等の沿道への立地、ファサードの表情の工夫やストリートファニチャー、植栽等により歩行者空間に賑わいをもたらす等、建物と歩行者空間との協調による環境整備を行う。

9.2　地区をマネジメントする

　本節で取り扱うエリアマネジメント[7]は、個別の開発の建設時に焦点を当てたインセンティブ・ゾーニングと異なり、広がりのあるエリア全体を対象としている。すでに地区内に存在している公共的な空間の維持管理と質向上を行うとともに、ソフト事業（イベント開催・地区のプロモーションの展開・店舗構成のマネジメントなど）も組み合わせて、地区の魅力向上を目指す動きである。

　前述の公開空地をはじめとして、日本の多くの都市はすでに多数の公共的空間を抱えており、これらの空間の維持管理は非常に重要な問題である。一方で維持管理にかかる費用の捻出が課題である。公共空間の設置と引き換えに延床面積が増加するインセンティブ・ゾーニングと比べて、エリアマネジメントの効果は短期的には測りづらい。

　地方都市では、自家用車で訪れやすい郊外に大規模商業施設が多数建設されており、そもそも中心市街地の求心力が低下している。地区や都市の魅力向上を目指すためには、地区全体の店舗構成のマネジメントや大規模な立体駐車場の建設など、より抜本的な都市空間のコントロールが求められるようになってきている。

エリアマネジメントの始まり

　日本で行われているエリアマネジメントのモデルの一つは、欧米の大都市の中心部で展開されている Business Improvement District（以下 BID）である。この制度は、特定のエリア（Special District）のまちづくり事業をエリア内の土地・建物の所有者や事業主の負担で行う。

　具体的なまちづくり事業は、メンテナンス（植栽・街路灯・ベンチ・ごみ収集・歩道の洗浄）、セキュリティ（案内人も兼ねた警備員の配置など）、駐車場および交通サービス（トランジットモールの管理やシャトルバスの運行）、

※7　エリアマネジメントについては、小林重敬編著『最新エリアマネジメント』学芸出版社が詳しい。

集客促進・受け入れ（イベントの実施や地区プロモーションの展開）、公共空間のマネジメント、ビジネス誘致・維持（新規テナントの確保、引き留め）など、多岐にわたる。いずれも、地区の改善によって集客力や地区イメージの強化を図り、資産価値の向上を目指している点は共通している。ニューヨーク市都心部の公園ブライアント・パークを劇的に改善した BID やニューヨーク市の中央駅グランド・セントラル駅周辺の改善を進めている BID の活動が広く知られている。

米国の場合、BID の活動を支える収入の大半は、不動産評価税（日本の固定資産税に類似）を基準とする BID 負担金によって支えられている。BID が設定されたら、地区内の土地・建物所有者全員が負担することが定められており、フリーライダー（負担なしの受益者）が発生しづらい仕組みとなっている。

図 9.12　ブライアント・パーク

大都市のエリアマネジメント

日本のエリアマネジメントは、東京・大阪・名古屋・横浜・神戸・福岡・札幌といった大都市中心部で数多く展開されている。エリアマネジメントを展開している地区の多くは、周辺の他の中心地区との地区間競争にさらされており、エリアの魅力向上を目指して、エリアマネジメントを始める明確な動機がある。行政が広く提供する管理水準を上回る公共空間の提供や都市空間の魅力向上を図り、フリーライダーを生じさせないためには、エリア内に不動産を所有する関係者が広く集まるエリアマネジメントが注目されている。

大都市都心部におけるエリアマネジメントは、主に二つのタイプに分類できる。一つは、鉄道ターミナル駅や既成市街地の中心部におけるエリアマネジメントの動きである。東京の大手町・丸の内・有楽町（大丸有）地区や大阪・御堂筋地区、福岡・天神地区などが代表的な事例といえる。

もう一つは、グランフロント大阪のように大規模都市開発プロジェクトと一体となった事例[8]である。1社または複数社が共同で一体的に都市開発を実施した地区が、エリアマネジメント団体を立ち上げている。

税金に近いかたちで負担金が徴収される制度が確立している米国の BID と異なり、日本のエリアマネジメント活動の多くは自主財源に頼っている。自主財源は、エリアマネジメント団体の会員企業の負担による部分も大きいが、対象エリア内の広告（バナー等）事業や、道路・公開空地を活用したオープンカフェ、イベントなどから一定の収益を挙げる自主事業も展開されている[9]。

地方都市のエリアマネジメント

地方都市の中心市街地は、自家用車の普及とともに大規模な郊外店に顧客を奪われ、利用者の減少という課題を抱えている。大都市のエリアマネジメントは、公共的空間の高質化やイベントの実施が中心であったが、地方都市で進められているエリアマネジメントは、ソフトとハードを総合した積極的に不動産事業も展開している。地域価値の向上を目指したマネジメントの実現には長い時間を要するため、持続的な資金循環の仕組みを内包したシステムを構築する必要がある。地域経営の視点を導入して地域にフローを呼び込み、かつ、それが中長期的な地域価値向上に向けて有効に再投資される流れをつくる必要があり、その意味で、ソフトとハードを総合した丁寧な取組みの展開が求められる。

岩手県紫波町のオガール紫波（図 9.14）では、公有地の活用を民間事業の視点で建設・マネジメントを進めている先進的な事例である。

高松の丸亀町商店街（図 9.15）は、2.7km に及ぶアーケード商店街の中心にあたる位置にあり、商店街の入口にはデパートも立地している。高松でも大規模郊外店が増加

※8　六本木ヒルズ・汐留・大阪ビジネスパーク・横浜みなとみらい21 などの事例がある。

図 9.13　札幌駅前通地下街空間の民間への貸出

※9　例えば、札幌駅前通では、駅前通りの地下にある地下歩行空間を主な活用対象として、壁面広告の設置と地下歩行空間の一部の有料貸出により、年間約2億円(平成27年度決算)の使用料を得ており、それを原資としてまちづくり活動を展開している。

図 9.14　岩手県紫波町オガール紫波

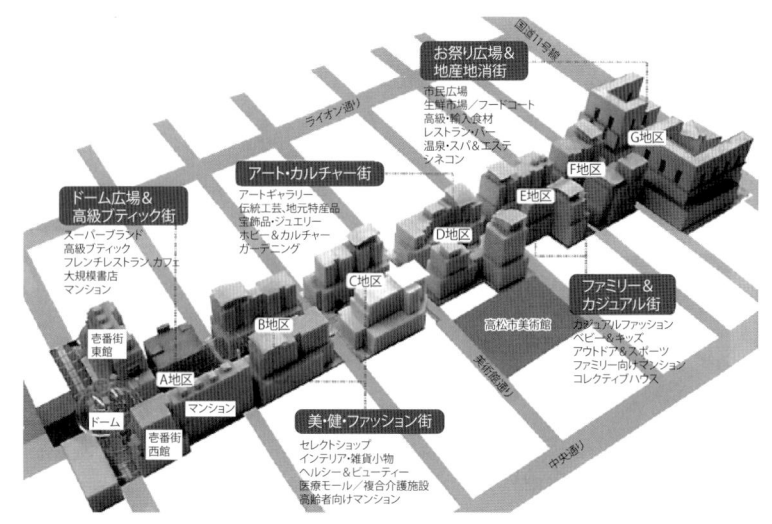

図9.15 高松丸亀町商店街の取組みを示す平面図

し始め、商店街の通行量も減少の兆しが見え始めていた1988年に商店街は抜本的な改革の検討を開始した。

　同商店街では、アーケードの建替え、路面のカラー舗装、個店のリニューアル、駐車場の増設だけでは郊外の大規模商業施設のように、来街者が長時間過ごすことができる魅力的な空間を生み出せないと考え、「土地の所有と利用を分離」するという思い切った戦略を採った。

　具体的には、市街地再開発事業を用いて土地・建物を共同化して、一定の規模の商業床をもつ商業ビルの建設を進めた。共同化によって生まれた余地に公共的な空間を挿入し、魅力的な都市空間を生み出す努力を重ねている[10]。

　ハードの整備だけでなく、「商店街全体をひとつのショッピングセンターと見立て全体のレイアウトを考える中で、業種の偏りを正し適切にマネジメント」している。従来の商店街は、所有者＝商業事業者であったため、全体の店舗構成を変化させることは難しかったが、丸亀町商店街は「所有と利用の分離」によって「利用のマネジメント」を行うことを可能にした。事業単体の利潤を最大化すること

図9.16　高松丸亀町商店街ドーム広場周辺

※10　共同化の際に高層階に住宅を設け、日常的な商店街の利用者となる都心部の生活者を増やす戦略を採っている。また、屋上庭園の設置やホテルの誘致など、まちなかで過ごす人を増やすことを主眼に据えて事業を展開している。公共交通の利用促進と並行して、大規模な立体駐車場も建設しており、郊外からも人を集めることができる地区を目指している点も特徴的である。

を目指す従来の単体の市街地再開発事業と比べ、丸亀町商店街の取組みは地区の長期的な目標を見据えて、個別の事業に取り組める点に特徴がある。

9.3 公共空間のマネジメント

都市空間のマネジメントを考えるうえで、公共空間（道路・公園など）を経営的な視点で構想することも必要とされている。特に地方都市では、人口減少と高齢化が進むなかで税収が落ち込み、自治体がこれまでのように公共空間の維持管理に充てる予算を確保できなくなってきた。他方で指定管理者制度[11]の導入により公共施設の管理を包括的に民間委託することが可能となった。自治体の負担を軽減しつつ、公共空間の価値を高める工夫が展開されている。本節では、アーバンデザインと特に関係の深い公園・道路と公開空地を対象に公共空間のマネジメントについて学ぶ。

民間を活用した公園のマネジメント

都市公園法は、公園廃止の禁止や公園の建ぺい率規制（原則2%）・占用許可制を定め、公園の私的利用や建築物の設置を厳しく制限してきた[12]。近年、公園面積の充足に対応して、公園の質の向上と立地特性に見合った多様な活用が模索されている。休養施設等であれば建ぺい率の上限も緩和可能となり、民間企業が公園内で一定の収益事業を展開できるようになった。コンセッション（concession：譲与）により公園内の店舗等の運営権を指定管理者や民間企業に与え、自治体は運営者から得られた資金を当該公園の維持管理に活用する手法は広く活用されている[13]。

店舗の運営に留まらず、公園の日常的な維持管理も含めて包括的に民間企業がマネジメントするケースも生まれてきた。東京の豊島区役所に近い南池袋公園（図9.17）は、

公園内にカフェ・トイレ・防災倉庫・図書スペースを合築した建物を行政が建設し、カフェの運営者に公園全体の日常的な管理も含めて委託することを前提に設計されている。

大阪市の天王寺公園のエントランス周辺を対象にした「てんしば」（図9.18）は、運営・維持管理に加えて、民間事業者が企画・設計さらに改修に対する投資を行い、公園の改修プロジェクト全体を民間が担った事例である。入口付近に複数の店舗を設置することで一定の利益を上げ、約7,000㎡の芝生広場を中心とした部分の管理を担っている。

公有地のマネジメントに民間の視点を加えることで、質向上や行政だけでは困難な多様なサービスを提供することが可能になる。一方で、民間の付加的サービスは有料である場合が多く、有料サービスの利用が前提となると、市民の公園利用の制約となる恐れもある。行政に集中していた公共空間の管理負担を関係者で負担するとともに、能動的で開放的な運営を目指す取組み[14]が進められている。

図 9.17　日常的なマネジメントも民間が行う南池袋公園

図 9.18　てんしば
（大阪・天王寺公園）

※14　南池袋公園では「南池袋公園をよくする会」と名付けられた行政・民間事業者・地域コミュニティの三者の協働により公園運営を行う体制が作られた。

公開空地の民間活用

総合設計等によって生み出された公開空地は、完成後の維持活用が課題となっている。一般に公開空地を管理する土地所有者は、公開空地内でのトラブルを事前に防ぎ、施設の破壊等を防ぐために、公開空地の利用に様々な制限を加えることが多い。行政も公開空地を公有地に準じた位置づけとして、公開空地における商業行為を制限してきた。

結果として、公開空地は利用において非常に制約の多い空間となってしまい、本来の公開空地の目的であった周辺環境の向上に寄与することが難しい場所も生まれている。

東京都では、「東京のしゃれた街並みづくり推進条例」を定め、一定の条件のもとで「公開空地等における地域のにぎわいを向上させる活動」として、公開空地において「有料の公益的イベント、オープンカフェの設置、物品販売」を認めている。対象となる公開空地を含む地区におい

て「まちづくり団体」として登録されることが条件となっているが、竣工後の維持管理に課題を抱える公開空地に対して、維持管理のための一定の収益事業を認めている。

道路空間のマネジメントと公共空間化

これまで国内で進められてきた道路空間の活用の大半は、沿道の商業事業者による買い物客への利便性向上を目的とした商店街のアーケード設置や歩行者天国であった。近年、米国を中心に都心部のパブリックスペースの不足を、車道の歩行者空間化によって補う動きが展開されている。米国・サンフランシスコ市において始まった、路上駐車帯を歩行者空間化するパークレット[15]や、ニューヨーク市ブロードウェイの歩行者空間化（図9.19）が代表例である[参照]。

日本国内でも、歩道の幅員に余裕がある街路や河川敷の一部などでは、賑わい創出や利用者の快適性向上を目的として、道路上にテーブル・チェアを設置し、カフェとして営業することを認めている事例もある。

例えば、エリアマネジメントの節でも取り上げた東京・大丸有地区の丸の内仲通り（図9.20）は、2015年から平日（11〜15時）、休日（11〜17時）は車両の通行を禁止し、歩行者空間化している[16]。国交省も「道路空間のオープン化・多機能化」を進めており、公共空間としての機能向上や収益事業に対する占用基準の緩和を進めている[17]。

元来、道路は交通機能[18]を主眼に設けられており、歩行者の滞留や賑わい創出に特化した空間ではない。既存のユーザーや沿道空間の利用者の意向も十分に踏まえたうえで、段階的に慎重に空間改変することが求められる。道路空間のマネジメントの多くが、複数の社会実験を積み重ねて、最終的な形を模索しており、公園や公開空地よりも丁寧な検証が求められることは留意しておく必要がある。

図9.19　ニューヨーク市ブロードウェイの広場化

【参照】ブロードウェイの歩行者空間化➡ 14.2　P.250

図9.20　丸の内仲通り

参加・協働の場をつくる

都市空間にはその時代ごとの市民や行政、民間私企業の意思が刻印されている。都市空間への意思は、それらを計画し、つくり、使いこなすプロセスにおける諸アクターの参加と協働によって形態化される。本稿では、都市・まちの将来像をプランとして描き、共有することの意義を理解すること、行政・地域主体による様々なプランの制度や存在を知ること、地域の課題を改善する、あるいは将来像を描き実現するために、どのようなツールが整備されつつあるのかを講じる。

地区内街路の歩行者空間化をめぐる路上でのシンポジウム（バルセロナ）

10.1　まちづくりの進め方と目標

　アーバンデザインにおける参加と協働とは何だろうか？田村明は、「横浜市調査季報」(1975) の中で、アーバンデザインを「官民様々の主体が個別的目的をもって形態化を行う中で、都市環境全体を好ましい形態に変えていくこと」であり、「〈相互関係〉のデザイン」であると述べている。また、後年の著作の中で、アーバンデザインを「《ひと》と《まち》の関係性を修復する」営為であると定義しつつ、「《まち》を通して、《ひと》と《ひと》をつなぐ」ことが「まちづくり」であると対比的に定義した[1]。つまり、わたしたち市民は、都市空間への参加と協働によるまちづくりを通して、都市に生きる市民としての主体性を獲得・回復したり、創造性を発揮したりする。本稿では、都市空間への参加と協働のテーマを「まちづくり」の視点から解説したい。

※1　田村明『美しい都市をつくるアーバンデザイン』朝日選書、1997

「環境」「経済」「社会」に関わるまちづくり運動

　1960 年代の「環境改変に対する異議申し立て」をベースに立ち上がったまちづくり運動[2]は、その後、1970 年代から 1980 年代後半の「より身近な生活環境の課題から、生活像を見据えた普遍的な活動への展開」を経て、1990 年代の「地域再生へ向けた取組み」として発展し、2000 年代以降の「新しい意思決定としてのまちづくり」へとつながっていく。2010 年代に、人がつながる仕組みをデザインする新たな用語「コミュニティデザイン」が登場し、定着を見たのも、この文脈においてであった。

　概念的に広がりを見せながら発展してきた「まちづくり」という言葉は多義的である。これまで、様々な論者がその定義を試みてきた。代表的なものとして、「地域社会に存在する資源を基礎として、多様な主体が連携・協力して、身近な居住環境を漸進的に改善し、まちの活力と魅力

※2　京都タワー論争 (1964)、丸の内美観論争 (1965-70)、鎌倉の八幡宮裏山の宅地開発反対運動 (1964) など。

を高め、生活の質の向上を実現するための一連の持続的な活動」[※3]がある。ここでポイントとなるのが「生活の質の向上」であるが、わたしたちの日常生活全般においてこの概念がどの程度の広がりをもつかについて明確に想像することは容易ではない。そこで理解の手助けになるのが、まちづくりを「地域環境」「地域社会」「地域経済」の三つの視点で捉える構図である（図10.1）。

地域環境とは、インフラや地割りを基盤に立ち上がる町並みや都市空間、自然環境である。地域経済とは、地域を支える産業（一次産業、製造業や地場産業といった二次産業、サービス業などの三次産業）に加え、流通や金融といった活動も含まれる。地域社会とは、コミュニティにおける日常的な触れ合いや支え合い、伝統的な祭りやイベントを指す。

※3 『まちづくりとは何か その原理と目標』日本建築学会（佐藤滋[2004]）

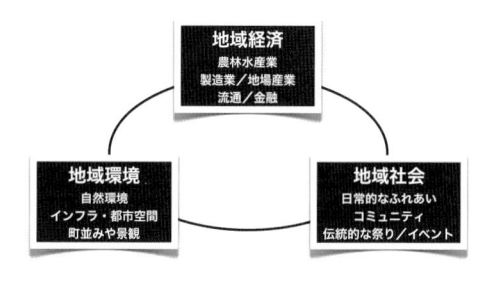

図10.1 まちづくり要素の三角形

これら三つの要素が有機的に連動している状態が理想であるが、現実にはこれらすべてがうまく結ばれているわけではない。3要素の関係の綻びが見えるところに、その地域の抱える課題が浮かび上がる。まちづくりにはその前提として共通の生活基盤を有する地域社会があり、その地域社会で共有されている共同体文化がある。まちづくりは、地域社会に再びコモンズとしての地域環境・地域経済を確立しようとする文化運動的な色彩を強めつつある[※4]。

※4 石原武政・西村幸夫『まちづくりを学ぶ』有斐閣ブックス、2010

まちづくりの対象

まちづくりは、単なるハードな環境整備だけでなく、人間関係や社会環境を含めたソフトの環境整備を対象とすることはすでに広く認識されている。多様な活動を内包するまちづくりをある地域で進める場合、「組織づくり」「計画

づくり」「ものづくり」「ルールづくり」の四つが必要である[5]。

まず、「組織づくり」である。1995年に発生した阪神淡路大震災は、まちづくりのありように大きな影響を与えたが、参加と協働の文脈から見れば、まちづくり組織を基盤に日頃からのまちづくりによって蓄積された地域力が緊急時に効力を発揮したり災害の被害を軽減したりすること（公害反対運動に端を発する30年以上に及ぶまちづくりの実績を有する神戸市長田区真野地区は、多大な被害を受けたものの、その後の復興を効果的に押し進めることができた）が明らかになった点が重要である。

次に、地区全体の総合的な「計画づくり」が必要である。計画づくりに際しては、課題の抽出、解決方法の検討と選択、計画事業の実施というステップを通じて、関係者の参加と情報の共有化、そしてその合意形成を図ることが重要である。

「計画づくり」の段階で提案された内容のうち、緊急性や実現性の高いハード事業については、具体的な「ものづくり」へと展開する。地域にふさわしいカタチを決定していくには、模型をつくったり、現場でシミュレーションの社会実験を行ったりするなど、住民の参加と理解のための手法を工夫する必要がある。

「ルールづくり」はどの段階でも重要である。特に施設建設後の管理運営のルールについては、早期に議論する必要がある。住民の自主管理が可能なのか、行政の管理が必要

※5　以下、卯月盛夫「市民主体のまちづくり 自治と共働社会の構築」（ヴィジュアル版建築入門編集委員会編『建築と都市』彰国社、2003）に依拠する。

図10.2　地域で協議を重ねつくり上げたビジョンとルール
京都市姉小路界隈まちづくり協議会による「姉小路界隈まちづくりビジョン」

①静かで落ち着いた住環境を守り育てるまち。②お互いに協力しながら、暮らしとなりわいと文化を継承するまち。(3)まちへの気遣いと配慮を共有し、安全に安心して住み続けられるまち。

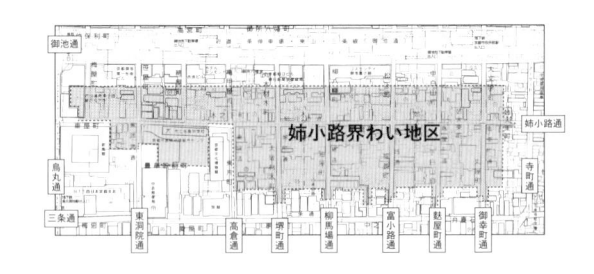

図10.3　姉小路界わい地区の地図
意見交換の方法として協議区域を定め、「建築物の新 築・増改築、外観・外構の変更、広告物・工作物の設置、土地形状の 変更など、その他景観に影響を与える行為を行う場合」「地区内において、新たに営業行為、または業種変更を行う場合」に協議の場を設けている。

なのかは、アーバンデザインに大きく影響する。

　まちづくりは、人間が生き生きと交流し活動できる「豊かな地域社会（＝コミュニティ）」と、地域に誇りをもたらすような「美しく魅力的な地域環境」の実現を目指す運動である。「地域社会」と「地域環境」の実現へのプロセス（まちづくり）と、さらにその維持管理プロセス（まちづかい）が、まちづくり運動となる。まちづくり運動は、変化する社会情勢に応じながら、市民の学習プロセスによって維持される。卯月によれば、まちづくりの原則として、①住民・地権者主体の原則（地域社会の主体的な参加により進められること）、②身近な生活環境整備の原則（部分の改善の集積から組み立てられること）、③漸進性の原則（終わりのない改善のプロセスとして進められること）、④場所の文脈と地域性重視の原則（歴史と文化を重視すること）、⑤総合性の原則（教育、福祉、産業振興などと一体化すること）、⑥パートナーシップの原則（地域住民を中心に多彩な演者がまちづくりを支えること）、⑦個の啓発の原則（参加する住民が自己啓発し、新しい価値を創造すること）、がある。

まちづくりのテーマ

　まちづくりの目標は様々である。居住環境からの発想としては、景観保全・創造、住宅、交通、市街地再開発、木造密集市街地（防災）、公園・緑地、地域振興・地域再生の発想としては、商店街再生、観光、震災復興、地産地消、コミュニティ・ビジネス、地域社会からの発想としては、福祉、社会的包摂、高齢者、子育てといったテーマが全国各地で展開されている。いずれの場合も、地域における文化運動としての側面をもつが、アーバンデザインの観点から重要なのは常に空間の整備や保全を主テーマに据え続けることである。あらゆる課題は、空間に立ち現れるからである。

図 10.4　COMICHI 石巻
古い港町の風情を残す路地に沿った横丁だったが、津波で被災。復興の過程で、被害を受けた土地の地権者、市民、専門家、専門業者、そして公的なサポートも含め、多くの「ヒト」「モノ」「コト」を巻き込むことによって事業を展開し、シェアハウスと商業施設の機能をもつ新たな空間に生まれ変わった。「プロセス」に重きを置いた新たな空間づくりといえよう。

10.2 参加と協働のプロセス

　まちづくりは、自分たちが住むまちを客観的に評価して、それを守るべきもの、もしくは改善していくべきものとして捉えるところから出発することがほとんどである。

　地域が大きな変化に直面し、それまでの安定的な環境が脅かされたとき、それまで自明とされてきた環境の見直しが起こる。例えば、自然環境や歴史的町並み・歴史的建造物の破壊、住宅地における高層マンション建設による景観破壊、急増する宿泊施設がもたらす居住環境への悪影響への懸念、迷惑施設の立地、地域経済の地盤沈下といった問題に直面したときに、市民や地域コミュニティは、自分たちが住むまちの歴史を学び、情報を集め、関連する法制度を学び、専門家や NPO の助けをかりながら、まちの活性化や保全に向けて主体的な活動が展開されていく。

市民の計画づくりへの参加と協働の制度的支援

　1980 年に創設された地区計画は、界隈の文脈を踏まえた多様な計画づくりを阻む全国画一的な都市計画制度から脱却すべく、地域の実情に合ったきめ細かな計画策定を可能とする制度である。住環境の保全を目的とした建築物の高さの制限や用途の制限において多くの地域で活用されつつある。

図 10.5　都市計画提案制度の事例
老年人口比率が札幌市平均を大きく上回る青葉地区において、地域密着型の介護サービスを目的とした「小規模多機能型居宅介護施設」を建築可能にするため、「低層戸建て住宅地区」に建てられる建築物の用途に「老人ホーム、身体障害者福祉ホームその他これらに類するもの」を加える計画提案。札幌市は 2004 年 3 月に本制度を用いて以降、現在まで合計 23 の都市計画提案を行っている。

都市計画法では都市計画の案の策定過程において「公聴会の開催等住民の意見を反映させるために必要な措置を講ずるものとする」（第16条）と規定されており、市民参加のプロセスが組み込まれている。アンケートや説明会などの基本的な市民参加手法にはじまり、多くの市町村と市民が参加型のまちづくりに様々な工夫を凝らしながら取り組んでいる。

　都市計画マスタープランに基づき、より具体的な施策が立案され、決定される。マスタープランに描かれた市街地像を実現するために、具体的な土地利用の規制、都市施設や市街地開発事業を組み立てていったり、既存の都市計画を見直し必要な変更を加えたりする段階である。公聴会の開催や案の縦覧、都市計画審議会による審議といった手続きが定められている。また、2002年の都市計画法の改正で都市計画提案制度が創設され、土地の所有者、まちづくりNPO、民間事業者等が、一定規模以上の一団の土地について、土地所有者の3分の2以上の同意など一定の条件を満たした場合に、都市計画の決定や変更の提案することができるようになった。提案を受けた都道府県または市町村は、遅滞なく都市計画の決定または変更の手続きを進めなければならない。まだ運用事例の数は少ないものの、市民の参加と協働により住民以降を反映させる有効なツールとして、今後の活用が期待される（図10.5）。

　都市計画の事業化の段階における参加と協働のプロセスは、都市計画法には定められていない。すなわち開発許可や建築確認において市民が参加・協働できるプロセスはない。まちづくり条例によって、より詳細な市民参加や協働の方法を定めることは可能であるが、事業段階での参加・協働の方法は今後の課題である。

参加・協働のステップ

　市民自治に至るプロセスを段階的に示したアーンスタイ

ンの「参加のハシゴ」論は、8つの
段階と三つのアクションを示して
いる。すなわち、①あやつり、②
セラピー、という［1］非参加の状
態、③お知らせ、④意見聴取、⑤
懐柔、という［2］形式的参加の状
態、⑥パートナーシップ、⑦権限
委譲、⑧住民によるコントロール、
という［3］市民主体の状態、であ
る。住民がより主体的に参加し、
フィードバックを得るような適切
なプロセスの設計が急務である。

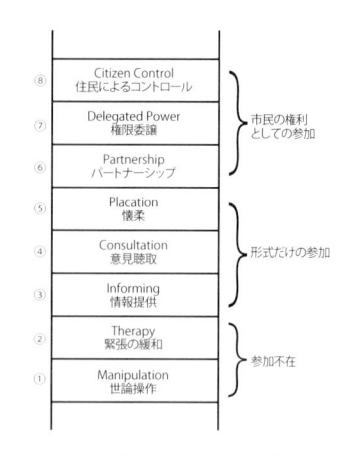

図 10.6　アーンスタインの参加のハシゴ論

　参加・協働は以下のようなステ
ップをとる。まず、「まち」に対する共通認識を育む。こ
れは「地域の魅力や課題は何か」をしっかりと捉え、共有
することにほかならない。市民主体のまちづくりが実効性
をもつための大前提である。課題を共有するプロセスの中
に、地域の共感の輪が広がり、目に見える成果を生む手が
かりがあることが多い。

　次に、まちづくりの目標イメージを共有する。まちづく
りの過程を疑似体験しながら、そのプロセスを共同で理解
すること、まちの姿をデザインしながら具体的な目標空間
イメージを共有することが大切である。現場で考え、取組
みの成果が「目に見える」よう工夫することも求められる。
なぜなら、地域課題が目に見える形で改善されるなどの変
化は、支援や参加の意欲をかき立てるからである。このよ
うにして、まちづくりのエネルギーの好循環を生み出す。

　そして、具体的なまちづくりの目標に向かってデザイン
を実践する。公共空間、共同建替えの空間の設計に、権利
者・ユーザーとして参加する「事業のデザイン」や地区計
画・建築協定等のまちづくりのルールをつくる。

　いずれの段階においても、誰もが参加しやすいきっかけ

を工夫すること、取組みの経緯や成果を地域に伝えること、が不可欠であることは論をまたない。前者については、地域資源のもつ価値や可能性をイベント等の祝祭的体験を通じて共有する試みは数多い。越後妻有大地の芸術祭に代表される地域を舞台に展開されるアートイベントの数々は、アートを媒介として地域の価値を見つめ直す試みにほかならない。後者については、日頃顔をあわせる機会の少ない人々とのつながりを常に意識し、情報を継続的に伝えたり、ビジョンを再共有したりすることにより、まちづくり活動を支える力を維持・発展させる。そうして成果を伝える場所をどこにするかを戦略的に構想することも大切である。各地で広がるアーバンデザインセンターは、都市の構想と市民主体のまちづくりを接続する場として機能している。

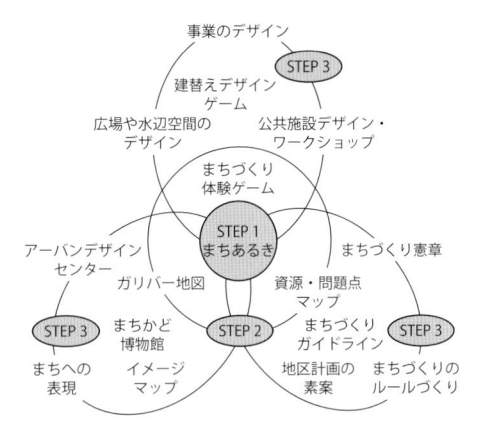

図 10.7 参加のまちづくり手法の展開方向
1960 年代後半からアメリカにおいて、住民参加による公園やコミュニティ施設等の建設が積極的に進められ、その中から「コミュニティ・ワークショップ」(ローレンス・ハルプリン)、「パタンランゲージ」(クリストファー・アレグザンダー)、「デザインゲーム」(ヘンリー・サノフ)、「ファシリティ・グラフィック」(MIG)といった重要な手法が提案された。

参加・協働の場のスケールと時間軸[6]

1) スケール

　市民参加で得られた意見を施策などにどのように反映していくかは対象となるエリアの規模で異なる。

　都市計画マスタープランの策定に代表されるように、行政区域全域を対象とする参加の場においては、得られた意見は施策への間接的な意見反映にならざるをえない。また、マスタープランの文言は往々にして総花的、抽象的になる傾向があるため、市民にとっては日常生活の感覚からかけ離れた印象を受ける場合もある。とはいえ、全域レベルの

※6　石塚雅明「パートナーシップによるガバナンスの形成」(石原・西村)、前掲書 (※4)

計画づくりはその都市の包括的な全体像を検討することであるため、たとえ市民参加の関与が間接的であるとしても、全市民を巻き込むような場の設定が求められる。

中心市街地の活性化やコミュニティの課題解決など、一定の広がりのある区域を対象とする場合は、得られた意見が具体的な取組みに結びつく可能性が高いことから、より綿密な参加と協働の場の設定が必要である。テーマによっては地縁型のコミュニティ組織や地域に密着して活動する NPO などのテーマ型活動組織の意見把握が重要な場合がある。

生活道路や街区公園の整備など、身近な生活域を対象とする参加の場においては、得られた意見が施策への直接的な意見反映になる場合があり、地域の合意形成の場としての性格が強くなる。

2）時間軸

参加・協働の場は上述したスケールの相違に応じた設計が必要であるとともに、どのタイミングで実施するかも重要である。

第一に、「発意期：施策を発意した時期における参加の場」である。この段階では、施策の必要性と大きな方向性についての検討が必要である。そのためには、できるだけ多くの市民が多様な意見を言える場づくりが必要となる。

第二に、「計画期：構想・計画としてまとめる時期における参加の場」である。複数の考え方を比較検討しながら最善の方向を模索する段階であり、参加する人数よりも議論の密度を重視した場の設計が必要である。参加する人数が限定されるため、議論の経緯や成果について広く情報を共有し、参加者以外の意見も検討の場にフィードバックできる仕組みの検討も必要である。

第三に、「実現期：施策の実行に向けて詳細な検討を行う時期における参加の場」である。制度の検討や施設のデザインなど専門性の高い検討が求められる段階であり、専

門家の役割・責任が大きくなる。

第四に、「運用期：施策の実行における参加の場」である。住民ニーズに応じて、運用に主体的に市民が関わるきっかけづくりが大切である。地域課題を解決する施策でいえば、この段階に多くの参加を得られる場が設けられることが大切になる。そのためには施策の担い手となることが想定される活動団体が関与することが期待される。

プランはそれを策定すれば終わりではなく、むしろそれを実現するべく具体的な活動が始まる、新しいステップのスタート地点とならなくてはならない。また空間整備に関わるまちづくりの場合、プランに描かれた地域像を実現するために、建築・開発活動などに関するルールを定めることも、重要なステップとなる。具体的には、地区計画、建築協定といった制度を活用することがそれに当たるが、これらは地域の望ましい姿を合意して、そのためのルールを策定するものであり、すなわち地域の将来像も示すプランとしての役割ももっており、これらを地域に対して導入することが、地域まちづくりの重要な目標のひとつとなることも多い。

図 10.8　地域景観づくり協議会による住民主体のまちづくり

京都市に認定された「先斗町まちづくり」協議会は、"先斗町らしさ"を守りつつ、お茶屋業と飲食業、そして住人が共存することを目標に、地区内の様々な利害関係を調整しながら、ユニークで魅力的な町並みの整備・保全を進めている。

10.3　参加と協働の担い手の広がり

主体と組織

まちづくりは期限が定まった活動ではなく、その実現にも長い時間がかかるため、継続的な取組みが必要である。そのため、地域で、テーマをもって活動を行っている市民団体や NPO、町会や自治会、商店街組織などの市民組織が継続的にまちづくりに取り組むことが必要となる。

まちづくりに関わる組織は、地域の広がりから生まれるコミュニティ型と、ある特定の目的に沿って生まれるアソシエーション型に分けられる。アソシエーション型の代表的な存在が NPO である。まちづくりの目的に合わせて新

しい組織を設立することもある。まちづくりの目的を達成するために、市民組織、行政、NPO、民間企業等が連携するパートナーシップをつくり、お互いが相互補完的に機能することで協働のまちづくりを進めていく。

市民組織が活動を展開するために必要な資源を自治体や民間財団等が支援する仕組みも整備されてきた。具体的には、①人的支援（専門家派遣等）、②物的支援（活動場所や資材の提供など）、③資金的支援（活動費の助成や支援など）、④情報支援（各種の講座や交流の場の設置など）である。こうした支援を行うために「まちづくりセンター」を設置する自治体も多い。資金的支援として「まちづくりファンド」を設置しているところもある。後述する「アーバンデザインセンター」はそうした形態の最先端である。

市民組織の支援や育成については、自治体が直接支援を行っているところもあれば、行政の外郭団体を通しているところ、制度を行政が設置し運営を市民に委託するところなど、様々な形態がとられている。「世田谷まちづくりセンター」（1993）や「京都市景観まちづくりセンター」（1997）、千代田まちづくりサポート（まちづくりファンド2000）などが代表的である。

図 10.9　京都市景観まちづくりセンター

様々な担い手

1）まちづくり協議会

1980 年に地区計画制度が創設されたことを契機に、地区の課題解決のために市民参加型の計画づくりの促進のために、神戸市「地区計画およびまちづくり協定等に関する条例」（1981）や「世田谷区街づくり条例」（1982）等が制定された。これら条例では、地区計画の推進組織として「まちづくり協議会」が定められていた。

まちづくり協議会は、戦略的に住環境整備などを実施する必要がある地区に、地区を代表して行政のパートナーとなる組織として設置するもので、地区のまとまりで総合的

図 10.10　まちづくり協議会を通じた太子堂における小規模広場の創出と居住空間の改善

なまちづくりを行う意図がある。1970 年代後半から取組みが開始され、代表的な事例として神戸市の真野まちづくり推進会、世田谷区の太子堂 2・3 丁目地区まちづくり協議会が挙げられる。自治体をいくつかの地域に分割し、全地域に住民の代表となるような協議会を設置し、そこで地域における行政の事業について議論するものである。

2) NPO (Non Profit Organization)

非営利法人と訳される。1995 年の阪神淡路大震災は様々な草の根レベルの公益的な活動が生まれ、ボランティア元年とも呼ばれたが、その流れを受けて 1998 年に特定非営利活動促進法、通称 NPO 法が制定された。これにより小さな市民組織が法人格を取得できるようになった。2006 年に公益法人制度が大きく変わり、税制優遇措置を受けることのできる認定制度もつくられた。

NPO はテーマ型の活動組織として、町内会、自治会等の地縁型の活動組織に加えて、課題解決型でコミュニティ再生に寄与することへの期待は高い。地域の中小企業の支援や雇用の創出、まちづくり、教育やキャパシティ・ビルディングを支えるアメリカの Community Development Corporation (CDC) も NPO の一種である。

3) まちづくり中間支援組織

行政の支援からは距離を置き、課題解決を市民自らが担う自治型の地域社会を目指し、市民がまちづくりの主体となるための手法やシステムの開発、市民によるまちづくりの実践・政策提案を支援する組織である。1988 年に設立されたアリスセンターが先駆的存在である。

4) まちづくりコンサルタント

専門知識と同時にプラン作成の実際的ノウハウをもち、それを仕事としている主体である。通常、自治体からの業

務委託を受けて、調査から素案作成、プランの実物作成に至るまで、多くの実際の作業を行う。また、市民参加方法の実質的企画・実施などを担うことも多い。

5) ファシリテーター

難解になりがちな都市計画の内容や議論の経緯を正確に理解し、適切な方法を用いて市民に客観的に伝え、議論をさらに喚起することが要求される。その役割を担うのがファシリテーターであり、近年注目を集める職能である。単なる司会進行役ではなく、創造的な議論を促す点が重要であり、教育的・指導的アプローチではなく、参加者が主体的に気づき、発想する環境づくりに主眼がおかれる。

10.4　多様化する市民参加のツール

参加・協働にあたっては異なる主体間の対話、協議、討議が重要になる。創造的な対話や質の高い合意形成を支援するために、様々な手法が試行錯誤の中、開発されている。

行政が用いる広く一般的なツールとして、数多くの人々の意見・意向の把握ができる「アンケート」、「ヒアリング」、多くの人に開かれた意見聴取の場である「パブリックコメント」、関係者への説明と意見聴取を行う「公聴会」、「住民説明会」、先進的な考え・情報を共有できる「シンポジウム」、「フォーラム」、学識経験者等の専門知識の活用や利害関係者の意見調整を行う「審議会」、「委員会」などが挙げられる。

ワークショップ

まちづくりの現場でもっとも多用されている手法のひとつであり、主体的に参加したメンバーが協働体験を通じて創造と学習を生み出す場と定義される。集団の力で、それまで気づいていなかった魅力や課題を見出し、それを活かし改善する新たなアイディアを生み出す創造的な場である。

目的の多くは計画・立案に向けた合意形成にある。最終的なゴールは立案にあっても、個々のワークショップの目的は、現状に対する課題や地域資源の抽出に重点が置かれたものから、参加型のデザインと立案作業そのものとするものまで様々である。1992年の都市計画法改正に伴い、都市計画マスタープランに住民参加が義務づけられたことから、マスタープラン策定を目的としたワークショップが各地で実施された。

関心や対象も時代の流れとともに移り変わり、近年では防災や景観、公共空間の使い方をテーマとするワークショップが増加している。建築計画レベルでは、公共建築の参加型設計が試みられてきた。公営住宅建替え計画や駅舎移築計画・設計から、空き家や廃校の利活用まで幅広いテーマが対象となっている。その他、まちづくり学習のように教育・学習を目的としたものや、公共施設の利用・運営に関わるワークショップも開催されている。

近年では、専門家による協働作業を意図したシャレット・ワークショップも新たな手法として定着しつつある。様々なジャンルの専門家を一同に集め、短期集中による提案作成の手法で、欧米のアーバンデザインやまちづくりの場で多用されている。参加者が専門家だけで、提案作成の過程で住民の意見を把握する場合もあるし、住民と専門家が協働で提案作成を行う場合もある。

図 10.11　親子連れを対象とした都市計画教育ワークショップ（尼崎市）

図 10.12
シャレット・ワークショップ

アイデアコンペ

幅広い意見や斬新な提案を募るために有効な手法がアイデアコンペである。対象とするテーマは、多くの人が利用する駅や公園、広場、河川の散歩道といった物理的空間が主であるが、市民活動や仕組みの提案を募るコンペの設定も可能である。例えば、市民が日常考えているような様々なアイデアを他と競い合うという方法によって、できるだけ多くの参加者から斬新な提案を募り、それをオープンな

形で議論し、より創造的な解決方法を見つけていく。最優秀案を決めることではなく、様々な代替案を通じて、参加者あるいは市民で議論しながら決定してくプロセスが重要なのである。

社会実験

　社会実験とは、新たな施策の展開や円滑な事業執行のため、社会的に大きな影響を与える可能性のある施策や事業の導入に先立ち、場所や期間を限定して施策等を実験的に試行するものである。例えば、商店街に近い道路などをトランジットモールとする実験や、老朽化した駅前の道路空間を歩行者空間に転換する実験、オープンカフェやパークレットの実施など、地方自治体や民間による社会実験が盛んになってきている。

図 10.13　社会実験による公共空間の利活用の検討（和歌山市グリーングリーンプロジェクト）

　社会実験は、地域が抱える課題の解決に向けた意見交換ならびに市民への周知としても有効である。検討されていた施策の本格導入を決める判断材料ともなる。市民にとっては普段わかりづらい都市政策について社会実験が展開されることで、その施策の可能性や課題がわかるというプロセスを認識することができる。住民参加手法としてみると敷居の低さがその特徴として挙げられる。社会実験を体験することは「参加」というよりも自然と巻き込まれるという感覚に近く、多様な評価結果を得ることが期待できる。

　アーバンデザインの主要な課題が、新しい市街地形成から既成市街地の再整備へと移行した現在、すでに存在している社会資本を有効に活用するための手法が重要となってくる。そして、実施した実験をいかに評価し、結論へと結びつけていくかという点も重要な視点である。また社会実験は、実施される地域のみが改善されるだけでなく、他地域に有効な知見を提供できるという利点も含んでいる。

第Ⅲ部

アーバンデザインの実践と展開

地域資産を都市に活かす

11.1 ストック活用型まちづくり
11.2 歴史的資産を単体で活かす
11.3 街並みを保全する
11.4 まちの構造を動態的に保全する

現在は、一瞬にして過去の一断面になる。そして、現在は、そんなたくさんの過去の積み重ねによってできている。こうした過去を重ねた現在が、未来をつくる。過去の蓄積を理解し、現在にも活かせるものは掘り起こしてゆくことで、豊かな未来を描くための糧を得ることができる。しかしながら、歴史の大切さは、多くの場合、失われてから初めて気づく。都市の貴重なストックの価値を再評価し、これを活用して未来をつくることは、縮減時代に重要な考え方であると同時に、効率的に資源を活用する考え方である。本講では、豊かな未来を築くために、歴史的資産や地域の資産を保全しながら都市に活かす方法について取り上げる。

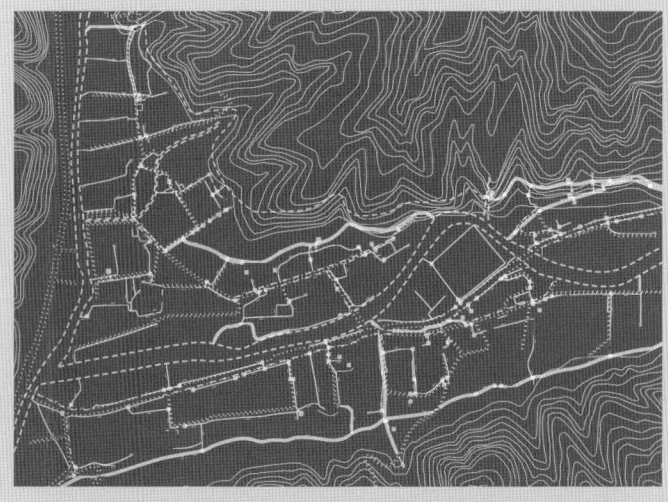

農村集落における水路システムネットワーク（岐阜県高山市一色惣則集落）

11.1　ストック活用型まちづくり

ストック活用型まちづくりとは

　豊かな都市空間は、その都市が重ねてきた経験や時間により多様な文化を内包する。豊潤な都市空間を育むためには、過去から未来まで連綿と連なる「時間軸」を意識して、現在の都市空間に見える文化の積み重ねを理解することが大切であり、特に、各時代の歴史を伝える資産（歴史的資産）は重要な手がかりとなる。一方で、人口減少や経済の低成長化を迎える現代では、新たな建造物をつくり続けるクリアランス型の都市づくり以上に、既存の建造物を使いこなす、ストック活用型のまちづくりが求められている。

　現代生活において、歴史的資産や地域資産を受け継ぐうえでは、何を受け継ぎ、何を変えるべきか、そしてその手法を考える必要がある。そのためのフレームワークとして、①物理的改変（どれだけ現物に手を入れるか）と②空間保全の様式（歴史的価値や様式を重視するか・現代的な手法も用いるか）という二つの視点で見ることができる。例えば、資産に対して、歴史的な価値を大切にして、できる限り現状のまま対象に手を加えることなく保存することもあれば、外観を受け継ぎつつ内部空間や使われ方を大きく変更してゆく方法もある、あるいは、（伊勢神宮の）式年遷宮では、20 年ごとに建て替えが繰り返されるという意味では、原物は保存されていないが、文化や様式、技術は継承されてゆく。また、復元やイメージ保存のように、デザイン自体は図面を基にして歴史的様式を継承していても材料は新しい場合もあれば、取換え可能なように規格化されていることで、全体としては保存されていなくとも、部分的な材料が、他の場所で使い続けられることもある（図 11.1）。

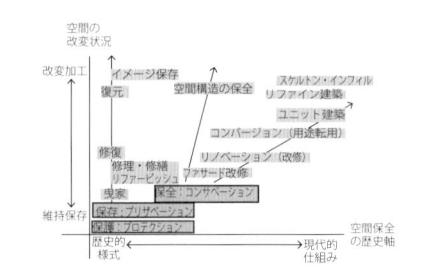

図 11.1　歴史を考える二次元フレーム

歴史の「何を」守るのか

　歴史的な環境の保全を考える際には、一体、何を守るのか、目的と理念を明確にする必要がある。単なる見た目だけを継承したり、形だけ真似をしても、技術や機能、素材などを意識しないと本来の価値を損なう場合もあれば、使い方や文化とともに継続されないと、その目的を達成できないこともある。あるいは、実物は失われていても、都市の空間構造や文化的意義として価値を受け継ぐことができる場合もある。特に、意匠、材料、技術、立地など、それぞれの側面から見て、保全する対象がいかに「本物」としての価値を有しているか、「オーセンティシティ」（authenticity：真正性）という観点も考えたうえで保全活用を行うことが求められている。

都市ストックの対象

　都市のストックとして考えられるものは、建築物（城郭や寺社、公共施設だけでなく、民家や地域に大切な施設なども含む）のみならず、工作物、土木構造物、街路、河川や運河、水路、港湾や海などの水辺、緑や自然環境など、多岐にわたる。歴史的な意義をもつ名所・旧跡、遺跡、生家旧宅など、必ずしも対象が現存しないものや歴史的背景を含めて意味を成すもの、あるいは、これらの歴史的資産の価値を位置づける「構成」や集合による地域の価値も大切である。個々の歴史的資産自体の価値だけでなく、これがまちや地域の中でどのような歴史的背景や位置づけをもって存在しているものなのか、他の対象とどのような相互関係をもっているのかなど、周辺や環境とも合わせて考える必要がある。また、建築物や街並み、工作物、自然環境などの「有形」のものだけでなく、工芸技術、民俗芸能、祝祭など、「無形」のものも歴史的資産として対象になりうる（図11.2）。

みち（富士山吉田口登山道）

橋梁（汽車道）

生垣（向山住宅地）

水路（高山 - 色惣則）

無形文化（川越祭と山車）

図11.2　様々なタイプの歴史的資産

11.2 歴史的資産を単体で活かす

歴史的資産の保全を巡る様々な手法

　歴史を活かしたまちづくりを行う際には、歴史もしくは歴史的資産とどのように向き合うかを考える必要があるが、前述の通り、その手法は様々であり、対象となる資産、そして、これからの都市において、「何を継承して何を変えてゆくべきか」について丁寧な考察をしたうえで、その手法を選択する必要がある。

　歴史的資産の文化的価値が高く、次世代に受け継がれてゆく必要がある場合、できる限りその価値を維持し続けていけるように、これを「保護」（プロテクション）・「保存」（プリザベーション）する手法が用いられる[※1]。この場合、対象がつくられたときの時代背景、素材、構法、意匠などに対してできるだけ手を加えずにオリジナルのまま継承してゆく。資産を有する価値全体を受け継ぐには、その対象の位置を動かさずにそのまま保存する「原位置保存」が望ましいが、現状の敷地では保全しきれない場合、建物の位置を移動させる「移築」という方法を採ることもある。そのとき、一度部材を解体して組み立て直す場合と、建築物自体を基礎ごともち上げ、文字通り丸太や車輪で曳いて移動させる「曳家」という手法とがある（図11.4）。

　建設時期が古く老朽化や破損が進んでいる場合は、できる限り元の状態になるように、破損した箇所等をつくろい治す「修理」や「修復」という方法を採る場合、あるいは、すでに失われてしまった資産であっても、情報や資料を基にして、実存時、もしくは、創建当時の状態へと戻す「復元」（復原）[※2]という方法を採る場合がある。例えば、東京駅では、創建100周年に合わせて、空襲で失われていた3階部分を含めた「復原」が実行されている（図11.5）。

　一方で、単に歴史的建造物をそのまま凍結的に保存するのではなく、歴史的価値を損なわないままに、現代生活の

※1　人類にとって文化的、文明的に貴重な遺産は、千年以上の歴史を経ても受け継がれてゆく必要がある。

図11.3　ローマ　パンテオン

図11.4　移築により保全された建物（上、外交官の家）、曳家して保全された建物（下、旧第一銀行横浜支店）

※2　特に、原状の状態を回復する場合に、「復原」という言葉を用いる場合もある。

中にもあてはめてゆく「保全」（コンサベーション）という
考え方もある。近年では、必要な部分を改修しながらストックを持続的に活用し、新たな使い方を試みる「リノベーション」や、持続的な活用や新たな使い方として、建物の形態意匠は踏襲しながら、「用途転換」していく方法（コンバージョン）もある。元の建築物の構造や機能は活かしつつも、当初の建築では想像できない使われ方に大きく転用する場合、外観はあまり大きく変更せずに、内部は現代の使い方に合った機能をもつように改修する場合、あるいは内部においてもできる限り当初の使い方を想起させる改修方法もある。

　また、建築物の歴史的価値が高いにも関わらず、構造的耐力や耐震性が不足している場合、「耐震改修」を施すことで、維持されることがあり、具体的には、耐震・制振・免震などの手法がある。近年では、歴史的建造物をできるだけ傷つけず守るための「免震レトロフィット」という手法が用いられることがある。

　年月の経た歴史的建造物だけではなく、こうした歴史的資産の周辺において、街並みや景観を一体として魅力あるものにするために、新たに建設する場合であっても歴史的資産と調和したデザインとする、あるいは今ある建物（特にファサード）に手を加える、「修景」という手法もある。

　また、あらかじめ建物を規格化してつくり、主要な構造部分は使い続けながら、建具、部材や設備のみを取り替えるような建築、インフィル部分を自由に改変できるようなつくり方（スケルトン・インフィル[3]）、ユニット型の建築物も、持続的に建築物を維持活用する方法論の一つである。特に日本建築は、寸法・規格に合わせてつくられており、空間を建具で仕切る際も季節によって必要な建具を入れ替えたりできるような可変性の高い仕組みが用いられている[4]。

　建物を保全・改修する際においても、長期にわたり利用可能な構造体をできる限り活かし、残りの部分は必要な

図11.5　復原による建築再生（東京駅（上）と三菱1号館（下）

※3　構造躯体部（スケルトン）と住戸内の内装設備等（インフィル）を分離する考え方。元々は、オランダの建築家 J.N. ハブラーケンが提唱したオープンビルディングという考え方の中で、集合住宅において、個人が関与するインフィルと集合的に関わってつくるサポート、都市的に関わるアーバンティシュという3段階で考える理念を基としている（『Support』）。

※4　下の写真は、高山市吉島家の様子。日本の民家の多くは、それぞれの地域の寸法（規格）に合わせてつくられ、建具などは季節や状況に応じて入れ替えられる。

図11.6　リファイン建築　既存（上）と改修後（下）

状態に改変する（構造的視点：リファイン建築※5（図11.6）やスケルトン・インフィル、建築物のユニット化）、現状の建物は活かすことを基本としながら、使われ方を重視して、使い方の必要性（用途および使い勝手や維持管理）に応じた改変を行う（機能的視点：リノベーションやコンバージョン）（図11.7）、建物の歴史的価値や様式的価値、空間的魅力などを重視して、この魅力が最大限に受け継がれるように文化的価値を維持しながら改変を行う（文化的視点：歴史的資源の保全・利活用）が考えられる。保全改修を考える際には、どんな目的の保全改修か、あるいは、建物の現状調査などから得られた情報により、三つの視点のどれを重視するか、バランスを意識することが重要である。

資源を点的に保全する制度

　日本で歴史的資産を単体で保全する法的仕組みとしては、国の文化財保護法に基づく「文化財」制度がある。その中でも、「重要文化財」（指定文化財）に指定されると、法的保護を受けることになる（建替えや変更も許可制となる）代わりに、修理等に対する補助が受けられる。国や自治体全体で守るためには、その対象の重要性を説明することが求められるが、保全したい建物の中には一民間地権者が有する民家なども多く、他の建物と比べて重要性を明確に言及できないこと、あるいは、保存という行為が、民間地権者にとっては、将来の（建替えや開発、売却などの）可能性を狭めてしまうなど、制限に対する不安も大きい。そのため、保護するための規制ではなく、「登録」という形で緩やかに幅広い建造物を保全することを目的とした「登録文化財制度」（1996）も用いられている。登録文化財は、築50年以上を基準※6として登録することが可能であり、外観の大きな変更に関する届出のみの仕組みであるが、補助は指定文化財ほど手厚いものではなく、修理時における設計監理費の補助、相続財産評価額の一部控除や、家屋における固定資産

※5　建築家青木茂が提唱、実践している手法であり、構造的な耐力を調査確認したうえで、不要な部位はできる限り取り除き、補強を経たうえで、構造部を外的環境から覆う部分を加えながら新しい空間や機能を付け加えることで、必要な躯体を活かして新たな建築物へと再生する手法である。

図11.7　コンバージョンの事例（上：テート・モダン美術館【火力発電所→美術館】、下：3331 アーツ千代田【学校→アート拠点】）

※6　登録文化財選定の基準として、①国土の歴史的景観に寄与しているもの、②造形の規範となっているもの、③再現することが容易でないものなどが挙げられている。

図11.8　免震レトロフィットにより保全された国立西洋美術館

図11.9　登録文化財のプレート

税の減免程度である。制度がゆるやかであることと引き換えに、所有者へのメリットも少ないことが課題であり、適切な支援が求められる。近年では、地域内の登録文化財の数が増えてくることで、伝統的建造物群保存地区制度の検討など、一歩進んで保全型まちづくりへの足掛かりになることも増えてきている。一方で、歴史的建造物等

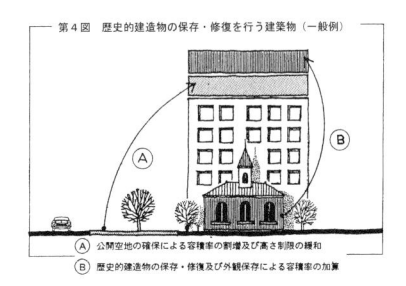

図11.10　横浜市市街地環境設計制度の仕組み

に関する条例や要綱などの独自のルールを用いて保全および補助を進めている自治体もある（横浜市認定歴史的建造物、東京都選定歴史的建造物など）。

インセンティブによる都心部の歴史的資産保全

　様々な活動が集積する都心部では、地価も高く、土地利用の変化や更新もさかんであり、床面積の大きな開発や裏面施設の建設が望まれることが多い。その結果、都市開発の圧力が高く、床面積が小さく、現代の効率的な機能に合わない歴史的建造物は残されにくい状況がある。これに対して、都心部の開発圧力を利用して、歴史的建造物の保全活用を行うことで容積率の割増などを認める、「インセンティブ」を活用した保全手法が用いられている。歴史的建造物の保全に伴う、高さ制限・容積率の緩和が可能な横浜市の市街地環境設計制度（1985年改訂）や、東京都の「重要文化財特別型特定街区制度」（1999）[7]では、インセンティブ活用による歴史的資産の保全が実施されている（図11.12）。また、「特例容積率適用地区制度」は、歴史的資産が有する余剰容積を他の街区に移転させることで保全する手法であり、東京駅の保存復元の際に活用されている。

　こうした都市部での開発を伴う建築物の保全では、部分保存＋復元、外壁保存、移築、イメージ保存（復元）、高さ・軒線やボリュームの維持保全など、様々な手法が用いられる。「部分保存」とは、建物の全体を保存することが

図11.11　外壁保存：損保ジャパン日本興亜馬車道ビル（写真の奥の建物）

※7　日本橋三井タワーと三井本館、明治生命ビルと明治生命館などの事例で用いられている。

図11.12　インセンティブ活用により保全された明治生命本館

難しい場合、建物の一部分を保存する方法である。特に、街並みを重視する場合に、表層部分を保存するファサード保存や、外側の外壁部分のみを保存する外壁保存などもある。「文脈保存・イメージ保存」とは、実際の建物を使用し続けるのが難しい場合、図面などを基にしながら、材料は新たな素材を利用して、意匠などを継承する、あるいは、復元する手法である（図11.13）。また、前述の通り、建物が現存する位置での保存が困難な場合、建物自身を「移築」「曳家」することで、別の場所で保存する方法である。

図11.13　イメージ保存：横浜地方裁判所

11.3　街並みを保全する

街並みを保全する運動

　大きく都市の姿形が変容することの多い近代以降、都市の美観や風致に関する活動は絶えず行われており、アメリカにおけるシティビューティフル運動[8]や、日本では、保勝会や都市美教会、風致協会などによる都市美運動[9]が見られたが、「街並み保全」を具体的な目的とした運動は、高度経済成長期における環境への不安や、都市開発によるまちの消失危機などが契機となって進展した。1970年には、京都・奈良・鎌倉の市民団体による「全国歴史的風土保存連盟」が設立され、さらに1974年には、妻籠宿（長野県南木曽町）、有松（名古屋市）、橿原今井（奈良県）等の街並み保全運動家により「町並み保存連盟」が発足し、街並み保全の動きが高まるとともに、同様の悩みをもつ地域同士の交流と連携が広がっていった。

　街並み保全には、常に現状の都市形態と経済活動との間での葛藤や、個々人による意識の差異などがあることから、地域や関係者同士で意思の共有を図り、自分たちでルールを考えることも重要である。前述の妻籠宿では、林業衰退や過疎化の結果残された街並みを活用しながら保全するにあたって、「妻籠を愛する会」を設立し、「売らない・貸さ

※8　シティビューティフル運動
1893年シカゴ万国博覧会での建築家ダニエル・バーナムらによる新古典主義建築群の建築・都市デザインを契機として広まった都市運動。アメリカでは1890年代から1900年代にかけて、全国各地の市民が美化団体を結成し、著名な建築家、ランドスケープ・アーキテクトを招いて、都市の美化計画を作成し、シビック・センター、鉄道駅、並木道、公園等の様々な記念碑が建設された。（参考文献：西村幸夫編著『都市美：都市景観施策の源流とその展開』学芸出版社、2005）

※9　都市美運動
日本では、1919年の（旧）都市計画法制定時の風致地区、市街地建築物法（建築基準法の前進）の美観地区創設などに伴い、都市美運動が広がり、都市美協会の設立などが進んだ。

ない・こわさない」という3原則を打ち立てた。川越一番街（川越市）では、商店街活性化と街並み保全のあり方を考えながら、商店街・研究者・専門家・行政からなる「街並み委員会」が組織され、自主的協定である「町づくり規範」(1988) が策定された。

　実際にまちづくりを思い通りに進めてゆくには、経済的な観点、財政的なシステム構築も必要となる。街並み保全を実現するまちづくり会社等の設立、例えば、歴史的な銀行建築を活かしたまちづくりを展開するために設立された株式会社黒壁（長浜市）のほか、これまで様々な形態でのまちづくり会社（NPO法人、一般社団法人、LLP[10]、LLC[11]、株式会社、合同会社など）、あるいは、基金型組織（ナショナルトラストなど）による保全が行われてきた。近年では「クラウドファンディング」手法を用いるなど、様々な資金調達形態を検討して保全が進められている。

街並みを保全する制度・手法の展開

　前述の通り、街並み保全という考え方は、自分たちの暮らすまちの様子が大きく変化を遂げた高度経済成長期に本格化した。文化財保護法 (1950) 制定時には、歴史的建造物は基本的に単体で保存され、対象は、誰もが保護すべきと納得できる希少価値の高いものだったが（優品主義）、街並みの場合、それがどんなに立派な建物群だったとしても、街並みを構成する一軒一軒の民家や町家は、他の民家と何が違うのか説明が難しく、対象となりにくかった。その間にどんどんと豊かな街並みが失われる事態に陥った結果、群として貴重な都市空間を保全することが検討された。鎌倉における宅地開発の問題や、京都における建設問題などを背景に、1966年には歴史的に重要な「古都」を保存する古都保存法が制定された。1975年には、文化財保護法改正により「伝統的建造物群保存地区」（以下、伝建地区）が制定され、街並みや周囲の環境と一体となった都市空

※10　LLP (limited liability partnership)。有限責任事業組合。法人格はもたない。

※11　LLC (limited liability company)。合同会社。法人格をもつが、出資者は出資限度額以上の責任を負わない。有限責任制である。

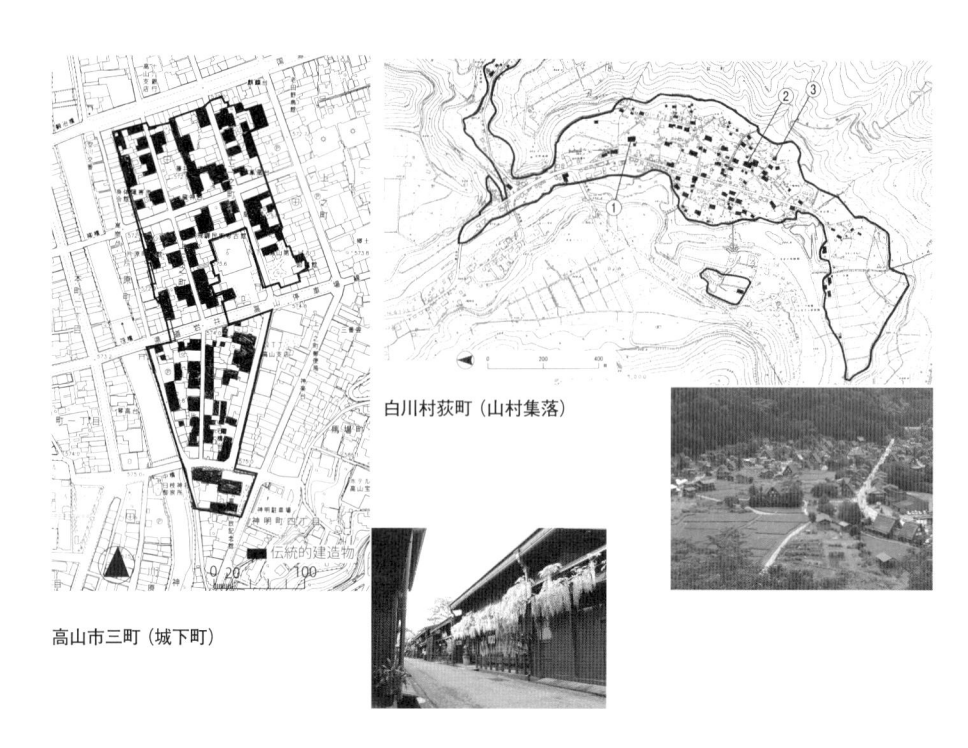

白川村荻町（山村集落）

高山市三町（城下町）

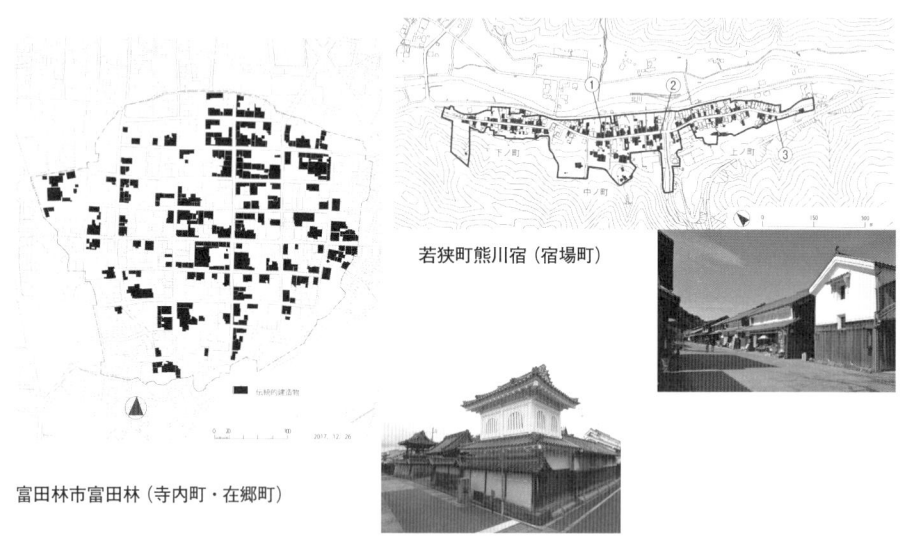

若狭町熊川宿（宿場町）

富田林市富田林（寺内町・在郷町）

図 11.14　重要伝統的建造物群保存地区

間の保全を「面的」に行うことが可能となった（図11.14）。伝建地区内では、特定物件と呼ばれる歴史的建造物・工作物・環境物件（生垣・植栽など）が保存・修理されるとともに、伝建地区内での建設行為に関しては、許可および修景を行う必要がある。一方で、伝建地区に指定せずに、景観条例や要綱を制定して、自治体独自の面的エリア指定を行い、対応している事例もある。

　2005年、文化財保護法の改正により、文化財の一つとして「文化的景観」が加わった。単に建築物やその街並みだけを保存しても、それを実際に使う人たちの暮らしや営み、生業についても合わせて保全を検討しないと、凍結された過去の遺産としての価値しか認められず、価値全体の維持が難しいことも課題となっていた。そこで、地域の人々の生活や生業も合わせて一体的な文化財として位置づけたものである。これにより、農林水産業や鉱工業などの生業、水郷や流域など水やみどりとの関わりや暮らし方なども含めた景観の価値も位置づけられることになった。ただし、どこが文化的景観か、具体的に詳細に設定するのが困難でもあり、やや緩やかな規制（届出、勧告、変更命令等）にとどまっている。

図11.15　文化的景観（宇治市の茶文化）

　一方、歴史的資産の地域的活用の新たな手法として2008年に制定された「地域における歴史的風致の維持及び向上に関する法律」（通称「歴史まちづくり法」）では、指定された地区内において、歴史的風致[12]にふさわしい用途や規模、形態意匠に関する事項、文化財を中心として設定する重点区域において「歴史的風致維持向上地区計画」を策定し、都市計画決定を経て、認定計画に位置づけられた事業（街並み環境整備事業・まちづくり交付金事業など）を実施することができるようになっている。

※12　この法律では、歴史的風致を「地域固有の歴史及び伝統を反映した人々の活動と、その活動が行われる歴史上価値の高い建造物及びその周辺の市街地とが一体となって形成してきた良好な市街地の環境」と定義している。

世界遺産で資産を包括的に保全する

　世界遺産とは、1972年、第17回ユネスコ総会（パリ）

図11.16　アブ・シンベル神殿（エジプト）

で採択された「世界の文化遺産および自然遺産の保護に関する条約」（通称「世界遺産条約」）により保護される遺産のことである※13。1960年代、エジプトにおける灌漑用水用のダム開発（アスワン・ハイ・ダム）によって水没するアブ・シンベル神殿の保護問題を契機として、国際的に遺産を保護する必要性が議論された。

条約では、保護対象として、文化遺産（人類の文化や文明の足跡を伝える遺跡や建造物群）、自然遺産（貴重な自然環境）、この双方の複合遺産の三つが定義づけられており、世界遺産登録の際には、設けられている基準のいずれかを満たしている必要がある。登録の際には、オーセンティシティが重要視されており、特に、復元や再建の場合、オリジナルに関する完全かつ詳細な根拠に基づき行われた場合のみ登録が認められる。また、登録された遺産の中には、武力紛争、自然災害、大規模工事、都市開発、観光開発、商業的密漁などにより、普遍的価値を損なう重大な危機にさらされているもの（危機遺産）も見られ、保護に大規模な対策を要する遺産のリスト化などの課題も露わになっている。

世界遺産に登録されることで、その地域における観光客の増大が期待されるが、本来は、人類の遺産として保護すべき対象を世界規模で守ってゆくための仕組みであり、保護対象が保護される意味を理解したうえで、様々な対策や取組みを進める必要がある。

近年の世界文化遺産登録では、単なる1施設だけでなく、都市全体やそのネットワーク、分散する資源を一体的に保全することで登録されるものが多い。例えば、「石見銀山遺跡と関連遺産群」（2010）では、間歩（まぶ）と呼ばれるトンネルだけでなく、代官町（大森町）や運搬路、波待ちのための港町（温泉津）といった複数の構成資産が一体のものとして登録されている（図11.21）。「富士山〜信仰の対象と芸術の源泉〜」（2013）でも、富士山そのものだけでなく、信仰的価値や文化的価値と一体となった評価を

※13 世界遺産保全のために、『世界遺産基金』が設立され、締結国に対して技術援助、財政援助が行われている。日本は1992年に世界遺産条約に批准し、93年から登録を開始している。

図11.17 大森町の町並み（太田市）

図11.18 温泉津の町並み（太田市）

図11.19 世界文化遺産・富士山の構成資産の一つ、御師住宅（富士吉田市）

図11.20 明治日本の産業革命遺産の構成資産の一つ韮山反射炉（伊豆の国市）

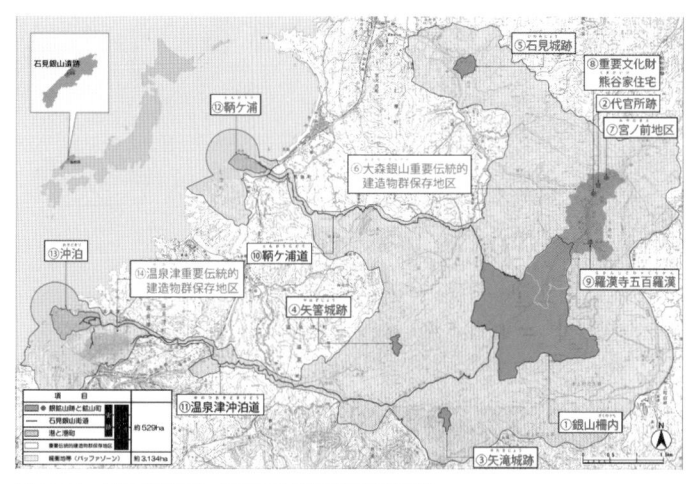

図 11.21　世界文化遺産：石見銀山遺跡と関連遺産群

考えるべく、地形的に関連する湖沼、修験道や富士講、登山道や神社、御師住宅なども一緒に登録されている。また、「明治日本の産業革命遺産」(2015) では、幕末から明治期にかけて、製鉄を契機とした近代工業化のために設けられた、各地に点在する歴史的遺産を複数同時に登録している。

図 11.22　上野桜木あたり

地域力を活かしたストック活用の面的展開

　上記のような文化財保全制度に頼ることなく、地域や経済の仕組みを通して、独自の改修（リノベーション）によるストック活用を実践し、地域の中で複数（面的に）展開しながら、地域の価値向上を求めて行われる取組みも盛んになっている。北九州市都心部を皮切りに、全国展開している、地域の不活性化資産を活用した「リノベーションまちづくり」の動きや、横浜市の歴史的資産を活用した「創造界隈拠点」形成や「芸術不動産」など民間ビルを含めた再生事例、あるいは、谷根千地域や上野桜木地域など（台東区）を中心とした NPO 法人「たいとう歴史都市研究会」などによる、地域の個性ある建物保全と利活用を複数展開した事例などがある。

11.4 まちの構造を動態的に保全する

都市は常に変化しており、この変化自体も豊かさを生み出す大切な要素である。時間軸を意識したまちづくりを行う際にも、歴史的な資源を、いわば凍結的に保存するだけでなく、積極的に利活用し続けたり、場合によっては、物理的には更新されても、その空間

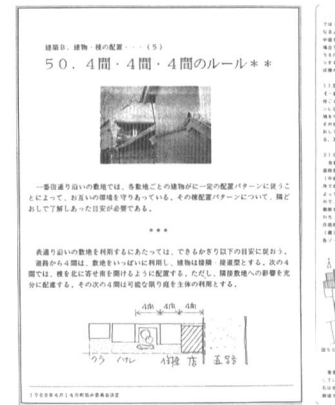

図 11.23　川越一番街と町づくり規範（4間ルール）

構造や都市構造、スピリットを継承したりすることで、まちを動かしながら、いわば「動態的に」保全するという方法も考える必要がある。

図 11.24　日比谷濠の風景

空間構造・都市構造を継承する

建造物などの物理的環境そのものが保存されなくとも、都市空間の配置や空間構成など、都市構造そのものを継承するという手法もある。例えば、前述の川越市一番街「町づくり規範」では、4間ずつの距離を置いて立ち並ぶ店－母屋－中庭－蔵という空間が、間口が狭く奥行きの深い「鰻の寝床」状の敷地とともに連続してゆく空間構造を維持するためのルールが設定されている（図11.23）。また、日比谷濠沿い（千代田区有楽町周辺）では、建築基準法改正（1970）前の高さ制限（100尺・31m）が生み出したビルのボリュームが連続的に並んでおり、当時のスカイラインが継承されている（図11.24）。また、神門通り（出雲市）は、近代に新たに挿入された出雲大社への強い軸線である

が、一時期交通手段の変化により自動車で占められた結果、商店街も衰退していたものの近年、歩行者中心の軸線として再生されている[※14]。

路地空間を保全する

路地空間は、日本の都市空間の中でも魅力と愛着の高い空間の一つであるが、みちの狭隘さからくる防災上の課題（緊急車両の進入困難や避難経路の脆弱性、延焼可能性の増大）などにより、建替え時に失われてしまうことが多い。また、建築基準法上も、建替え時に4m以上の道路幅員を確保しようとする（いわゆる「2項道路」）と、建物自体をセットバックする必要があり、これが、当初の路地の雰囲気を損なう要因となるため、様々な制度的手法を用いて、大切な路地を保全する事例が見られる[※15]。

水脈を活かす

都市空間の大切な要素としては、建築物や広場空間だけでなく、地形や水のネットワークなど、自然環境、あるいは、自然環境に関与して生まれた人工的な基盤環境なども考えられる。例えば、通り沿いの表側の「カワ」、敷地の背割り側を通る生活用水（排水）でもある「セギ」、そして、武家地の中の池同士をつなぐ第三の水路である「泉水路」という3層構造を活かした松代町（長野県）や、かつて武家屋敷の池同士が水路でつながれていた（ゴミを流せば隣地におよんでしまう）神代小路（島原市）、地域中に地下水脈が流れ、各家でも地下水が使われていた大槌町（岩手県）などがある。滋賀県高島市針江集落では、「カバタ」と呼ばれる地下水活用システムがあり（図11.26）、そこには、管を指すことで自噴する「元池」から、「壺池」「端池」という三段構成が用意され、それぞれ、飲料水、簡単な手洗い等、食器等の洗い場として利用され、それらが水路を通じて琵琶湖に至るといった多層的な水利用システムが展

※14　こうした空間構造の継承の事例については、東京大学都市デザイン研究室編『図説 都市空間の構想力』（2015年、学芸出版社）に詳しい。

図11.25　路地の事例（月島）

※15　路地空間を保全するための制度的手法として、①「連担建築物設計制度」を活用して敷地内空地として解釈しつつ、独自のルールで空間を確保する事例（大阪市法善寺横丁）②「建築基準法43条ただし書き」を用いた事例（神戸市、横浜市六角橋商店街）、③建築基準法42条3項による「3項道路」を用いた事例（京都市・中央区月島等）などがある。

開されている。

「戦後」を保全する

　近年、戦後の建築物や都市空間を保全する動きがさかんとなっている。前述の登録文化財制度では、「築50年以上」を条件としているが[※16]、現代では戦後建築も対象範囲に含まれ始めており、例えば、全国各地で1950年代に普及した「防火建築帯」[※17]を活かしたまちづくりの展開（図11.28）、あるいは、60年代に多くの都市で建設された庁舎建築など、保全対象も時代的に広がりを見せている。また、神楽坂（新宿区）などのように、戦災等で建物などが失われてしまった場合も、素材や構法、景観、空間構造等を継承・保全するための再生を図っているような事例も見られる。

　今後のストックを活かしたまちづくりでは、時代の複層的な蓄積を意識しながら、新旧織り交ぜつつ、豊かで魅力ある地域の個性や活力を顕在化させるまちづくりのあり方が求められている。

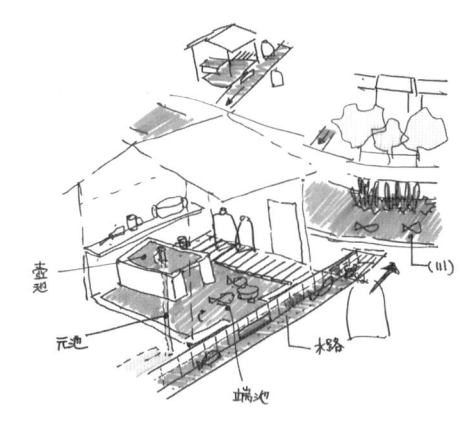

図 11.26　水脈による都市構造：カバタ（高島市針江）

※16　英国では、登録文化財制度に近い Listed Building の制度があるが、登録の条件は、「築30年以上」となっており、例えば、R. ロジャース設計の「ロイズオブロンドン」(1983) なども登録されている。

※17　1952年の耐火建築促進法を基にして建設された、鉄筋コンクリート造の不燃建築もしくは建築群。中心市街地の目抜き通りなどに帯状に設けられることが多く、横浜、鳥取など多くの都市で建設された。1962年の防災建築街区造成法により、防火建築帯の建設がさらに拡充促進された。

図 11.27　ロイズ本社ビル（ロンドン）

図 11.28　戦後の防火建築帯ビル（横浜市弁三ビル）

第12講

都市と交通の接点をデザインする

都 市空間と交通の接点は不可欠なものであり、都市生活者の日常生活に大きな影響を与える。特に鉄道駅は市街地における人々の活動の起点であり、都市活動の中心となる。郊外の都市空間も鉄道駅の有無によって、街路のあり方から商業施設の形態まで、まったく異なる形態となる。本講では、公共交通と都市空間の接点を中心に、アーバンデザインの観点から都市と交通の関係性を取り上げる。

東京駅丸の内駅舎と八重洲側の超高層ビル・グラントウキョウ

12.1 鉄道駅とまちの関係

　鉄道駅は、都市における人々の移動の起点であり、アーバンデザインの重要な対象の一つであった。近年、コンパクトシティ政策の要としての役割を担い、駅舎や駅周辺の再開発が積極的に進められている。本節では「鉄道駅と都市開発」、「駅とまちのつながり」の二つの観点から鉄道とアーバンデザインの関係を考える。比較的狭小な都心の私鉄のターミナル駅と、駅周辺に空間的な余裕がある旧国鉄の主要駅について、それぞれ論じたい。

私鉄のターミナル型駅ビル開発

　大都市の私鉄の多くは、開業当初から路面電車として設置されており、都市中心部に行き止まりのターミナル駅をもつ。ターミナル駅は、駅端部が出口となるため、ホームから出口へ直線的に移動可能であり、元来まちとのつながりも感じやすい構造である。

図 12.1　西鉄福岡駅

　しかし、私鉄は都心部の立地を活かして早い時期から敷地を最大限に活用した商業施設と駅の複合化を進め、駅前広場を備える空間的余裕が小さいことが課題であった。鉄道駅の出入口と商業空間が一体化している場合もあり、訪問者にはわかりづらい空間となっていた。近年は、鉄道と商業施設の動線を巧みに分離しながら、明確な空間構造をもったターミナルビルに変化しつつある[※1]。

　福岡市の都心である天神地区の西鉄福岡駅（図 12.1）は、鉄道駅・バスターミナル・タクシー乗場・立体駐車場・商業施設が積層されており、駅前広場の機能の一部をターミナルビルに実質的に取り込んだ事例といえる。渋谷マークシティも、京王電鉄井の頭線の駅舎・東京メトロ銀座線の車庫・東急のバスターミナルにまたがって建設されたターミナル型鉄道駅の再開発の先駆的事例である。複数事業者が共同で事業を行うことで、渋谷の地形を活かして複数の

※1　駅前広場や駅舎は鉄道に付帯する空間として生まれたが、近年は駅の商業施設や飲食店を目的に利用者が集まるようになり、駅前広場の利用者＝鉄道利用者といえない状況が生まれている。そのため、円滑な乗り換えや駅の通過を求める人と、購買や飲食・交流など駅で時間を過ごすことを目的に訪れた人の両方が満足できる空間デザインが重要となる。具体的には、上下移動が少なく折れ曲がりが少なく明解でわかりやすい骨格となる動線を設けつつ、骨格の動線から脇にそれた部分や動線がある階の上下階に、飲食店や商業空間を設けることによって、二つの相反する機能を成立させている事例が多い。

階層で都市とつながるターミナルを生み出した。渋谷では現在も駅周辺の再開発が進められている[2]。また、新横浜駅では立体都市計画制度を用いて駅前広場の拡張と同時に駅前広場上空にターミナルビルが建設された。

大阪[3]では、都市再生特別地区により1800％の容積率が認められた阪急梅田駅ビルや同2000％の大阪神ビル・新阪急ビル建替えなどターミナルビルの再開発が進められている。公共貢献として低層部に大規模な歩行者空間を設けること、駅直結で公共交通の利便性が高いことなどが理由となり、超高容積の再開発が多いことも特徴である。

ターミナルビルは駅を包含する施設の特性上、周辺の街並みよりもはるかに巨大な壁面を生み出すことが多い。そのため、建物デザインを分節するとともに、地上階を中心に周辺の市街地との接点のデザインを工夫することが求められる。施設を貫通する通路や出入口の存在を直感的に示す小広場、透過性の高いデザインを要所に盛り込むことで、街と一体になった駅のデザインを生み出す工夫が行われている。

旧国鉄駅の再開発

国鉄時代は、私鉄ほど不動産事業に重きが置かれなかったこともあり、主要駅の駅舎の大半は戦前に建設されたランドマーク性の高い駅舎か、鉄道駅の機能に特化して戦後建築された駅舎のいずれかであった。

国鉄民営化移行、鉄道駅がもつ不動産的な価値が改めて注目され、主要駅の再開発が進められるようになった。歴史的建造物として古い駅舎が保存された事例は、東京駅丸の内駅舎や北九州市の門司港駅など少数の事例に限られる。1997年に竣工した京都駅ビルは古都の景観との調和が大きなテーマとなった。1999年に竣工した名古屋駅は、戦前の駅舎を解体して、オフィス・ホテル・百貨店が複合した延床面積40万㎡を超える巨大な複合開発である。また、

※2　渋谷では、現在でも駅周辺で複数の再開発が進められており、「まちづくりガイドライン」によって複数の都市開発を一体的に調整・計画する。渋谷は、地上と地下で複数の鉄道が交差しているため、象徴的な駅舎を設けるのではなく「アーバンコア」と名づけられた地下階と地上階をつなぐ吹抜け空間を再開発ビルに複数設けることによって、わかりづらい地下に場所性を与え、明快な都市空間を生み出す工夫が行われている。

※3　関西では鉄道会社が沿線開発の一環として建設した野球場の再開発も進んでいる。屋上庭園が特徴的ななんばパークス（大阪球場跡地）や24万㎡を超える巨大ショッピングセンター西宮ガーデンズ（西宮球場跡地）が代表例である。

図12.2　門司港駅

図12.3　京都駅

近年再開発された札幌駅や博多駅では、駅周辺の賑わい空間創出を狙って、イベントが開催できる屋外広場が駅前広場内に設けられている。

図 12.4　博多駅

首都のランドマークとして機能する東京駅

　日本を代表する鉄道駅である東京駅では、丸の内側と八重洲側で異なるアプローチが取られている。丸の内側では、辰野金吾の設計により 1914（大正 3）年に象徴的な駅舎が完成した。皇居と東京駅をつなぐ行幸通りが関東大震災後の復興で計画され、駅舎のランドマーク性が高まった。戦災により駅舎は 3 階部分を焼失、戦後は 2 階建てとして再建された。1990 年代には丸の内駅舎を解体して高層化することも検討されたが、最終的には東京のシンボルとしての歴史的な駅舎の価値が重視され、戦前の意匠に復原された。その際、丸の内駅舎上空の容積率は、特例容積率適用地区制度【参照】を用いて、周辺の街区に移転することが認められ、歴史的建造物である駅舎の保存・復原駅舎の立地に備わる経済的な価値のバランスが図られた。丸の内駅舎復原と並行して、東京駅から皇居に至る行幸通りの再整備も行われた【参照】。

図 12.5　東京駅八重洲口

【参照】特例容積率適用地区制度➡ 11.2　P.203

【参照】東京駅の再整備➡第 12 講扉　P.213

　八重洲側の駅前広場には、戦後駅舎上部にデパートが設けられており、八重洲側の駅前通りにあたる八重洲通りの正面が遮られていた。丸の内側では駅舎に向かう眺望を強化するかたちでアーバンデザインが進められたが、八重洲側では眺望を遮る正面の建物を解体し、グランルーフと呼ばれる大屋根を設けてまったく新しい都市の顔を演出している。デパートを含む超高層ビルが駅前広場の南北の端部に建設された。駅正面の広がりのある空間を担保しながら、駅直結の土地の価値を最大限活用している事例である。

駅とまちのつながり

　駅前広場は、駅とまちのつながりを担うアーバンデザイ

ン上の大切な空間として重要な役割を果たしている。駅前広場のそもそもの役割は、鉄道とバスやタクシー・自家用車との乗り換えと駅を使う歩行者の円滑な集散を支える空間の提供にある。駅前広場の面積の算定や交通計画の方法では、滞留を主な機能とする他の公共空間と異なり、移動を支える空間が求められる[4]。アーバンデザインの観点では、駅前広場・駅舎と都市のつながりを考えることが重要となる。

旧国鉄の主要駅の多くは、歴史的な都市の中心からやや離れた場所に位置している。鉄道が敷設された時代に蒸気機関車が主流だったこともあり、まちなかに鉄道が乗り入れることを当時の商業者が嫌ったためであるが、時代を経て駅周辺に市街地の中心が移動している事例も多い。戦災都市では、復興時に駅前広場の拡張とあわせて駅と中心市街地を結ぶ広幅員の道路が計画された。駅舎の正面に駅前広場が広がり、駅前通りを歩くと市庁舎や中心商業地に至る都市構造は画一的との批判もあるが、当時のアーバンデザインの成果ともいえるだろう。近年は、このような駅周辺特有の都市構造を活かしながら、駅舎と駅前広場を中心に各地で都市再生が進められている[5]。

一方、都市部を中心に鉄道駅と周辺の商店街などが近接し、駅前広場を設ける空間的な余裕がない事例も多い。他の交通機関からの乗り換えが少ない場合は、交通広場の機能にこだわらず、集中する歩行者のための広場空間を生み出す工夫が行われている。駅出口周辺への自動車の乗り入れを制限して生み出されたJR有楽町駅前の広場（図12.6）や御茶ノ水駅聖橋口周辺の公開空地を活用した広場は、第9講で学んだ都市開発制度を通して、鉄道事業者ではない民間開発事業者が駅とまちをつなげる空間を生み出している。

※4　駅前広場の面積不足を補い、歩行者と自動車の平面交差を最小限にするために、駅前広場にペデストリアンデッキが設置されている事例も多い。動線の交錯が減少するメリットの一方で、デッキ下の地上部分が自動車中心の暗い場所になってしまうことがある。地上レベルに広がる既成市街地とデッキの接続に上下移動が発生することも課題となる。

図12.6　有楽町駅の駅前広場

※5　地上の都市空間のつながりを重視した駅前空間の整備事例として、忠別川の河川整備と一体的にデザイン調整が行われた旭川駅や、駅前広場から続く都市の骨格に大胆に緑を取り込んだ大分駅南口（上野の森口）が挙げられる。都市空間だけでなく、周辺のランドスケープも取り込みながら、都市の魅力を生み出している事例にも注目してほしい。

世界遺産と街をつなぐ駅前広場（姫路駅）

　駅前広場再生の好例として姫路駅を事例として紹介する。姫路城を中心とした城下町に、戦災復興区画整理により駅前通り（大手前通り）と駅前広場がつくられた。ただし、駅前広場は交通広場としての役割が重視され、自動車の空間が中心に据えられていた。また、姫路のシンボルである世界遺産・姫路城への眺望も、十分確保されていない状況にあった。

　姫路市は、アーバンデザインの専門家や市民によるワークショップを経て、バスやタクシーの乗降場を広場西側にコンパクトに集約し、姫路城からまっすぐに駅前広場に伸びる大手前通りの正面に眺望ゲート「キャッスルビュー」を設けることを決めた。バス・タクシーを西側に集約したため、大手前通りの歩道は車道に遮られることなく、駅正面に至る構成となった。眺望ゲートの設置や大手前通りの歩道と駅前広場の一体化により、駅からまちに向かう人々は、大手前通りの正面に姫路城を望む空間が実現された。広場東側には、芝生広場やサンクンガーデンなど、駅を訪れた人が楽しむことができるパブリックスペースが設けられ、駅前広場に人が居る風景を生み出している[6]。

鉄道の地下化と連続立体交差事業

　近年は、鉄道による市街地の分断を減らすため、鉄道を高架化する連続立体交差事業も進められており、大都市中心部では地下化する事例もある。鉄道が高架上になった場合、駅施設も地上に設置することが可能となり、鉄道をはさんで分断されていた駅の両側も自由通路と呼ばれる改札内に入ることなく利用できる歩行者導線で接続することが可能となる。ただし、鉄道高架の設置によって沿線の景観の悪化、日当りなどの環境の悪化が生じる可能性もあるので、高架化によって生じる利点と課題を十分に吟味することが重要となる。高架化や地下化によって生じる廃線空間

図 12.7　姫路駅前広場から姫路城を望む

や高架下など再生・活用の事例は、改めて周辺の都市空間との関係を丁寧に読み解く必要がある（鉄道跡地については第13講も参照のこと）。

東京の秋葉原駅から御徒町駅の区間の高架下を利用した2k540 AKI-OKA ARTISAN（フランス語で職人を意味する）は「ものづくり」をテーマとしたユニークな空間である。駐車場や倉庫として利用されていたが、円柱が並ぶフラットスラブ工法の大空間を活かして、工房を併設する専門店が入居する鉄骨造のボックスが並んでいる。騒音が避けられない高架下の空間を、ものづくりの工房として活用することで、特徴ある場所を生み出した。時間と空間のシェアをコンセプトとした「中目黒高架下」や東横線跡地を活用した「ログロード代官山」など、線形に連続する空間の特性を活かした再生が各地で進められている。

図 12.8　秋葉原御徒町間の 2k540

図 12.9　代官山ログロード

交通施設の開発とプロジェクトマネジメント

交通施設と都市空間を一体整備することによって、日常生活に密着した魅力的な都市のノードが生まれる。しかし、完成形は単純に見える空間でも、駅やターミナルと一体化した建築物の建設には、様々な調整が求められる。

再開発に取り組む鉄道駅は既設であり、工事期間中も交通機関として機能し続けることが求められる。工事によって鉄道の運行に影響を与えないためには、鉄道事業者・開発事業者・設計者・施工者を交えた入念な事前調整と設計、施工における工夫、工事期間中の計測が行われている。出入口の位置の変更は都市内の人の流れにも大きな影響を与えるため、行政や商業事業者や住民との協議も不可欠である。関係者との協議やスケジュールの調整など、複雑なプロジェクトをマネジメントすることも、まちと駅をつなぐアーバンデザインに欠かせない要素である。

12.2　地下鉄駅とまちの関係

前節では、地上駅とまちの関係を解説したが、本節では地下鉄駅を中心に地下空間とアーバンデザインの関係を学ぶ。場所性を失いやすい地下空間特有の課題を意識して事例を読み解いてほしい。

地下鉄駅から広がるアーバンデザイン

地上に駅舎をもつ一般の鉄道と比べて、地下鉄駅の出入口は都市のなかでも少々わかりづらい存在である。方向や場所を把握しづらい地下空間と地上のランドマークや街路をどのように結びつけるのか、地下鉄駅のアーバンデザインを考えるうえで代表的な課題である。

歴史的には、幅員に余裕がある歩道に堂々とした駅出口を設ける事例が中心であったが、地下鉄ネットワークが拡大するにつれて、歩道が狭く駅出口を確保できないため、道路上ではなく、沿道の民間の敷地に区分地上権を設定して出入口を設ける事例も増加している。

地下鉄駅出口と都市開発

大規模な都市開発を地下鉄駅周辺で行う場合、新たに開発するビルが駅直結となることにより、ビル利用者の利便性も向上し、不動産価値も向上するため、民間開発も地下鉄駅に接続する事例が多い。インセンティブゾーニング[参照]の公共貢献として、地下鉄駅との接続や駅出口の敷地内の設置が認められており、土地の不足により十分に整備されていないエレベーターやエスカレーター等の施設が民間ビルに設けられた事例もある。

多くの地下鉄駅出口は、道路下のコンコースや地下街とビル内の階段やエスカレーターを接続させており、地下鉄を示すサインが地上部に掲出されることで駅の存在を周知しているが、大規模な都市開発の中には、より直感的に地

図 12.10　みなとみらい駅

【参照】インセンティブゾーニング➡9.1　P.164

下鉄の存在を示す空間デザインを行っている事例もある。例えば、横浜市臨海部のみなとみらい駅は、みなとみらい線の駅上部に大規模な吹抜けを設け、地上階からもプラットホームや行き来する電車を見ることができる。

地上の公開空地の一部を地下のコンコースレベルまで掘り込み、サンクンガーデンを設けて日光や緑を演出することで、単調な地下空間に場所性を与えながら、地上との一体感を高める工夫も見られる（大手町の森、地下鉄南北線六本木一丁目駅・ロンドンのカナリーワーフ駅）。また、地下鉄出口周辺を広場化したり、出入口を象徴的な建物（六本木ヒルズ・メトロハット）とすることによって、都市空間における地下鉄駅の存在感を高めた事例もある。いずれの事例も、単調な地下空間に変化を与え、地下と地上をつなぐアーバンデザインの好例である。

図12.11　大手町の森と地下鉄大手町駅へ向かうエスカレーター

図12.12　イギリス・ロンドン　カナリーワーフ駅

地下街と地下歩道

地下鉄駅と関係が深い都市空間として、地下街や地下歩道が挙げられる。地下街は、東京・八重洲地下街や福岡・天神地下街の事例が広く知られている。戦後、都心部の地価が高騰したこと、自動車交通の増加に伴い、地上部に歩行者空間が不足したこともあり、全国の大都市で地下街の建設が行われた。ただし、地下空間における火災やガス爆発などへの対応が難しいこともあり、道路法・建築基準法・消防法等により防災上の様々な規制が設定され、1970年代から新規の建設は抑制されてきた。現在は各自治体が、火災等への対応を目的として避難階段や通路幅など地下街等に関する基準を独自に定めている。

地下街は、地下鉄コンコースと接続しており、公共交通機関の乗り換え経路となっている場合も多い。店舗としての魅力的な空間構成と、歩行者通路としての機能を両立させる必要がある。そのため、一般の商店街等に比べると通路上への店舗空間の広がりが厳しく制限されている。一方

図12.13　福岡市の天神地下街

福岡の天神地下街では、「劇場」をコンセプトとして「客席」である通路には影を与えて暗く、「舞台」である店舗は華やかに明るく演出している。石畳や煉瓦を多用した舗装、唐草模様の鋳物を用いた天井などの細部のきめ細やかな意匠と照明計画により、開業後40年以上を経ても色褪せない地下空間を生み出している。

で照明の演出により商業施設として一体性を打ち出しやすい側面もある。

　地下街と異なり、道路下に店舗をもたない地下の歩行空間としては、札幌駅と商業の中心である大通をつなぐ「チ・カ・ホ」（図12.4）の事例が挙げられる。地下空間は方向や場所を把握しづらいという課題がある一方で、気候や天候に左右されない歩行空間を提供できるため、世界的にも寒冷地では広く普及している。札幌の地下歩道では、国道の一部として整備された地下歩行空間[※7]と従来の地下鉄コンコース、沿道の民間ビルの地下階を継ぎ目なく接続することで、わかりやすく使いやすい空間の提供に成功している。民地側の地下階と地下歩道の接続を地区計画によって積極的に促し[※8]、地下歩道から民地側の店舗の賑わいを可視化することで退屈で圧迫感のある地下歩道のイメージを払拭した。

　主要な交差点の地下に設けられた交差点広場や沿道の「憩いの空間」は、エリアマネジメント団体[参照]が管理して、様々なイベントが開催されており、単なる通路ではなく、冬も安心して過ごすことができる市民のパブリックスペースとして広く利用されている。

図 12.14　札幌市　地下歩行空間「チ・カ・ホ」

※7　地下歩道は、道路地下に存在する様々なインフラの制約により、天井高は低く抑えられているが「スルーホール」と名付けられた天窓が設置され、天井もルーバーとすることで、圧迫感のない地下空間をつくり出している。

※8　地下歩道への接続を高く評価し容積率ボーナスにつなげる地区計画が設定されている。民間事業者側も、歩行者通行量の多い地下歩道に接続することで開発の価値を高めることができるため、両者の接続が積極的に進められている。

【参照】エリアマネジメント団体
➡第9講 9.2　P.172

12.3　都市内の交通とアーバンデザイン

　本節では、路面電車やバスなど、鉄道よりも輸送力が小さい公共交通を中心に、自動車・自転車なども含めて、幅広く都市内の交通とアーバンデザインの関係を学ぶ。

LRT 導入と都市の再生

　LRT とは、Light Rail Transit（輸送力が一般の鉄道よりも小さい軌道交通）の略称であり、戦後の一時期まで広く普及していた路面電車に加え、モノレールやゆりかもめ等の新交通システムも含む概念である。ただし、国内では

低床化など車両の改良、軌道・電停の改良により定時性や快適性を高めた次世代型路面電車を指す言葉として用いられている。

LRTは公共交通機関であり自家用車の利用と比べると環境負荷が低いこと、地下鉄や新規の鉄道建設と比べて整備コストが低く、地上部分を走るため既存の市街地との接続が容易であること、低床車両の導入と電停のバリアフリー化により段差が小さく誰もが利用しやすい交通機関であることなどを理由に、地下鉄ほどの輸送力を必要としない地方都市に対して、国が整備の支援を進めている。

アーバンデザインの視点から見たLRTの特徴は、道路内に軌道や電停を設置することにより、道路空間の構成とデザインを変える力があること、定期的に電車が市街地を通過するため斬新なデザインの車両により、まちの風景がわかりやすく変化することが挙げられる。

図 12.15　フランス・リヨン郊外・ガルニエ設計の団地の沿道を走る LRT

都市の風景を変えたストラスブールの LRT

フランス・ストラスブールでは、1990年代にLRT中心のまちづくりを進めることを決断し、同時に都心部の自動車流入抑制も開始した。都心部のLRTの軌道はトランジットモール化（次頁にて詳述）されており、自動車で都心部に行くよりもLRTを利用したほうが、利便性が高い都市構造に転換した。LRTの駅、特に都心部の乗り換え駅であるオムドフェール（Homme de Fer）駅ではガラスを用いた象徴的なデザインによって、歴史的な市街地に新たな風を吹き込んだ。一部の軌道は緑化され街路の景観も一変した。車両自体も7連接の大型低床車でガラス面を多用したデザインを導入し、従来の路面電車のイメージを大きく変える革新的なデザインの車両であった。ストラスブール市のLRTの導入は、想定以上に成功をおさめ、2017年現在は6路線、60kmを上回る路線延長を誇る。

図 12.16　フランス・ストラスブール LRT Homme de Fer 駅

図 12.17　工場跡地の再開発地区の骨格として採用されたスウェーデン・ストックホルム市ハンマルビー・ショースタッドの LRT

富山市 LRT のトータルデザイン

　国内の LRT の代表例として知られる富山市[9]では、駅や車両のデザインを中心に事業全体を統合的にデザインする「トータルデザイン」と呼ばれる手法が用いられた。デザインチームは「まちづくりと連携して富山の新しい生活価値を創造する」という目標を掲げ、「都市の新しい風景を創る」、「新しい生活行動を創る」という方針で取組みを進めた。

　具体的には、車両は立山の新雪をイメージした白を基調に7色のアクセントカラーが用いられ、駅はマストを意識したデザインでガラスを主体にした透明感の高い壁面が特徴的である。壁面の一部に地元企業の協賛を経て、「電停ギャラリー」が設定されており、各電停の特徴的な風景や食べ物など地域資源をテーマにデザインが工夫されている。シンボルマークのデザインや広報計画、車両広告もトータルデザインの一環としてコントロールされた。車両のデザインも市民投票によって選ばれており、専門家のチームがトータルデザインを先導しながら、要所で市民や地元企業の参画や協力を得て、開業までのデザインが進められた。

　個別にデザインを行うのではなく、「自動車中心の富山市民の生活を変える」、さらには公共交通中心の居住スタイルへの転換を促すために、市民に乗ってみたいと思わせる工夫を随所に組み合わせている点に注目してほしい。

トランジットモール

　トランジットモールは、主に都心部の代表的な街路において、公共交通以外の車両の通行を禁止し、歩行者空間化する手法であり、欧米の都心部では広く取り入れられている。米国のデンバー市では中心部の 16th Street を約 2km にわたってトランジットモール化し、無料のシャトルバスを運行しているが、中心市街地として多くの商店や飲食店が軒を連ねており、都市戦略としても成功をおさめている。

※9　富山市は、もともと通勤・通学に占める自家用車の割合が高く、一戸建ての住宅地や大型のショッピングセンターを中心に、郊外化が進む日本の典型的な地方都市であった。富山市は、前述のコンパクトシティ政策を具体化するための公共交通として LRT を選択し、積極的に LRT の整備と LRT の電停を中心としたまちづくりを展開している。2006 年に廃線となった JR 富山港線の一部を転用して、車両や電停は新たに刷新するかたちで事業が進められた。

図 12.18　特徴的な車両と駅のデザインが展開された富山 LRT

図 12.19　デンバー 16th St.

LRT の場合、道路上の軌道の導入は、相対的に車両の通行空間が減少するため変化は大きいが、軌道自体を緑化することで、道路の中央部に芝生の空間を生み出し景観面でも大きな変化を生み出すことが可能である。

BRT やバスによる都市再生

　BRT は、Bus Rapid Transit の略称であり、専用の走行レーンをもち、一般のバスと比べてバス停間の距離が広くとられており、走行速度・定時性の高いバスの総称である。輸送力を高めるために連接バスを導入している事例もある。

　前述の LRT と類似した特徴をもっており、軌道が必要ないため整備費が安く路線の自由度が高い。ブラジル・クリチバ市[10]や米国、クリーブランド市[11]の事例が広く知られている。

　また、BRT ではないが、近年は都心部において無料の周遊バスを提供し、都心部の回遊性の向上をサポートする事例も数多く見られる。対象地区のエリアマネジメント組織が資金を拠出している場合が多く、「歩いてまわれるまち」をシャトルバスサービスで補完し、エリアの価値を高めることが意識されている。

駐車空間とアーバンデザイン

　歩行者中心のアーバンデザインを考えると、自動車を排除してしまいがちだが、公共交通が発達していない都市では車は必要不可欠な生活のツールである。

　駐車空間をアーバンデザインとして検討する際には、駐車場の存在自体を否定するのではなく、どのような工夫を行えば、駐車空間と歩行者を中心とした都市空間が共存できるのかを考えることが大切である[12]。

　市街地の駐車場は、路上駐車場と路外駐車場に分類できる。走行レーン以外に道路幅に余裕がある場合、路上駐車場を設けることが可能となる。縦列に車両が多数並ぶと街

※10　特徴的なチューブ型のバス停と定員 270 人の連節バスを用いた幹線バスを中心としたクリチバ市のバスシステムは、人口 170 万人を超える同市の市民の移動を支えている。都心から放射状に伸びる幹線道路に BRT を導入し、同時に幹線道路を開発軸として高密度な開発を誘導している。

※11　米国・クリーブランドでは、都心部と病院・大学が集積するユニバーシティ・サークルを結ぶ BRT「ヘルス・ライン」を導入し、沿道の都市再生を進めている。都心部では、道路中央に専用レーンと象徴的なバス停を設置しているが、郊外では歩道側にバス停を設けており、車両は両側に出入口のバスを備えた車両が用いられている。

図 12.20　ヘルス・ライン（クリーブランド）

図 12.21　コロンビア・ボゴタの BRT トランスミレナリオ

路に圧迫感が生じることもあるが、民地側に駐車場を設けずに路上駐車場を活用することで、歩道と商業空間が接することが可能となる。路上駐車場を設ける際は、街路樹や横断歩道によって駐車帯を視覚的にも分割すること、民地側の壁面線の後退させないこととして街路全体の幅員が広くなりすぎないことなどに留意する必要がある。つまり、駐車帯だけでなく、沿道建物を含む街路全体の断面を丁寧に検討し、利害関係者と空間像を共有することが必要となる[13]。

駐車場を多く必要とする施設は、平面駐車場と立体駐車場、地下駐車場のいずれかの形態で路外駐車場を備えている。アーバンデザインとの関係で考えると、駐車場の形態に加えて、駐車場の出入口についても留意する必要がある。

平面駐車場は、駐車台数が面積と比例するため、大規模商業施設は、平面駐車場の「海」に店舗が「島」として浮かんでいる状態になる傾向がある。店舗を訪れる歩行者や自転車は「駐車場の海」をわたることになり、美観上も快適性の観点からも課題となる。

植栽と舗装の工夫により広大な駐車場を小さなまとまりに分け歩行者空間を高質化することで、ある程度の改良は可能になる。また、施設を街路に面した位置に計画し、施設の背面に駐車場を設けることで、都市において重要な街路との関係を崩さずに平面駐車場を設置することもできる。

立体駐車場は平面駐車場ほど広大な面積を占めることなく、駐車台数を確保できることが利点である。一方で1階の街路に面した部分も無機質で簡素な立体駐車場の構造物がむき出しとなるため、周辺の建物との調和や歩道空間の充実という点での課題は残る。人通りが多く低層部の商業利用が見込めるエリアでは、立体駐車場の地上部分に店舗を設け、地上レベルの賑わいの連続性を保つ工夫をしている事例も多い（図12.22）。地下駐車場は、地下に駐車場が格納されるため、アーバンデザイン上は望ましい形態であ

※12 長期的には、カーシェアやライドシェアの普及により、都心部の駐車スペースの需要は低下する可能性も指摘されている。その場合でも自動車の乗降空間は不可欠であり、歩行者と自動車の接点を検討する必要がある。

※13 米国で近年導入されつつあるフォーム・ベースド・コードなども誘導の具体的な方法である。

図12.22　1階に店舗を設けた立体駐車場の事例（米国・デトロイト市）

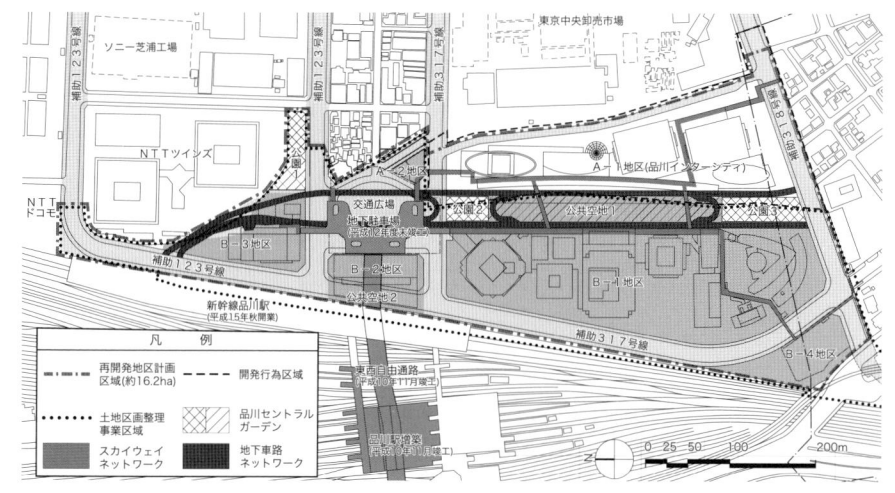

図 12.23　品川駅東口地区の地下駐車場ネットワークと公開空地

るが、建設コストが高いことが課題である。

　地下駐車場や立体駐車場を計画する際は、出入口の設置によって、主要な歩行者空間が駐車場の出入りの交通により遮られないこと、駐車場の出入口で発生する待ち行列が幹線道路に影響を与えないことを確認しなければならない。都心部の開発では、駐車場の出入口を減らすために、複数の開発で駐車場をネットワークし、出入口を集約した事例も増加している（図 12.23）[14]。

自転車とアーバンデザイン

　近年、日本でも自転車専用道や自転車専用レーンの設置が進められている。アーバンデザインを考えるうえで重要な自転車の特性は、歩行者よりもスピードは速いこと、自動車と異なり移動する人と都市空間に隔たりがなく走行空間の周辺の市街地や緑を直接感じられることである。

　米国を中心に広がりつつあるコンプリート・ストリート【参照】の概念はすべての利用者に安全な移動空間を提供することを目的としているが、現実的には自転車の走行空間の

[14]　再開発地区計画で定められた品川駅東口の再開発地区の駐車場を結ぶ「品川パーキングアクセス」や、コレド室町を中心とする日本橋室町東地区の地下駐車場ネットワークなどが事例として挙げられる。

【参照】コンプリート・ストリート
➡ 6.1　P.116

確保に力点が置かれている。

　ニューヨーク市交通局がこの概念に基づいて改変したマンハッタンの9番街では、車道の各レーンの幅員を絞り歩道と駐車帯の間に自転車レーンと緩衝帯を設置して、実際に自転車利用者の増加と自転車接触事故の減少を確認した。緩衝帯は交差点では歩行者用の交通島となるため、歩行者が横断する車道の幅員も狭くなり歩行者にとっても横断しやすい街路となった[※15]。駐車帯と走行レーンの間にある従来型の自転車レーンは、自動車が自転車走行空間に進入可能であり駐車帯の車との接触の危険性があった。

　コンプリート・ストリートは、トランジット・モールのように都市の目抜き通りのみを対象とした概念ではなく、市街地の道路すべてを対象としている。路上駐車帯や自動車の走行空間を確保しつつ、自転車レーンや緑化を進め、様々な移動手段が限られた街路空間を共有することを目指した動きであるといえるだろう。

都市を活気づける「遅い交通」

　ベロタクシーや人力車は、速く時間通りに移動することではなく、まちをゆったりとめぐることを楽しむ交通手段である。また、特徴的なデザインで統一されたレンタサイクルも、近年多くの都市で導入され、観光や日常生活のツールとして定着し始めている。

　これらの「遅い交通」は、街を訪れた人々にとっての観光の選択肢を提供するだけでなく、特徴的なデザインを備えた乗り物が都市をめぐることが、画一的になりがちな都市の風景に変化と活気を与えている。

　交通を単なる移動手段として捉えるのではなく、人々の活動を都市に表出させるアーバンデザインのツールとして多面的に捉え、交通と都市空間の接点を考えてほしい。

図 12.24　シカゴ・ランドルフ通りの自転車道

※ 15　歩道と自動車走行空間の間に設置された独立型の自転車レーンは、自転車利用が進むオランダでは広く普及している。ただし、沿道の施設に自動車による搬入などが行いづらくなるなどの課題はある。

図 12.25　米国ボルチモア市　都心部を周遊する無料バス Charm City Circulator

図 12.26　米国シカゴ市自転車専用道ブルーミング・トレイル（第 13 講参照）出口近くに設置されたレンタサイクル・スポット

都市を再生する

人口減少が始まった多くの都市は「再生＝再開発」というアプローチでは対応できない課題を抱えている。本講では、中心市街地・住宅地・工場跡地の再生のアーバンデザインを学ぶ。建物や土地が余る現代では、従来の用途にとらわれず、社会や市民の新たなニーズを生み出す場所の使い方が問われる。従来の単純化された用途ではなく、生活の変化に応じて豊かな使い方を許容する都市空間を構想する力が必要とされる。

鉄道廃線を転用したハイライン（ニューヨーク市）

13.1　成熟期を迎えた都市の課題と再生

「何をつくるか」から「何をどう使うか」へ

　人口減少時代の都市は、「新たにつくる」必要がない反面、限られた労働力と経済力で人口増の時代に供給された膨大なストックに向き合わなければならない。拡大の時代との根本的な違いは、需要が限られるが、空間ストックは余っている点にある。新たに「何をつくるか」よりも、「何をどう使うか」という視点が重要だ。そのためには、既存ストックに刻まれた歴史を活かし、新たな使い手を見つける工夫が鍵となる。

　空き地・空き家の増加は、既成市街地の広い範囲にわたってまばらに発生する。そのため、特定の土地を一時期に開発した「つくる時代」よりも長い時間軸のなかで、利害や意見の丁寧な調整が必要となる。そして、竣工時に最良の状態をつくり出すのではなく、再生の途中の状況や暮らしにも目配りをしながら取組みを進めることが大切になる。

　立地適正化計画【参照】では、人口減少への対応に踏み込んだ都市計画の方向性が模索されている。「都市機能誘導区域」への集約は再生＝再開発で実現可能な部分もあるが、市街化区域のなかでも「居住誘導区域」に指定されていない既成市街地では、密度の低下を「空間のゆとり」として前向きに活用するアーバンデザインが求められる。

【参照】立地適正化計画➡ 4.4　P.84

　使い手を見出し、良い空間を保つためには、維持管理が経済的にも成立する、すなわち「適度に稼ぐ」ことも考えなければならない。すべての市街地に行政が公的支援を提供することは困難であり、現実には住民組織や地縁団体も主体となる。民間だけでなく非営利の活動を続けるためにも補助金に頼らない「場」の経営を考える必要がある。また、地域によっては二地域居住者や外部の人間の協力も視野に入れる必要があろう。

13.2 中心市街地の再生

商店街を含む中心市街地の衰退は、ショッピングセンターとの競争や、住宅地の郊外化による近隣の居住者の減少など、様々な要因が指摘されている。鉄道利用者が多い大都市の駅周辺の商店街は活気を維持しているが、車通勤が多い地方中小都市では、郊外の大規模店舗のほうが生活の動線上も立ち寄りやすい存在だ。小売の分野ではネット通販との競合もあり、従来のように小売業が集積するだけでは中心市街地の再生を進めることは難しい状況にある。

「商店」街から「集い、出会う」街へ

中心市街地の再生を考える方向性を、用途と仕組みの観点から整理したい。小売の集積だけではなく、交流や文化など特徴的な機能と空間を提供することで、他にない魅力を生み出し、飲食や買物を誘発するという戦略が挙げられる。具体的には、イベント広場や図書館、文化施設を中心市街地に集積させ「まち」でしか体験できない機能と空間を付加することで魅力を高めている。居心地の良い交流の場としての中心市街地の役割を再確認することもアーバンデザインの起点となるだろう。

中心市街地では、商店街を構成する店舗のオーナーが異なり、商店街のテナント構成の調整や公共空間・サービス施設の設置・維持管理について迅速な意思決定が難しい点が課題である。2000年代初頭に導入されたTMO（Town Management Organization）は、自治体と商業事業者等の民間が連携して中間的組織を設けて、中心市街地に必要となってきた様々なマネジメントを一元的に行う組織である。長野県の地方都市・飯田では、飯田まちづくりカンパニー[※1]が主体となり「市街地ミニ開発事業」と呼ぶ小規模な再開発事業と店舗管理を進めるとともに、中心市街地におけるイベントや文化事業も手がけている[※2]。第9講の高松・

図13.1　グランドプラザ（富山市）
富山の中心市街地では、市街地再開発事業によって、雪の多い気候にも配慮した屋内の広場空間（富山グランドプラザ）が設置され、年間を通して様々なイベントが開催されている。市立図書館も広場の近傍に設けられた。

図13.2　マルヤガーデンズ（鹿児島市）
鹿児島市のマルヤガーデンズは、開業当初、百貨店の中高層階に「ガーデン」と呼ぶ市民が利用できるコミュニティスペースを設けることで、中心市街地に訪れる機会を創出することに注力していた。

※1　地元商業者・飯田市・政投銀・地域の金融機関が出資している。

※2　第15講で取り上げる公園や道路空間との連携による中心市街地の「場の魅力」を高める工夫も重要な取組みである。

丸亀商店街も中心市街地のマネジメントの好例だ。

　中心市街地の再生には、店舗の魅力を更新することも重要である。表通りが「シャッター街」になった商店街でも、裏通りや脇道には新たに開店したお店が連なる界隈がある。表通りの賃料が下がりづらいが、少し外れた場所の賃料は独立開業する若いオーナーに手が届く範囲の場合が多い。そして、特徴ある店舗が複数集積することで、その場所でしか手に入らない商品や体験を求めて、特徴ある顧客が集まり始める。魅力ある個人商店を計画的に集積させることは難しいが、小規模店舗を集めたチャレンジ・ショップなど、新陳代謝を促す側面支援には長期的な効果がある。

　中心市街地周縁部に発生する空き地や駐車場は、にぎわいの連続性を損なう課題とされてきたが、近年は空き地をパブリックスペースとして活用することで、新たな交流の可能性を探る動きも広がっている。佐賀市の中心市街地に発生した銀行跡地を活用した「わいわいコンテナ」は、コンテナを改装した図書室と芝生広場、ウッドデッキを設け、子育て世代を中心にした新たな人のつながりを生み出した。

図 13.3　佐賀市わいわいコンテナ 2

再開発事業と再々開発

　市街地再開発は土地と建物を共同化し、床を区分所有するという前提で土地所有が細分化された中心市街地の建物更新に大きな役割を果たしてきた。しかし、再開発後の床の需要が十分に見通せなければ、土地や建物を共有していることは、所有者にとって良いことばかりではない。更新期を迎える過去の再開発事業で生まれた大規模建築物では、建物の改修やテナントの入居など調整事項は多いが、所有者が多いため意思決定が難しい状況が生まれている。

　一般に再開発事業を再々開発する場合は、さらに容積率を高めて生み出した保留床を売却して事業費を捻出する。しかし、地方都市で床の需要が見通せない場所では、建物を分割・減築し、土地の所有を再整理して区分所有者全員

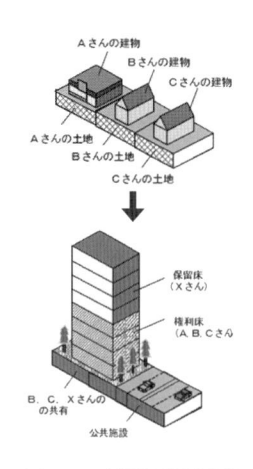

図 13.4　市街地再開発事業の仕組み（権利変換方式）

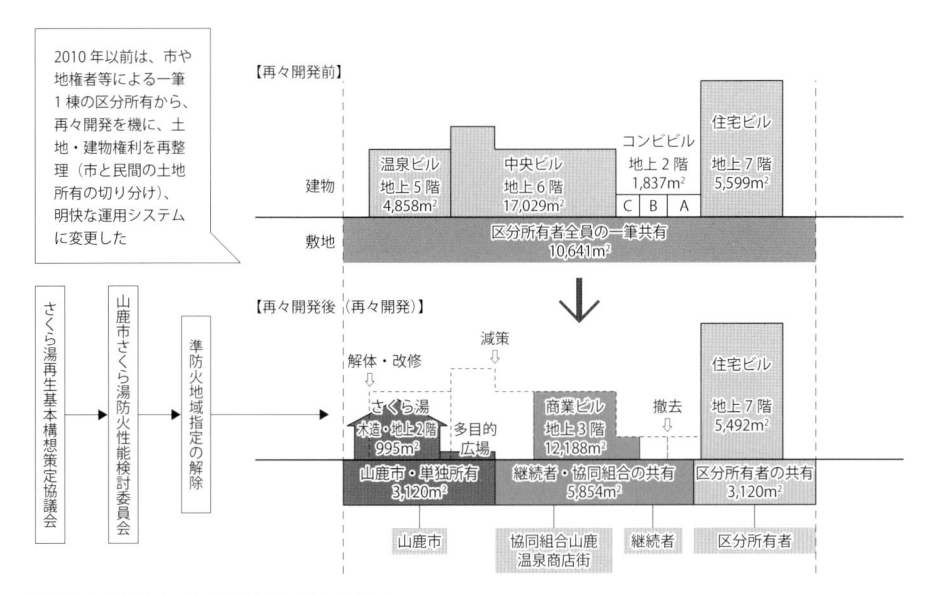

図 13.5　山鹿市さくら湯の再々開発前後の比較

の一筆共有から、建物ごとの所有に変更した事例（山鹿市さくら湯）も存在する。新規の市街地再開発事業でも建築物の規模を抑制し、法定容積率を使い切らない「身の丈に合った再開発」と呼ばれる事例が地方都市を中心に増加している。

公有地や公共施設跡地の活用

　過疎化の進む集落や都心部の家族世帯が少ない地区では、児童数の減少により公立の小中学校が廃止される事例が増加している。学校以外にも病院や合併に伴う庁舎の廃止によって、街中に公有地の跡地が発生するケースは多い。

　自治体経営の面から考えれば、短期的には土地売却によって歳入が増加することが望ましい。しかし、いったん手放した公有地の再取得は極めて難しく、長期的に公有地の需要も読みづらいため、近年は長期間の定期借地によって公有地のまま民間活用を行う事例も増加している[※3]。

※3　池袋駅近くの旧豊島区役所跡地や新しい渋谷区役所の敷地の一部には、民間事業者へ70年以上の長期の定期借地が設定されている。

小学校は児童の居場所であるばかりでなく、地域コミュニティの中心として機能している。学校跡地の取り扱いは利用者である住民との丁寧な議論が重要となる。例えば、町内会の活動の場を用途転換後も確保するなどの工夫が求められる。また、児童の保護も視野に入れて計画されている学校から、地域や都市に開かれた施設にする際には、1階部分のデザインや外構部分の工夫を加える必要がある。

　近年、東京や京都ではアートを利活用テーマの中心に据えて事業を行っている事例が展開されている。千代田区の旧練成中学校を活用した3331アーツ千代田では、アートセンターとしての事業計画と建物のリノベーションの計画を一体で評価するプロポーザルが実施され、運営団体が改修工事にも深く関与して再生を進めた。隣接する練成公園と一体化し、公園側にデッキを設けてコミュニティスペースやカフェを設けることで、地域住民や来訪者の施設に対する敷居を下げる工夫を行っている。

図 13.6　3331アーツ千代田の 1 階

13.3　人口減少地区の再生

　人口減少地区の最大の課題は、誰がどのような動機で「再生」に取り組むのかという点にある。人口減少地区は高齢化も進んでいる場合が多く、空き地・空き家が発生しても再生の「担い手」が見つからなければ、状況は変わらない。再生が進みつつある現場では、旧来の住民と、外からその土地の魅力に惹かれ、その土地に移り住む「よそ者」の協力が取組みの原動力になっている。

　本節では、既成市街地における「空き家の再生」、計画市街地の代表例である「団地の再生」、空き家から建築物が撤去された「空き地の再生」の三つの事例に分類して、人口減少地区の再生の考え方を学ぶ。

既成市街地の空き家の再生

　空き家、つまり利用者がいない状態の住宅の存在は、人口減少の進行とともに社会問題化している。2014 年には、管理が不適切で周囲に悪影響を及ぼす「特定空き家」の除却の代執行を一定条件下で認める特措法も制定された。空き家の発生にはいくつかのパターンが存在する。

　一つは、ある程度の住宅需要は存在するが、建物や建物へのアクセスに課題があり居住者が減少する場合である。特に国内で多い事例は、自動車が乗り入れできない狭小道路にしか接道していない住宅地である。平地の密集市街地では、建替えとあわせて細街路を拡幅できるが、地形の制約がある斜面地では単純な拡幅は難しい。

　広島・尾道の山手地区では、階段でしかアクセスできない斜面地に大正期に建設された別荘建築が散在している。NPO 法人尾道空き家再生プロジェクトが中心となり、空き家の存在だけでなく、その再生するプロセスを発信している。セルフ・リノベーションのように空き家を身の丈で取り扱える対象とする工夫も加え、移住希望者が空き家の再生とその後の暮らしを具体的にイメージできる情報提供といえるだろう。港町を一望する景観と歴史的建造物の魅力に惹かれ、坂道の不便さを受け入れて、空き家を再生して生まれた空間を楽しむ移住者が徐々に増え始めている。

　二つ目のパターンは、過疎化によって地区の人口が大きく減少し、建物や市街地環境に問題はなくとも、住宅のニーズ自体が失われた場合である。再生の担い手となる移住者の就業機会が少ないことが本質的な課題となる。近年は、歴

図 13.7　空き家・空き地が増加した斜面住宅地（北九州市）

図 13.8　尾道市旧和泉家別邸（通称：尾道ガウディハウス）

図 13.9　長野・門前暮らしのすすめ（HP より）
長野市・善光寺の門前町で空き屋再生に取り組む「門前暮らしのすすめ」などが利用者に「暮らし方」を伝える好例である。

史的な建造物や文化財、特徴的な自然景観を活かして、他の地域から移住者や訪問者を募ることで、空き家の利用者を募る取組みが多くの地域で進められている。単純な観光ではなく、再訪を促す参加型のアクティビティの設定や、小学校の特色ある教育プログラムの展開を進め、長期滞在や二地域居住を最初の段階として、交流人口の増加を目標に掲げる地域も多い。

　いずれの場合も空き家の物的な再生に加えて、新規居住者の暮らし方（図13.9）をイメージさせることが鍵となるだろう。

団地の再生

　団地の空間的特徴は、同じような形態をもつ住棟が立ち並んでいる点にある。特に古い団地は、住棟の間に十分なスペースが確保されている。建替えか、リノベーションかによってアプローチは異なるが、団地の空間的特徴の再生デザインへの活かし方も丁寧に考えるべき点である。

　建替えのニーズがある場合、団地は建ぺい率・容積率に余裕があるため、所有者[4]による建替えを進めやすい[5]。建替え費用に充てるために一部の敷地を売却し、住棟を高層化して従前と同じ床面積を確保する方法が採られる。

　従前の団地や周辺地区の居住者は、団地の風景への愛着もある。住棟の間の空間は豊かな緑地が育まれている。既存のフットプリントを活かすことで樹木を保全したり、一部の住棟を残して団地の風景を残すことで、過去の記憶を受け継ぎながら、現代の住生活ニーズに応える努力が続けられている。

　建替えが難しい場合は、住棟をリノベーションして使うことになる。改修において、現代のニーズと合わない間取りの変更等が行われるが、アーバンデザイン上の重要な対象となるのは、1階部分と団地の共用部、建物と建物の間の空間である。団地の良質なコミュニティを生み出す良質

※4　賃貸の集合住宅により構成される団地は、企業等の社宅を除けば、自治体や自治体の公社、都市再生機構が所有する事例が多い。

※5　ただし、建替え期間中の居住者の生活や引越しの回数低減など工夫が必要である。

なパブリックスペースをデザインするとともに、コミュニティの実態を生み出す活動を継続させる仕組みも大切だ。

　電鉄会社の社宅を改修して生まれたホシノタニ団地（神奈川県・座間市）では、駐車場として使われていた住棟の間の空間が、菜園やドッグラン、子どもが遊び回れる広場となり、住棟の1階には市営の子育て支援施設、カフェが導入されている。建ぺい率20%でゆとりのある敷地が可能にした再生である。子育て支援施設の運営には行政が関与し、カフェや貸し菜園も含め、住人以外も参画できる場所とする工夫が行われている。また、4棟の住棟のうち2棟は市営住宅として活用されており、賃貸住宅のターゲットである子育て世代だけでなく、様々な世代が交流する場として機能することも期待されている。

図 13.10　ホシノタニ団地

　東京郊外の多摩平団地は大半が再開発されたが、一部の古い住棟が丸ごと民間に貸し出され、「たまむすびテラス」としてリノベーションが進められた。シェアハウスや菜園付共同住宅、高齢者向け住宅など、多様な団地の再生手法が試行されており、シェアハウスへの転換は、水回りを集約できるため、改修コストの低減にもつながっている。

図 13.11　東京・日野市
たまむすびテラス

空き地の再生とマネジメント

　都市の空き地は、建物の更新などを目的に意図的に空き地としている場合（コインパーキングなど）と、利用者が不在のため空き地となった場合に大別される。本節では後者の空き地のマネジメントを中心に考えたい。

　空き地再生の担い手は多岐にわたるが、実は空き地の隣地や近隣に住む居住者の役割が重要だ。隣地や近隣にとっては、空き地の環境向上は自身の居住環境の向上（不動産価値の維持）に直結する。管理されていない空き地の増加は、住環境の悪化につながり、地区の人口減少や不動産価値の低下に拍車をかける可能性が高い。

　空き地再生の第一歩は、空き地の所有者へのコンタクト

図 13.12　グリーンインフラが設置された米国クリーブランド市郊外の空き地

図 13.13　米国デトロイト市郊外・隣地居住者が空き地を活用している事例

である。維持管理面で課題を抱えている空き地は、地主が遠隔地に居住している場合が多い。不在地主を解消し、空き地ではなく地区内の居住者の所有地とすることによって、維持管理の問題を解消することが可能となる場合がある。米国では、税滞納等で行政が取得した空き地や空き家をランドバンクと呼ばれる公的機関に移管し、隣地所有者に格安（例えば、デトロイト市では 100 ドル）で提供するプログラムも生まれている[6]。

　空き地の実際の利用方法は、多岐にわたる。ある程度の広さがあれば、都市農地として利用される事例[7]もある。市民農園として近隣住民が活用したり、鮮度の高さや安全性の面で特徴ある農産物を生産したりすることで、一般の農地と異なる付加価値を加える工夫が行われている。

　グリーンインフラ【参照】と呼ばれる新しいタイプの社会基盤として空き地を活用する事例も広がりを見せている。具体的には、舗装のない空き地に雨水を浸透させることで、降雨時の合流式下水道の負荷を低減できる。周辺の住宅地や道路から雨水を集め、さらに高い効果を発揮している事例もある。

　いずれの場合も、空き地を利用または新たに所有することによって、一般の住宅地と異なる魅力を生み出すことが重要である。空き地の所有を整理すること、または所有と利用を分離することによって、地区の居住環境悪化を防ぎながら、空き地の利用者（＝維持管理者）を見出すことが

※6　隣地所有者が取得した場合は、菜園等に加えてドッグランの設置や駐車場の増設など一般的なサイズの宅地では実現が難しい住環境を実現している事例もある。ホーム・オフィスの設置など、従来の純粋な住宅地とは異なる利用も広がっており、郊外住宅地においても既存の住環境を守りつつ必要に応じて用途規制を見直すことも視野にいれる必要がある。

※7　米国・クリーブランド市では、空き地が増加した住宅地を面的に都市農業実験地区に変更し、グリーンインフラの設置と併せて、空き地の面的な利用転換を模索している。

【参照】グリーンインフラ
➡ 6.3　P.129

可能になる。

13.4 工場跡地の再生

工場跡地の再生を考える際には、巨大な敷地規模と開発前後での周辺との関係の変化に注意する必要がある。跡地の利用の方向性は、再開発後の利用が期待できる都市中心部の跡地と、積極的な土地利用が期待しづらい郊外や人口減少都市の跡地では大きな違いが生まれる。

前者の場合、敷地の規模を活かして商業施設や住宅など様々な用途が大規模な複合施設として再開発される事例が多い。跡地に残る産業遺産は、再利用後のアーバンデザインの出発点となる。後者の場合、工場の転出により都市全体の人口減少や税収低下が進み、再開発の需要も見込めない。荒廃した状態が周辺に悪影響を与えたりする場合があるため早期の対応が必要だが、対応資金が所有者にも自治体にもないことが課題となっている。

いずれの場合も規模が大きく、跡地の発生から再利用に至るまで長い時間がかかる。再生プロセスを丁寧に切れ目なくデザインすることが大切である。

工場跡地の再開発とその特徴

都市中心部の工場跡地は、大規模な敷地を活かした一体の複合施設となるか、新たな道路で複数の街区に分割して新たな地区として再生される。

複合施設の場合、利便性の高い駅近くに業務ビルを配置し、奥側に集合住宅やホテルを配置することが一般的だ。低層部には全体的に商業機能を配置し、パブリックスペースと組み合わせて、地区全体の賑わいが演出される[8]。敷地内部に広場や街路を設置する空間的余裕もあり、同一の事業者がデザインするため、一体的な空間演出も行いやすい（図 13.14）。一方で、内部の空間を重視するほど、施

※8　時計工場の跡地開発である東京・錦糸町のオリナスや、工場跡地ではないが第9講で取り上げた防衛庁跡地の東京ミッドタウンなどが代表的な事例である。

図 13.14　キャナルシティ博多

紡績工場の跡地であるキャナルシティ博多では、中央部に運河をイメージした水域と公共空間を配置している。

設のバックヤードや駐車場出入口が敷地の外側に追いやられ、周辺の市街地との結節が軽視されるおそれもある。周辺との関係も考えた慎重なデザインが求められる。

恵比寿ガーデンプレイスは、わが国における都心部の工場跡地再開発の先駆けの一つである。地名の由来ともなったビール工場跡地に、大屋根付きの「センター広場」を中心に据えた、業務・商業・住宅・ホテルが複合した都市空間を生み出した。用途を組み合わせることでどの時間帯も一定の賑わいが存在する「まち」として機能している。タワー型の住宅とホテルが並ぶ南側・東側の境界には広大な緑地が設定され、圧迫感を軽減しているが、地形の問題もあり周辺とのつながりは限定的である。

図 13.15　恵比寿ガーデンプレイス

複数の街区に分割して、道路や公園を備えた新たな地区として再生する場合は、地区計画[※9]や土地区画整理事業が適用されることが多い。街区単位で売却されるためデザインコントロールは難しいが、売却前にデザインガイドラインや地区計画によって公共空間のネットワークや建物のボリュームを規定することで、一定の統一感のある街並みが生まれている[※10]。

市街地に発生する跡地は、時代の変化に対応した都市改造の機会として捉えることも重要である。公園[※11]や緑地、教育施設など、都市の成長には必要不可欠だが収益性の低い土地利用を導入する貴重な機会でもある。例えば、東京・西新宿の超高層ビル街区は、淀橋浄水場の跡地である。有楽町に位置していた東京都庁の移転用地ともなり、山手線の東側にあった東京の都心機能の一部を、多摩地方に連なる山手線の西側へ動かすきっかけを生み出した。有楽町の都庁跡地にはコンベンション施設（国際フォーラム）が設置され東京駅周辺の都市機能の転換も促した。特に公共用地については短期の収益だけでなく、長期的な視座に立って跡地利用を検討することが重要である。

産業遺産の活用

市街地の工場跡地の場合、敷地内に歴史的に重要な意味をもつ建物や製造設備（産業遺産）が残されていることが少なくない。様々な分野の専門家が協力して、産業遺産群全体の保全・活用の可能性を探り、解体等を行う前に建屋や設備を十分確認する必要がある。

産業遺産は、産業用に建設された建物や構造物のため、規模が大きく、一般の歴史的建造物のように完全な状態で保存することは難しい。一方で、その都市の発展に貢献した都市の歴史としても重要性の高い場所であり、巨大な工場建物の存在が都市景観に与える影響も大きい。世界遺産の登録対象にもなっており、観光資源としての重要性も増している。そのため、ファサードや産業遺産として重要性が高い場所を修復・保存しながら、一定の改変を加えて博物館やアート施設[※12]や商業施設など別の用途を導入し、維持管理に必要な収益を確保する例が多い。

都心部の工場跡地の場合、跡地すべてを残すことは困難だが、新規開発の公共空間に産業遺産が残る部分をあてることにより、土地の歴史を新しい街に刻むことができる[※13]。横浜・みなとみらい地区では、造船所ドック跡地を活用したドックヤードガーデンや横浜赤レンガ倉庫、廃線跡地を活用した汽車道など、工場跡地と埋立地を活用した新規開発の随所に産業遺産を保全・活用している。

大規模な工場施設の跡地のなかには、産業遺産と緑地

図 13.16　発電所から商業施設に再生された米国・ボルチモア市のプラット・ストリート・パワー・プラント

※ 12　駅を改装したパリ・オルセー美術館や火力発電所を改修して設けられたロンドンのテート・モダン（第 11 講）などが広く知られた事例である。また、台湾・台北市も都心部の工場跡地をアート施設や商業施設として積極的に再利用を進めていることで知られている。

※ 13　豊洲地区では造船所のドックが一部保存され、商業施設の中央のオープンスペースとして多くの市民に親しまれている（参照 9.1 P.166）。

図 13.17　米国・シアトル市のガス・ワークス・パーク

図 13.18　ドイツ・ボーフム市のウエストパーク（エムシャーパークの一つ）

化を組み合わせ、遺産を残しながら新たな価値の創出を試みた事例[14] も増加している。リチャード・ハーグによる米国シアトルのガス・ワークス・パーク（図13.17）は、公共空間に産業遺産を歴史的な記念碑として保存した先駆的な事例だ。また、ドイツ・ルール地域を対象に製鉄・炭鉱などの産業遺産と緑地を組み合わせた大規模な地域再生の取組み（IBA エムシャーパーク（図13.18））も広く知られている。

ブラウンフィールドと土壌汚染

産業の跡地には、土壌や地下水に環境汚染が残存することが多い。ほとんどの先進国では、汚染の調査と対策の手順が定められており[15]、健康被害を防ぐための対策が行われている。ブラウンフィールドの再生は、間接的に都市外の自然地や農地の保全やコンパクト・シティ化につながるため、欧米では再生の支援に公的資金が投じられている。

再生を考えるうえでは、全体のプロセスを検討し、再利用後の用途に適した対策を実施することが求められる。環境対策の費用が高すぎると再生が進まないため、安全性と経済性の両立が課題となる[16]。汚染対策や跡地利用の検討にあたっては、周辺地区の居住者と土地所有者、行政が十分な対話を行うことも大切だ。

※14　名古屋のノリタケの森は、陶器工場の跡地を活用し、赤レンガの旧製土工場や煙突などの産業遺産を残すとともに 4.8ha の緑地を整備した事例が広く知られている。

※15　1970 年代にニューヨーク州で発生したラブキャナル事件では、土壌汚染地の上部に建設された住宅地で健康被害が疑われる事態が発生し社会問題となった。その後、健康被害を防ぐための法整備が進められた。

図 13.19　住宅の強制移転が行われたラブ・キャナル事件の跡地

※16　米国やオランダ、ドイツなど一部の国では、跡地利用に応じた環境基準を認めており、土壌汚染対策費用の低減と安全性の両立という面では一定の成果をあげている。

図 13.20　スウェーデン・ストックホルム市郊外のハンマルビー・ショースタッド
水辺のブラウンフィールドを行政主導で高密度の住宅地として再生した事例である。土壌汚染地の再生からごみ処理に至るまで工夫を積み重ね、環境配慮型の都市開発のモデルとなった。地区の骨格街路に LRT を導入している（第 12 講参照）。

図 13.21　米国シアトル市オリンピック・スカルプチャ・パーク
鉄道と幹線道路で分断された、汚染された石油関連施設の跡地を Z の形の緑の人工地盤で接続し、都市と水辺を接続する公園として再生させた。

図 13.22　ニューヨーク市ハイライン

図 13.23　シカゴ市 既存の高架鉄道と交差するブルーミング・トレイル

鉄道跡地の活用と都市再生

　鉄道跡地[17] は線形で細長く市街地に貫入しているため、アーバンデザイン上も様々な可能性をもつ。既存の道路網から独立しており、自転車道や遊歩道として活用しやすい。

　跡地が都心部に位置しており多数の歩行者利用が期待される場合は、歩道を中心に小規模な商業施設や広場等を設けたパブリックスペースとして整備される事例が多い。線路跡地は、駅と異なり市街地からのアクセスができない空間だったため、周辺との接続の少なさが課題となる[18]。

　世界的には、ニューヨーク市のハイライン (Highline) やパリ市のバスティーユ高架鉄道の事例が広く知られている。国内でも横浜みなとみらい地区の汽車道、東急東横線跡地である代官山ログロードなど多数の事例が存在する。従前の高架橋やレールや枕木をそのまま活用したり、新たに加える施設も既存の素材感を引用したりすることで、線路の跡地としての歴史を再生後の空間にも残すことが可能となる。

　郊外や自然地を通る線路跡地は、遊歩道に加えて自転車道として活用される例が多い。特に総延長が長い場合は、自転車道を設置することで周辺地区のアクセス性が高まるため、工場地帯の再生の初期の空間整備としても有効だ。シカゴ市のブルーミング・トレイルは、約 4.3km におよぶシカゴ北西部の郊外を通過する高架鉄道の跡地である。

※ 17　操車場や貨物ヤードの跡地は、再開発して建物を建設できる幅があり、工場跡地に類似する部分が多い。駅に隣接した立地が多いため、国鉄民営化後に各地で再開発が進められた。

※ 18　高架鉄道の跡地の場合は、特にアクセスの配慮が必要だが、接続点を限定することで、デザインの自由度や安全性の観点では有利な点もあり、慎重に判断が求められる。

自転車やジョギングの利用も意識しており、利用者の移動が妨げられすぎないことも意識して1/2マイル（800m）おきを原則として、周辺の公園等との接続も考慮しながら高架上へのアクセスランプが設定されている。国内にも、つくばりんりんロード（筑波鉄道跡地）など多数の自転車道転用事例が存在する。沿道の公園や駅跡地と連携してレンタサイクルステーションを設置することで、利便性を高める工夫も行われている。

暫定利用と開発に頼らない再生

　工場跡地は規模が巨大なこともあり、跡地すべてを短期間で再開発できない場合には暫定利用が導入される。投資コストが小さい、商業施設、スポーツ施設、駐車場などとして利用されていることも多い。ブラウンフィールドは、利用しない状態が続くことによって、周囲の市街地に悪影響を与えるおそれがある。大規模な開発が難しくても、跡地を取り囲む柵を取り払い、市民がアクセスできる状態になることで、跡地の開発のポテンシャルも高まる。

　大規模な開発を伴わない利用は、公的利用と民間利用の二つに大別できる。公的利用の代表的な用途としては、公園や緑地が挙げられる[19]。行政側にニーズがある場合は、緑地やスポーツ施設として民間が行政に無償で土地を貸与し、固定資産税の減免が行われることもあり、土地所有者としても維持管理費を低減できる利点がある[20]。

　民間利用の場合は、規模にもよるがゴルフ場や比較的投資コストの低い低層の商業施設、駐車場などとして活用されることが多い。既存の緑が少ない都心部や臨海部の場合は、周辺市街地からアクセス可能な公共空間として、また生物の生息地としての意義も大きい[21]。東京・江東区の工場跡地に1997年に建設された「サンストリート亀戸」は、イベントスペースを備えた特徴的な商業施設として約19年の暫定利用が行われた。

※19　ニューヨーク市が整備を進めているブルックリン・ブリッジ公園は埠頭用地を公園に転用した事例である。

※20　大阪・堺市のJ-GREEN堺は、ガス工場跡地を緑地・スポーツ施設として再生した事例として挙げられる。

※21　シボレーの自動車工場跡地を緑地として再生したフリント市のシェビー・コモンズの例がある。

スモールアーバニズム

14.1 戦略から戦術へ
14.2 プレイスメイキング
14.3 都市の鍼治療
14.4 ソフトアーバニズム

本 講はミクロレベルのアーバンデザインの潮流を解説する。通常、都市構造全体の再編や土地利用の漸進的な改善は、その成果が実感できるようになるまでには長い時間がかかる。一方で、界隈に暮らす人々にとって、アーバンデザインの効用を実感することは容易ではない。近年では、まちかどレベルの身近な空間を実験的、暫定的に使いこなしながら、都市の構想へとつなげていくスモールアーバニズムの動きが盛んである。トップダウンでなくボトムアップ、マスタープランに基づく構築的計画でなく、身近な点から散在的・連鎖的に空間を再生するプロジェクト型の計画が浸透しつつある。より構想的な戦略（ストラテジー）から、実感をわれわれの手にすることを念頭に置いた戦術的（タクティカル）なアーバンデザインの展開を講じる。

社会背景の異なる人々の多様な活動が展開される公共空間（スペイン・バルセロナ）

14.1　戦略から戦術へ

計画論の変化

　都市問題の多様化・複雑化に伴い、計画論にも変化が生じている。わが国において、マスタープラン不要論が指摘されてから久しい[※1]。一般的に自治体の都市マスタープランは、10 ～ 20 年後の都市を想定して策定されている。そこで示されるのは、都市の将来的な目標像であり、それを実現するための基本的な方針である。つまり、各種政策マスタープランは将来都市のビジョンを最大の根拠に、各種政策へとそれを細かくブレイクダウンしていく論理構造を有している。もしビジョン構築に欠陥があったならば、末端に届く政策もまた、欠陥を含んだものとならざるを得ない。

　こうした限界から、ラテン系諸国を中心に発生したのが「漸進主義的マスタープラン」である。ビジョンを固定的に示すのではなく、地区ごと、時代ごとのコミュニティの現実に即して漸進的にプランニングを進めていく、という方法である。抽象的なプランではなく、建築単体の事業に留まることもない、中短期のスパンで実現されうる都市レベルの事業を盛り込むアプローチで都市再生を遂げた。徹底していたのは界隈レベルのニーズから開始することである。都市は局地的な課題の集積する総体なので、まずは界隈の抱える現実的な問題解決から着手し、一定の成果を収めてから都市全体との接続を考える、というのが基盤にある考え方である。

「アーバニズム」へ

　都市は連続的な運動体であり、地域文化そのものである。例えば欧州各国では、都市の再開発あるいは保全、都市の歴史や文化の理解・尊重は、政治家の重要な政策論点であり、したがって一般市民の関心も非常に高いトピックであ

※1　蓑原敬ら（『白熱講義 これからの日本に都市計画は必要ですか』学芸出版社、2014）は、マスタープランの「抽象性」（実際の規制や各種施策に落とし込む際には何とでも読めるようになっている、縮尺のないダイアグラム的な抽象的な計画にとどまっている）、そしてマスタープランの「不可逆性」（逆に過度に都市計画の機動的な変更を妨げる硬直的な計画となっている）の問題から、どの都市でも描かれるような政策ツールであるにもかかわらず、実質的には信頼を寄せられていない、という奇妙な状況が続いていることを指摘している。

る。一方、まさに建築・都市・社会基盤にまたがる様々な側面を包含し、都市生活そのものの質の改善を図る、アーバニズム（urbanism【英】、urbanisme【仏】、urbanismo【西】）と呼ばれる領域がある。日本語への訳出が難しいこの用語には、都市の計画デザイン的側面を明確化し、その設計行為を理論化し、現場へと応用することで、都市を持続可能につくり上げていく様態が込められている。ラテン語で都市学を示すこの用語は、単純な物理的操作を超えた、都市やその文化に関わる営為を指し示す、極めて広い概念を有している。現代のアーバンデザインは、アーバニズムがもつ［ism］の感覚を備えた概念および手法であるべきだろう。

　一定の都市環境の形成が充足された現在、都市に住んでいることの意味や誇り、豊かさが問われている。そうした状況下、これからの都市計画は従来のように道路・インフラ計画主体ではなく、より身近な空間の改善を確実に実行する際の市民に近いツールとなる必要がある。そして現在は、人口減少時代・財政困難期・社会格差増大期である。サステイナブルな都市環境の実現が長らくの課題となってきた現代都市において、都市政策が「統合的」（integral）・「包括的」（inclusive）・「相互作用的」（interactive）であることが重要となろう。すなわち、従来の物的環境整備中心の既成市街地の再生政策を脱却し、社会的にバランスの取れた都市や地区を再生するために、地区内外のアクセシビリティや低廉住宅を整備し、コミュニティの参加や協働を支援し地域のソーシャル・キャピタルを高める統合的なプログラムを構築し、より持続的な都市マネジメントに取り組む必要がある。

　そうした中、従来型のアーバンデザイン、すなわち、都市構造全体の再編や土地利用計画の有効な再編といった目的を設定し、マスタープラン型の事業スキームで展開していくものとは異なり、都市の再生を文化的資源の活用や創

造的人材の集積、小さな再生の積み重ねと面的な連鎖、によって実現していこうとする流れへとそのベクトルを変化させている。

　20世紀の都市が「戦略的（＝ストラテジック）」にトップダウンで自動車中心社会や単一機能の市街地をつくり続けたのに対し、近年ではより身近な生活空間から「戦術的（＝タクティカル）」に都市を変えていく動きが生まれている。タクティカル・アーバニズムと呼ばれる運動である。

　タクティカル・アーバニズムに厳密な定義があるわけではないが、すでに建造された都市空間を市民が自らの手で生活に必要な空間へと変えていくボトムアップ運動であると理解することができる。ただそれはまちづくり運動のように長いスパンを視野に入れているというよりはむしろ、現場で俊敏に実践的に眼前の空間を変貌させ、日常の中にちょっとした気づきの空間をもたらすという、一種のアート・インスタレーションの効果も併せもつ。例えば2008年にバルセロナ現代文化センターで開催された「Post-it City」展は商業、政治、レジャーなど、自律的に立ち上がる公共空間の一時的な占拠の事例が90カ国から集められた（図14.1）。計画や事業のように長期的視点や事業的視点を強くもつわけではないという点で戦略的ではなく、何気ない日常空間を敏速に変えて見せ、その後の都市のあり方に示唆を与える、という点で戦術的なのである。

図14.1　「Post-it City」のポスター

14.2　プレイスメイキング

　建築的に美しい都市空間も、それが人々に利用されたり、そこで様々な活動が生まれたりしていることで初めて「場」として固有の価値を有することになる。アーバンデザインはそうした場を創造し、マネジメントするプロセスである。建築的に設計された、あるいはすでに存在する「スペース（space）」が、その利用を通して日常生活の場と

しての「プレイス（place）」へと変えていく営為をプレイスメイキングという。

　プレイスメイキングは都市空間に視覚的・審美的な価値を付与するアーバンデザインの伝統と都市空間を利用や活動の観点から評価しようとするアーバンデザインへのアプローチの統合であり、都市空間がその利用を通して固有の「場所性」（sense of place ／その場所らしさ）を獲得することである。アーバンデザインを通して、そこで生活する人間と空間の関係性を強化することでもある。単に都市空間の要素の一つとして街路に焦点を当てるのではなく、街路と人間の関係を通して、公共空間の社会的な価値、文化的な価値を創出することに主眼がある。

　ニューヨークを拠点とする NPO 組織 Project for Public Space（PPS）は、プレイスメイキングの具体的な手法として「Power of 10+」を提唱している（図 14.2）。これは、ある都市には 10 の重要なエリア（例えば公園）があり、さらにそのエリアの中には 10 の重要な場所があり、それぞれの場所では 10 の心地よいアクティビティが生まれているべきであるとする考え方である。換言すれば、座る、物思いに耽る、遊び場を楽しむ、芸術に触れる、音楽を聞く、食べる、人に会うといったような、人々がその場所にいる様々な理由があるときに、その場所は場所らしさを獲得している、という考え方である（図 14.3）。設計者側からの論理ではなく、エンドユーザーである市民による「つかう」発想から改めてその場を「つくり」、その場に「愛着」を生む仕掛けである。

　近年のプレイスメイキングの取組みには、豊かな日

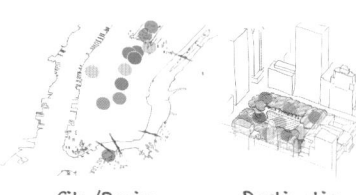
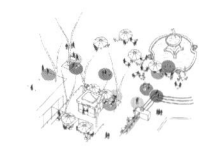

City/Region
10+ MAJOR DESTINATIONS

Destination
10+ PLACES IN EACH

Place
10+ THINGS TO DO,
LAYERED TO CREATE SYNERGY

図 14.2 「Power of 10 ＋」のプレイスメイキング手法

常生活（パブリックライフ）を生む
質の高い公共空間（パブリックス
ペース）の回復や創出が強く意識
されている。以下、プレイスメイ
キングの具体的な手法について紹
介する。

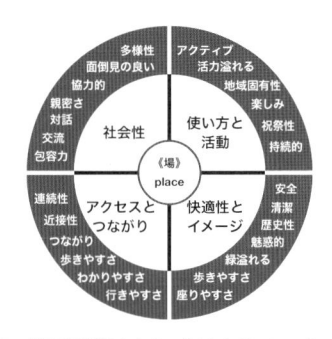

図 14.3　「何が場所らしさをつくるか」（Project for Public Spaces）

道路空間の再配分

　道路空間の再配分とは、従来自
動車交通の移動空間であり、歩行
者の観点はほぼ不在であった幹線
道路等の道路空間において、地域の道路を面的に俯瞰して、
道路ごとに誰が主役なのかを明確にし、限られた道路空間
を有効活用するべく、用途に応じて面積を再配分すること
である。端的には、これまで自動車が主役だった道路にお
いて、自動車の交通空間を削減し、歩行者や自転車の移動
空間を増加させることで、より歩きやすい空間を実現する
ことである。

1）ニューヨークのプラザ・プログラム

　ブロードウェイミュージカルのある観光地でもあるタイ
ムズ・スクエア。グリッド市街地の中を、旧来の街道を下
敷きにした道路が斜めに縦断していることもあり、交差点
が複雑で、車対人の事故が多いことが問題となってきた。
現在は、街区に対して斜めに走る道路を広場にすることで
安全性が上がり、また、にぎわいを創出している。まさに
道路空間の公共空間化が実現されている。

　ニューヨークにおける公共空間の「大転換」のポイン
トとなったひとつが、ブルームバーグ市政によるオリン
ピック 2012 招致運動（1997-2005）であった。その中で
精力的に展開されたのがプレイスメイキング実験である。
「Lighter, Quicker, Cheaper（簡単に、素早く、安価に）」

図 14.4　広場となったタイムズ・スクエア　　図 14.5　斜めに走る道路の広場化

　をモットーに、道路空間を広場化する実験が市内各所で展開された（図 14.4、図 14.5）。ニューヨークでは、「戦略」（ストラテジー）を都市構造の転換を視野に置いた総合的・長期的な計画手段であると位置づける一方、プレイスメイキング実験をアーバンデザインの「戦術」（タクティクス）、つまり場所の再生・創造を目的とする具体的・実践的な計画手段であるとした。

2）京都市四条通りの車道削減と歩道拡幅

　四条通りを中心とする歴史的都心地区（四条通、河原町通、御池通、烏丸通で囲まれたエリア）は 10 の商店街が立地し、多くの魅力的な店舗が集積しており、連日多くの買い物客が訪れる京都を代表する商業地域である。京都市全体の活性化のためには、歴史的都心地区の活性化が不可欠であることから、京都市は 2006 年から「歩いて楽しいまちなか戦略」を推進し、その中核事業として四条通の歩道拡幅と公共交通優先化を進めた。

　烏丸通から川端通を走る 1,120m、幅員 22m の四条通りにおいて、①歩道の拡幅（駐停車車両によりほとんど機能していない歩道側車線のスペースを活用し、歩道を拡幅する。車道は 4 車線幅員 15m から 2 車線幅員 9m に、歩道は幅員 3.5m から 6.5m に変更）、②テラス型バス停の設置（従前は 16 カ所に分散していたバス停を 4 か所に集約）、

③沿道アクセススペースの確保（物流車両等の一時的な停車を可能とするスペースを 15 カ所 32 台分整備）、を実施し、2015 年 10 月に完成を迎えた（図 14.6、図 14.7）。

インフラ空間の再価値化

1）オープンカフェ

　公共が管理する道路は、私たち市民にとって身近な公共空間でもある。そうした道路空間を活用し、路上イベントの実施やオープンカフェの設置を図る動きも近年高まっている（図 14.8）。地域の活性化や都市における賑わいの創出に寄与し、民間のビジネスチャンスにもつながる道路占用については、道路管理者による道路占用許可の弾力的な運用が求められよう。

　オープンカフェは、①賑わいの創出（道路空間に人間が滞留することで、「賑やかな空間」になり、エリアとしての魅力が増す）、②回遊性の向上（歩き疲れたときに休憩できる施設があり、そうした施設が連鎖的に配置されていると、さらに遠くまで歩くようになる）、③街路景観の向上（1 階平面の、人間が直接目にする部分に活動が生まれることで、景観に意味が出る。また、見る対象である広場の中に腰を下ろすことで、自らが見られる対象、すなわち景観の一部になる）、④公共資産の有効活用による歳入増（公共空間の管理者である自治体は、今までお金（フロー）を生み出さなかった土地（ストック）から現金収入を得ることができる）、といった効果が見込まれる。

　近年では、公園の有効利用の一環としてカフェを設置し、より親しみやすい空間づくりを展開する動きが盛んである（図 14.8）。これまでは都市公園法等により、営利活動が制限されてきたが、より上位の計画（中心市街地活性化基本計画等）において当該公園を重要拠点と位置づけることで事業の公益性を確保し、多様な活動が生まれる工夫がなされつつある。

図 14.6　歩道の拡幅された四条通り

図 14.7　テラス型バス停の設置された四条通り

2) パークレット

パークレットとは、車道（停車帯）などにウッドデッキを敷き、憩いや賑わいの場を創出することである（図14.10）。サンフランシスコを発祥とし、現在では世界各地で取組みが展開されている。道路空間の再配分にもつながる考え方で、自動車空間を歩行者中心の空間へと段階的に再整備していくひとつのプロセスでもある。市民ニーズや地域課題に対応するために、道路の利用環境や周辺の土地利用状況を十分に分析し、「交通機能の最適化」と「空間機能の向上」を図ることで、道路から「暮らしの豊かさ」を感じられる公共空間の整備を図るものである。複数回の社会実験を経て実施に至ることが多い。国内の先進事例として神戸市がある。

3) 水辺の利活用によるまちの価値の向上

大阪は、水運に支えられて経済と文化の中心的都市として発展し、明治のころには「水の都」と呼ばれた。しかし、近代化の過程で川に寄り添うかつての暮らしのありようは大きく変化し、市民の日常生活と水辺空間は隔離されていく。そうした水辺空間を回復するべく、世界でも稀な地形である、川が都心部をロの字にめぐる「水の回廊」を中心として、水辺のシンボル空間や船着場の整備、護岸や橋梁などのライトアップ

図14.8　カフェが設置され、にぎわう川沿いの空間（元安川）

図14.9　びわ湖の光景地に小広場を囲むかたちで4つの店舗を配置

近江八景にも描かれたようにびわ湖の景観の価値は広く共有されてきた。しかし、近代以降に水面の埋め立てや、湖上交通の衰退に伴う湖岸空間の価値の相対的な低下などにより、いつしか都市の裏側の空間になっていた。また利用しようにも都市公園法ほかの制限により、景色を楽しむための多様な利用は実現できない状況にあった。2006年に策定された中心市街地活性化基本計画において重要拠点「なぎさのテラス」として位置づけ、湖岸の絶好の場所に小広場を緩やかに囲む形で4つの店舗を配置した。

図14.10　パークレットの例

など、様々なプロジェクトが進められてきた（図 14.11）。

2004 年から、道頓堀川沿いの遊歩道（図 14.12）がオープンし、ミナミの中心部に憩いの場がつくられたと同時に、水辺に顔を向ける川沿いの店舗もしだいに増えつつある。2008 年には、水陸の交通ターミナルとして八軒家に浜と船着場が再生されたのに続き、堂島川沿いでは福島港（ほたるまち港）が開港するなど、公共事業と連携し、水辺を意識した民間開発も進んだ。大阪の歴史・文化の代表的なゾーンである中之島エリアにおいては、2010 年 7 月に中之島公園が親水性を高めた都市空間として再整備され、水都大阪のシンボルともいえる景観を形成している。

東京都港湾局の「運河ルネサンスガイドライン」（2005 年 3 月）は、「運河等の水域利用とその周辺におけるまちづくりが一体となって、地域のにぎわいや魅力等を創出すること」を目的とする。このガイドラインに基づき「運河ルネサンス地域協議会」が設立され、船着場に係留した船をカフェにする「船カフェ」を実施している。協議会が運河・水辺利用の規制緩和を主導し、建物のようなハードの整備を伴わずに水辺にカフェを開くことで、日常的に人々が水辺に集う風景の創出を試みている（図 14.13）。

図 14.11　水都大阪のプロジェクト

図 14.12　道頓堀川沿いに整備された遊歩道

図 14.13　「船カフェ」による運河空間の再利用の取り組み

14.3　都市の鍼治療

都市の鍼治療という言葉がある。都市再生の成功事例として名高いクリチバ（ブラジル）の元市長 J. レルネルが用いるメタファーだ。暴力的な都市計画や政策的空白が、様々な都市の中心市街地や郊外部の環境を悪化させてきたが、凝り固まった市街地環境を「ほぐす」べく、都市内の重要な箇所（＝点）に介入し、その「点」がじわじわと周辺に波及していく建築的／都市計画的戦略を、人間の鍼治療にたとえたものだ。例えば、市街地のスラム化が深刻だったバルセロナの旧市街では、特に環境が劣悪で、けれど重

要な立地にあった複数の街区を選
択的に取り壊し、新たに公共空間
として整備し、地区全体の人の流
れを呼び込むことに成功した。ビ
ルバオは、遊休化していた旧鉄道
操車場の敷地にグッゲンハイム美
術館を誘致し、併せて川沿いの公
共空間を整備することで、川を隔
てて分断されていた居住者層の異
なる2地区を結びつけ、社会的統
合をも促進した（図14.14）。遊休
地に過ぎなかった土地を都市再生

図14.14 グッゲンハイム美術館の建設と併せて整備された川沿いの公共空間（ビルバオ）

の起爆剤とした例である。鍼治療のためには、なによりも
まず、正確な「ツボ」の発見とその効果を波及させていく
戦略が欠かせない。

暫定利用による都市空間の再編

　人口減少、財政困難期においては、不動産の所有の形態
も再考が求められる。遊休化している空間を暫定的に柔軟
に使いこなす試みが世界各国で展開されている。

1）都市再生前進基地 URS（台北）

　台北市は、都市再生政策の一環として、一時的に空いた
公共施設や再開発を待つ民間建物、修復した歴史的建築物
など、必ずしも恒久的でわけではない建造物を暫定的に
まちづくりの拠点として利活用することを実施している。
こうして息を吹き返した建物は「都市再生基地」、英語で
Urban Regeneration Station（URS）と名づけられている。
それら建物の用途は、周辺住民の意思に任されており、ギ
ャラリーや歴史資料館、情報センター、コミュニティ交流
空間、カフェ兼小規模図書室など多様な用途で活用されて
いる（図14.15）。

図14.15 台湾の「都市再生基地」の例

2) 空き地活用プログラム（バルセロナ）

　バルセロナ市が 2012 年以降主導している「空地活用プログラム」（Plan de Buits）は、都市内に生じた空地（公有地）を対象に、市民参加や市民による公共空間のマネジメントを促進するような用途や活動を期間限定で埋め込むことで、地区再生のきっかけをもたらすことを目的としている。経済利潤の最大化ではなく、「社会的利潤の創出」のためのツールである。応募はコンペ形式で行われ、地区にとっての対象敷地の重要性やプロジェクトの経済的自立性、社会的効用、創造性・先駆性等を評価基準に、実施者が決定された。コミュニティ農園として再利用されているところが多い（図 14.16）。

図 14.16　バルセロナのコミュニティ農園の例

3) Esto no es un solar プログラム（サラゴサ）

　サラゴサ旧市街において、都市の新陳代謝の過程でまちなか不可避的に出現してきた空隙を近隣コミュニティのために暫定利用するプログラムであり、変化の過程で置き去りにされたままの「空き地」を再編集する動きである（図 14.17）。「ここは単なる区画ではない」というのがこのプログラムの名称である。

図 14.17　サラゴサの空き地の再編集の例

都市計画道路の再編

　既存の市街地とその上に引かれた都市計画道路の関係は、常に大きな問題である。近代都市計画は、街路体系に明確なヒエラルキーを要求する。自動車道路の優先度が高いため、計画道路はいきおい既存の建造環境に破壊的に適用されることになりがちである。計画道路の実施にあたっては、開発あるいは保存の二者択一論に陥りがちである。近代が志向した空間づくりからの脱却と既存のプランニングの読み替えが求められている。

　都市空間は、決して最新の計画によってつくり上げられていくわけではない。伝統都市の都市構造というレイヤ

ーがあり、近代都市の近代都市計画による計画意図というレイヤーがあり、文化や多様性、創造性をキーワードとする現代都市が要請する空間づくりのレイヤーがある。都市計画道路と既存市街地の維持をめぐる相克は、こうしたレイヤー間の不整合でもある。それらの重ねの合わせの中から、現代的に計画意図を再解釈し、空間の実践がなされたとき、連続的な空間体験が生まれる。

図14.18　道路中央が遊歩道となった鹿児島・みなと大通り公園

1）みなと通り公園（鹿児島）

　戦災都市の鹿児島は、戦災復興事業によって近代都市として再生したが、その中で実現された主要な都市計画道路（ナポリ通り、パース通り、照国通り、みなと大通り公園）は現在も市民の生活の大動脈となっている。市庁舎から海へと向かうみなと大通り公園は幅員 50m 道路として整備され、1980 年代までバスロータリーとしての性格が濃い空間であったが、その後、道路中央を遊歩道とするわが国では稀有の歩行者空間として生まれ変わった（図14.18）。

2）バルセロナの多孔質化戦略：減築による都市再生

　バルセロナの旧市街では、都市計画道路というかつてのプランニングを現代的に読み替え、新たな空間形成として実現した好例だ。同幅員の直線的な道路を破壊的に市街地に適用するのではなく、道路に広場的性格をもたせつつ、凝り固まってしまった界隈に空隙を入れ多孔質にすることで、空間の公共性を取り戻し、空間的な連続性を生み出した（図14.19）。1960 年代の米国におけるアーバン・リニューアル政策のように、取り壊した後に住宅やオフィスビル

図14.19　道路に広場的な性格をもたせたバルセロナの例

を建てるわけではないから、市街地のスクラップ
＆ビルドならぬスクラップ＆ノット・ビルドとも
いえる。広場的街路を生み出しているので、道路
体系の整備という当初の市街地再開発の目的にも
沿っている。都市化の中で十分に政策的配慮がな
されず衰退した市街地が、新たに再検討された広
場的街路あるいは街路的広場により独特の空間的
連続性を与えられ、見事に生き返っている。当初
のプランニングでは生み出され得ない空間的特徴
や意外性に富んだ効果をもたらしている。

図 14.20　離島におけるアートプロジェクト（直島）

　こうした事業が成立した背景に
は、地区の現状を顧みない近代都
市計画に対する不信と看過できな
いほどの地区環境の悪化があった。
当時の行政は、衰退した地区の活
性化を道路計画のみで解決しよう
とする姿勢だった。バルセロナの
まちなかに複数生み出された一見
非計画的な造形に見える空間は、
老朽化が著しい居住環境の問題と
都市レベルで見たときの交通問題
の両者を、何とか接続させようと
粘り強く議論が重ねられた結果で
ある。

図 14.21　京都市のアーティスト・イン・レジデンス事業
の例

14.4　ソフトアーバニズム

　ソフトアーバニズムは、近代的都市計画手法（マスター
プランありきのトップダウン方式の都市計画）を拒否し、
一手ずつ布石を打つように都市・地域の中に建築・公共空
間・アートを穿ち、それらがやがて周辺環境と呼応し新た
なリエゾン（結びつき）をもたらすことを狙うアプローチ

である。1990年代に実施されたくまもとアートポリスの取組みの主題でもあった。文化、芸術を核として、まちの営みに創造性を吹き込むための実験的な取組みと言い換えることもできるだろう。

アート・プロジェクト

アートの力を都市・地域に段階的に波及させ、都市・地域が本来有する固有の魅力を顕在化させる取組みの源流は、2000年に開催され、現在も展開中の「大地の芸術祭越後妻有アートトリエンナーレ」に遡る。このトリエンナーレや瀬戸内国際芸術祭のように広域的に展開するプロジェクトから、地域ぐるみでまちづくりと連動させる別府のBEPPU PROJECT、地区レベルで展開される空掘まちアート（終了）など全国各地で様々な展開を見せている。

アート・プロジェクトは、地域の過疎化や疲弊といった社会的問題、あるいは福祉や教育問題など、様々な社会・文化的課題へのアート（芸術）によるアプローチを目的としながら展開している文化事業ないし文化活動と定義される。その活動が行われる場所や地域（例えば産業遺産や廃校、あるいは衰退した中山間地域など）に大きな関心があることが特徴で、疲弊した地域に新たな価値を埋め込むことを主眼とする。

アーティスト・イン・レジデンス

国内外から招聘した芸術家が、地域住民の協力のもと創作活動に専念できる環境を提供し、ここで得た体験が今後の作家活動に何らかの好影響を及ぼすとともに、芸術と呼ばれる分野およびそこに生きる人々との交流に恵まれることの少ない地域住民が、この事業を通じて新しい発見、新しい価値観、新しい交流を享受できることを目的とする取組みの総称である。創造的な能力や才能をもつアーティストたちが国境や文化を超えて、異なる文化背景をもつ人々

との出会いや交流を通じて新たな刺激を受け、さらに創造力を高めていく過程に特徴がある。

　個人アーティストへの創造活動の支援を図るとともに、地域住民がアートを身近に感じるきっかけづくりをも狙う。また、全国的に課題となっている空き家対策のひとつとしても注目を集めている。文化庁によるアーティスト・イン・レジデンス事業（1997）以降、全国に一挙に広まった。代表事例としては、アーティスト・イン・美濃（紙の芸術村）、京都市の東山アーティスツ・プレイスメント・サービス（HAPS、図14.20）、廃校になった校舎を活用した3331オープン・ファクトリーなどがある。

コミュニティデザイン

　「まちづくり」の概念と重なる部分は多いが、コミュニティデザインは「コミュニティの力が衰退しつつある社会や地域のなかで、人と人のつながり方やその仕組みをデザインすること」という定義が可能だろう。施設や空間を具体的につくるのではなく、ワークショップやイベントといった「かたち」のないソフト面をデザインの対象とすることで、コミュニティを活性化させる。人口が減少し、新築の公共施設が建てにくくなる2000年代における日本社会の変化の中、定着しつつある用語である。

リノベーションまちづくり

　ハード整備に限定されがちな従来の都市計画、地域発意の居住環境改善運動であるが経営的視点には欠けがちな従来のまちづくり運動に対し、地域を経営するという観点から、空室が多く家賃の下がった衰退市街地の不動産を最小限の投資で蘇らせ、意欲ある事業者を集めてまちを再生する「現代版家守」（公民連携による自立型まちづくり会社）による取組みが各地で始まっている。地域再生の起爆剤として何かを新たにつくるのではなく、空き家や使われなく

なった商業ビルを貴重な「まちの資源」として捉え、これら余った建物を再生（リノベーション）し、経済の観点からもまちを元気にすることを主眼とする。

民間主導の取組みであることも大きな特徴である。民間主導でプロジェクトを興し、行政がこれを支援する形で行う「民間主導の公民連携」が基本である。遊休化した不動産という空間資源と潜在的な地域資源を活用して、民間自立型プロジェクトを通じて地域を活性化し、都市・地域の経営課題を複合的に解決することを志向する。

シビックプライド：まちのコミュニケーションをデザインする

シビックプライドとは市民が都市に対して持つ誇りや愛着のことである。日本でいう郷土愛とはニュアンスが異なり、自分はこの都市を構成する一員であり、都市をより良い場所にするために関わっているという意識を伴う。つまり、ある種の当事者意識に基づく自負心といえる[2]。

そうした当事者意識と都市空間を接続させていくことの重要性が、近年認識されつつある。すなわち、居住者と都市空間の間にコミュニケーションを生み出し、それによって都市の魅力を重層化させるデザインが求められつつある。主体が行政であれ民間であれ、市民の関心をかき立てるようなコミュニケーション戦略の有無は、都市の魅力と無関係ではなくなってきている。

本書の関心から見れば、都市や建築、つまり「空間」を有力な都市ブランドのコンテンツのひとつとしてデザインすることもまた、今日的課題となりつつあることが指摘されよう。

社会的効用を鑑みた公共空間の評価

市民生活の質の向上に寄与する公共空間を様々な視点から評価し、価値付けを図る試みが広がりつつある。歴史的に広場文化を有する欧州では、2000 年から欧州公共空間

[2] 伊藤香織らの研究グループは、そうしたコミュニケーションポイントを以下の9点に整理している。
①広告、キャンペーン
②ウェブサイト、映像、印刷物
③ロゴ、ヴィジュアル・アイデンティティ
④ワークショップ
⑤都市情報センター
⑥フード、フェス
⑦フェスティバル、イベント
⑧公共空間
⑨都市景観、建築

賞（European Prize for Urban Public Space）の表彰を主導し、欧州都市における公共空間を取りまく問題を議論し、新たな視点を提供し続けている。選考にあたっては、空間のデザインの質だけでなく、そのプロジェクトの社会的文脈や実際の広場空間の社会的機能も大きな評価項目となっている。わが国でも、広場空間を「つくる」ことから「つかう」ことへの姿勢の転換を促し、よりよい空間づくりのための技術の普及、愛着を持たれる広場に育てる運営手法の発展を目指した「まちなか広場賞」が 2015 年から実施されている。

図 14.22　公共空間を評価する
欧州公共空間賞は、社会的な効用を帯びた公共空間のありようを議論する場として設定されている。

オープンハウス：建築をまちに開く

　都市文化を象徴していたり、市民のランドマークとなっているような建物の内部空間を直接体験することで都市に対する愛着を育む取組みとして、1992 年にロンドンにおいて「オープンハウス　ロンドン」が開始された。市内 700 ～ 800 の建築物が期間限定で無料で一斉公開される取組みで、現在では市内外から約 25 万人もが訪問するに至っている。自分たちの住むまちは自分たちで共有する生活環境であるという自覚を促す取組みは世界中に広がっている。わが国でも 2012 年から「生きた建築ミュージアムフェスティバル大阪（イケフェス）」が開催され、日本最大級の建築公開イベントとして人気を博している。

図 14.23　個性的な建築を市民に開く試み（船場ビルディング）

アーバンデザインセンター

15.1 開かれたまちづくりの場
15.2 連携による空間計画
15.3 専門家の主導
15.4 拠点と見える化

アーバンデザインセンターとは、誰もが関われる開かれた場（センター）を設けてアーバンデザインを行う手法をいう。多様性を是とするアーバンデザインは、本来が多くの人々と事物が関わる集団的行為である。都市問題は今日ますます複雑になっており、全国一律の都市計画制度も当事者限定の住民参加も限界を迎えている。既成の枠組みを超えて様々な主体が協力して都市空間を構想し、着実に実行するための創造的な組織と人材と拠点のあり方を取り上げる。

初代柏の葉アーバンデザインセンター（千葉県柏市）

15.1 開かれたまちづくりの場

　アーバンデザインセンターと従来のアーバンデザイン組織は何が違うのか？

　元来アーバンデザインは異なる主体と事物が関わる多元的な空間形成の手法であり、誕生当初から集団で取り組まれてきた。ニューヨークや横浜の先進自治体は1970年前後、庁内に専門部署を設けて縦割りを越えた総合的な空間政策を実施した。まちづくり協議会は、地域密着の住民参加型にせよ、再開発や区画整理の事業目的型にせよ、利害の異なる主体間の合意形成と協働体制の母体となった。都市開発や団地設計においてマスターアーキテクトやデザインガイドラインによる協働設計が普及した。

　このように、20世紀後半に各局面で誕生したアーバンデザインは、巨大建築、環境破壊、コミュニティ崩壊といった深刻でも所在の明確な課題に対し、公と民、土木と建築、ハードとソフト、諸々の調整に貢献した。そして21世紀、環境・経済・福祉など都市問題が複合し、課題を発見しながら新しい動きを起こす集団的創造が求められるようになった。行政・住民・企業・専門家を巻き込んで知見や技術を集める開かれた場の必要性がここにある。

図15.1　初代柏の葉アーバンデザインセンター外観　　図15.2　同左内部

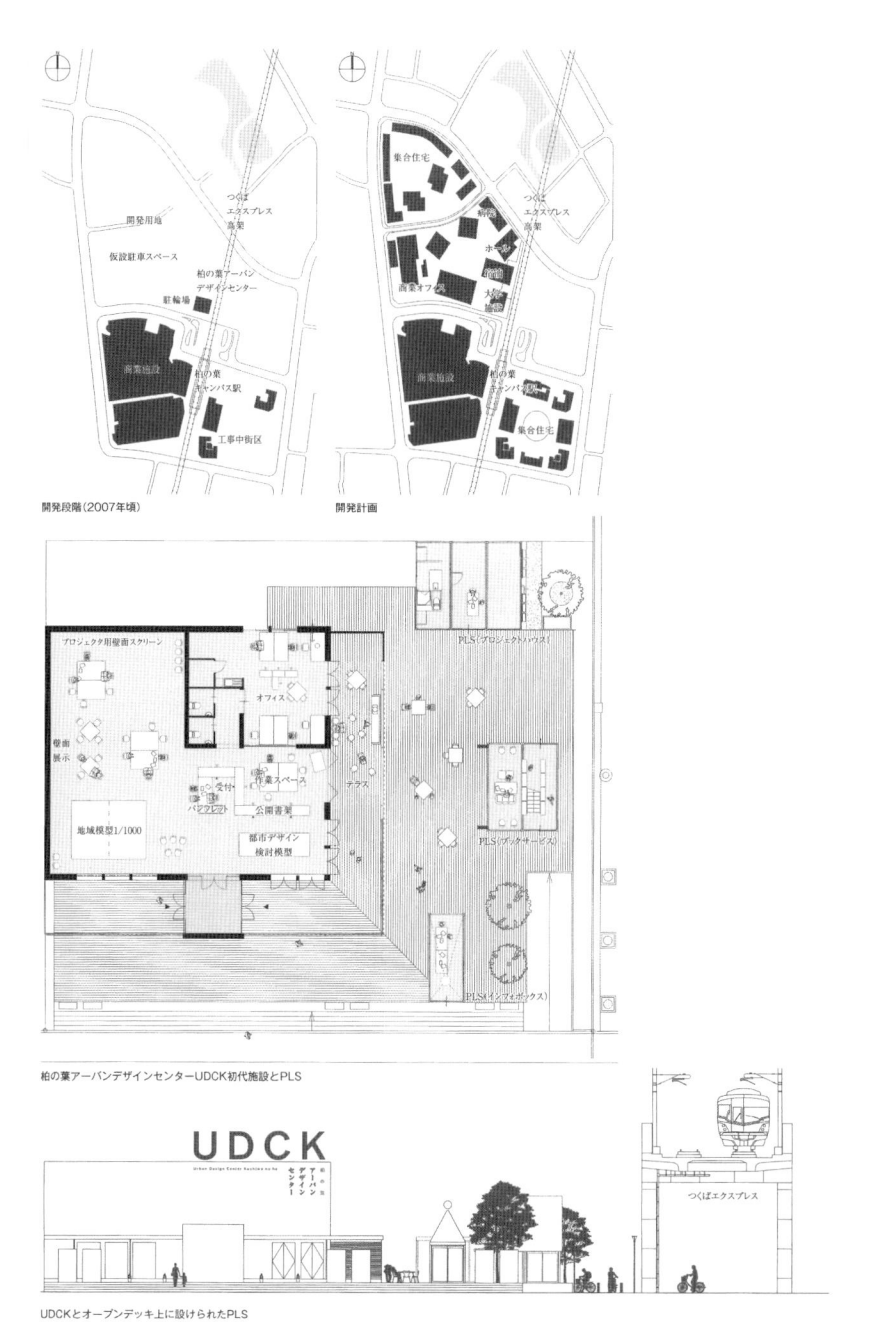

開発段階（2007年頃）　　　　　　開発計画

柏の葉アーバンデザインセンターUDCK初代施設とPLS

UDCKとオープンデッキ上に設けられたPLS

図 15.3　初代柏の葉アーバンデザインセンター図面

日本のアーバンデザインセンター

　日本で最初にアーバンデザインセンターを正式名称に掲げたのは柏の葉アーバンデザインセンター（UDCK：Urban Design Center Kashiwa-no-ha）であろう（図 15.1、15.2、15.3）。2005 年東京秋葉原と茨城県つくば間に開通した「つくばエクスプレス」が通る千葉県柏市北部、柏の葉地域において 2006 年 10 月、千葉県と柏市、柏商工会議所、地元町会連合、ここにキャンパスのある千葉大学と東京大学、住宅事業と商業開発を進める三井不動産、つくばエクスプレスを運行する首都圏新鉄道が設立に参加した。UDCK は東京都心と直結する高速鉄道、付随する区画整理、国立大学 2 校の存在を背景に都市開発の推進と管理、地域と大学の連携、市民活動の支援など多方面に活動を広げた。成果は「課題解決型まちづくりプラットフォーム」として 2013 年度グッドデザイン賞を受賞し、UDCK も参加する「柏の葉スマートシティ」が 2016 年に米国グリーンビルディング協会の国際的環境認証 LEED まちづくり部門（Leadership in Energy & Envirionmental Design - Neighborhood Development）の計画認証を受けた。

　UDCK 設立から 11 年を超えた 2018 年 3 月時点で国内にアーバンデザインセンターは 15 カ所ある。そのうち 9 カ所が首都圏、他の 6 カ所は東北、関西、四国、九州に広がる。新都市建設、大学キャンパス、住宅団地など面的事業に携わるのが UDCK やアーバンデザインセンターみその（UDCMi：埼玉県さいたま市浦和美園）など 6 カ所、既成の中心市街地に取り組むのが田村地域デザインセンター（UDCT：福島県田村市）や松山アーバンデザインセンター（UDCM：愛媛県松山市）など 3 カ所、その他の 6 カ所は研究機関や市民活動が母体になっている。

開かれた場と三つの特徴

　アーバンデザインセンターの定義は、UDCK を提起し

開設し初代センター長を務めた故・北沢猛によるものが明確である。北沢が東京大学教授在職中、おそらく2007年度内に起草したアーバンデザインセンターに関する研究計画が残っている。その中で研究目的を「都市の空間計画を進める場を考える」、研究対象を「UDCKなどアーバンデザインセンターの社会実験」としたうえで、期待される成果として、①市民組織や企業および行政が共有できる空間計画とその策定プロセス、②専門家（その集団やネットワーク）の役割と展望、③計画やその長期的実現に必要な組織や拠点施設のあり方、と明記している。この三つが日本のアーバンデザインセンターの特徴であり、定義と捉えてよかろう。

15.2　連携による空間計画

アーバンデザインセンターの第一定義は連携による空間計画である。開かれた組織をいかに構成し、開かれた組織がいかに地域の空間計画を策定し実行するのだろうか。自治体内の都市デザイン部署や再開発事業のまちづくり協議会のような従来のアーバンデザイン組織も横断的協働体制をとっているが、しばしば「チーム」と呼ばれるように、業務や事業ごとに構成員と期間を限定する閉じた組織である。アーバンデザインセンターは「センター」という呼び名が示すように、対象地域に関わるすべての人々や団体に開かれた常設機関である点に特徴がある。

公民学連携体制
現在日本にある15カ所すべてのアーバンデザインセンターが、公・民・学各団体の連名で構成されている。公民学連携は日本のアーバンデザインセンターの代名詞である。
「公」は対象地域の基礎自治体（市・町・村）を指す。都市計画、市街地整備、環境保全などハード担当部署と企画、

商工振興、市民支援などソフト担当部署が両方関わる。都道府県が参加する場合もある。「民」には対象地域に根ざす団体と、対象地域に外部から携わる団体がある。前者には町会や自治会など住民団体と、商店会や商工会議所など経済団体がある。人脈に長ける地元NPOも有力である。後者は対象地域でビジネスやサービスを行う広域企業である。大手の商業事業者や不動産企業をはじめ、鉄道やバス、通信やエネルギーなどインフラ事業者も含まれる。

　「学」は対象地域や近隣にキャンパスを構える大学である。特異な専門性や教授の人脈を通して対象地域外の大学が参加する場合もある。大学から教員または研究室が個々に参加するアーバンデザインの事例は多い。アーバンデザインセンターでは学が公と民と並んで関与してトラス（三角形）を構成する。建築のトラス構造が三つの支点すべてを互いに緊結して最小限の部材で大架構を可能にするように、公民学の三角関係が緊張しつつ安定した組織をなす。

もち寄り型と所属型の組織

　日本のアーバンデザインセンターには2つの組織形態がある。UDCKは7つの構成団体が協定を結んで、法人格のない任意団体として始まった。設立当初5年間は、構成団体が経費と人員込みで事業をUDCKにもち込んで実施した。施設の地代・光熱費や人件費も構成団体が分担した（図15.4）。

図 15.4　もち寄り型

　こうしたもち寄り型の組織形態は、新都市建設や市街地再開発など面的事業が進行する地域のアーバンデザインセンターに適する。構成団体の目標が同じ方向にあり、それぞれが独自の事業を実施しても一連一体に仕立てられる。構成団体が個別に実施するよりアーバンデザインセンターの傘下で他の構成団体と共催するほうが効率も効果も大きい。構成団体がそれぞれ内部で稟議や会計を担い、アーバンデザインセンターは小柄な陣容で運営することができる。

図 15.5　所属型

愛媛県松山市では 2014 年 4 月から UDCM が JR 松山駅から伊予鉄道松山市駅、道後温泉に至る中心市街地に取り組んでいる。公として松山市、民として伊予鉄道、松山商工会議所、まちづくり会社、学として愛媛大学や松山大学が、松山市都市再生協議会を組織し、UDCM はその付属機関である。協議会が予算会計をもって、UDCM はその下で諸事業を実施する（図 15.5）。

　こうした所属型の組織形態は、地方都市や既成市街地、新都市建設の基盤整備完了後のように、課題が多岐に展開する場合に有効である。母体となる組織が交通政策やエリアマネジメントに並ぶ施策としてアーバンデザインセンターを運営する。アーバンデザインセンターは母体組織から資金を調達できる反面、その意向を反映することになる。

空間計画の共有と実行

　アーバンデザインセンターが連携組織を構成する眼目は、対象地域の空間計画をそこに関わる人々や団体が共同で策定し実行することにある。それは、市町村の総合計画や都市計画マスタープランと重なる内容もある。行政の空間計画は公共事業を担保するものの、民間事業に対しては規制誘導である。アーバンデザインセンターの空間計画は法的効力をもたないが、策定に携わった対象地域の関係主体自ら責任を負い、臨機応変に改訂することも可能である。

　空間計画を司ることは、アーバンデザインセンターの組織を確立する軸となる。開かれた柔軟な組織で構成団体間の利害も意向も大なり小なり異なるから、意識を同じ方向に向けて諸活動を束ねることが課題となる。既存の行政機関やまちづくり団体との違いなど存在理由も求められる。構成団体が互いに対象地域の課題を認識し、その解決に向けた空間計画を一緒につくり、協力分担して目に見える形で実行していくことが組織の継続にもっとも効果がある。

　UDCK が、わが国で最初に立ち上がって 10 年以上続く

最大の理由は、「柏の葉国際キャンパスタウン構想」の策定を主導し運用の中枢を担っていることにある。柏の葉国際キャンパスタウン構想は、2006 〜 2007 年度の調査検討を経て、2008 年 3 月に千葉県・柏市・千葉大学・東京大学の連名で策定した、約 13km^2 の空間計画である。策定主体 4 団体の UDCK 担当者が策定委員を務め、UDCK が 2006 年 10 月設立から 2008 年 3 月策定まで調査検討の事務局を務めた。UDCK は最初の 1 年半、構想策定のタスクフォースとして起動したことになる（図 15.6）。

2008 年度以降は「柏の葉国際キャンパスタウン構想フォローアップ」という形で、千葉県・柏市・千葉大学・東京大学に UR 都市機構と三井不動産が加わり、構想に関係する公・民・学それぞれの事業をもち寄って実施した。UDCK は事業間の調整や連動などコーディネートの事務を担っている。土地区画整理事業による基盤整備が完了し、建築整備へ移行するにしたがって住民やビジネスが増え、UDCK の重点は市民活動支援や公共空間の運用管理などエリアマネジメントへ移行した。

> ① 環境と共生する田園都市づくり
> ② 創造的な産業空間と文化空間の醸成
> ③ 国際的な学術空間と教育空間の形成
> ④ サスティナブルな移動交通システム
> ⑤ キャンパスリンクによる柏の葉スタイルの創出
> ⑥ エリアマネジメントの実施
> ⑦ 質の高い都市空間のデザイン
> ⑧ イノベーション・フィールド都市

図 15.6　柏の葉国際キャンパスタウン構想 8 つの目標

15.3　専門家の主導

アーバンデザインは、空間計画の知見と技術を要する行為であって専門家を必要とする。その実務は総体から細部まで広範に及び、事前確定が困難で現場対応が多々あり、専業にするのは難しい。行政、民間、企業、大学に属する専門家がそれぞれの立場から携わるのが現実的である。

専門家の関与を強調する背景には、今日のまちづくりが過度に包括的な運動となり、都市空間の実体を扱う技術から乖離していることへの危惧がある。法定都市計画や都市開発事業などアーバンデザインの技術が必須の業務においても、専門家は委員やアドバイザーなど間接関与に留まり、実務は事務局やその支援業務など裏方作業に追いやられる。

市民をはじめ行政や企業など各方面から集まってくる人材・知恵・活動を、望ましい方向に牽引し操舵し推進するのが専従者の務めである。アーバンデザインセンターは専門家が技術と知識を存分に発揮できる場である。

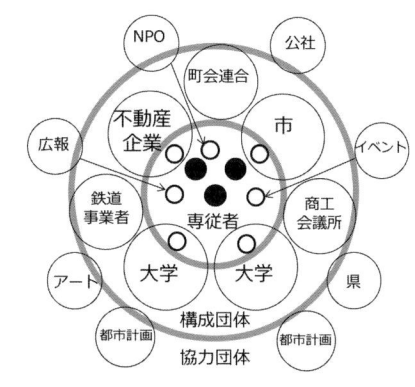

図15.7　コアとネットワーク

コアとネットワーク

　アーバンデザインセンターにおける専門家の任務は、都市空間の諸事丸ごとであって、事業ごと分割された慣例的業務ではない。現地に張り付く「コア」となって臨機応変に動く専従者が求められる。技術貢献はもとより組織と施設を切り盛りするコーディネーターでもある（図15.7）。

　アーバンデザインセンターは活動を広げるために外部の専門家と協力ネットワークを結ぶ。行政や建設はもとより法律・会計、各種産業まで幅広い分野の専門家群が専従者を取り巻いて局面に応じて支援する。

　専従者には建築、土木、造園、都市計画の専門家があたる。複数分野の経験がある中堅技術者と活力ある若手が組むと強力である。雇用形態は、アーバンデザインセンターが直接雇用する、構成団体が人件費を分担する、大学や公的団体に所属させるなど、アーバンデザインセンターの組織形態によって異なる。市民活動やイベントなど専門外の業務にはNPOや民間企業から担当者を特任で招聘する。

　副センター長を称する専従者のリーダーが空間計画の実務、スタッフの管理、センター長の代理など要となる。副センター長が創造的に働ける環境を整えることが重要である。アーバンデザインセンターには官公庁や大企業と比べて確実より挑戦、安定より変化、成熟より新鮮が求められ

る。逆説のようであるが、活動の量質を高く保つには、専従者に任期を設けて新陳代謝を促すことを考えてよい。

大学の貢献

　大学がアーバンデザインに携わることは新しいものではない。アーバンデザインが誕生した1960年代は自治体の都市計画、ニュータウン建設、デザインサーヴェイなど、大学が理論も実践も主導した。民間の専門組織が台頭すると、大学は実務から撤退し、関与は教授個人や研究室単位になった。

　2004年国立大学法人化を機に、大学が特徴強化の一環として地域との関係を再構築する動きがさかんになった。地域にとって大学の権威と若さは魅力であり、空洞化など地域の深刻な問題は、大学にとって格好の研究材料となった。「まちなか研究室」と呼ばれるように大学の研究室が市街地に出張所を設ける事例も現れた。こうして大学がアーバンデザインセンターの構成に参加する素地ができた。

　アメリカのアーバンデザインセンターは、インナーシティ問題[※1]が深刻化した1960年前後、大学人や専門家が疲弊地区に出向いて支援した、コミュニティ・デザインセンターに起源がある。一時停滞後、1994年連邦住宅都市省コミュニティ・アウトリーチ・パートナーシップ・センター・プログラムによって、大学が地域支援と実践教育の両方を兼ねるサービスラーニングが制度化されると、コミュニティ・デザインセンターが再普及した。シティやアーバンを名称に掲げるセンターも現れた。

　大学には学識貢献の他に、利害の異なる主体間を仲介する役割もある。学生が参加すると市民ワークショップやイベントが活発になる（図15.8、15.9）。わが国のほとんどのアーバンデザインセンターにおいて、アーバンデザインを専門とする大学教授がセンター長として中立的立場から構成団体を牽引し、組織と施設の運営から空間計画に係る協

図15.8　学生の提案発表会

図15.9　住民と学生のワークショップ

※1　インナーシティ問題　更新的再開発や自動車主義によって中心市街地が賑わいやコミュニティを失って空洞化する現象。

議まで、公と民それぞれの立場からの意見を束ねて指針を示す。ただし大学の本務は教育研究である。学生への過度な期待は禁物であり、大学教授が携わる時間は限られる。専従の副センター長には大学を効果的に貢献させる手際と、センター長の代理を務める器量が要る。

教育プログラム

多くのアーバンデザインセンターに教育プログラムがある。UDCK は設立当初から二つの教育プログラムを続けている。ひとつは都市スタジオと呼ぶ東京大学、千葉大学、東京理科大学、筑波大学の各大学院が合同開講するアーバンデザイン演習である。毎年テーマを変えて柏の葉地域を調査して計画を提案する。アーバンデザインセンターで出題、発表、展示、出版を行って過程と成果を公開する。千葉県や柏市職員、民間企業人が参加した年もあった。地域を題材とする教育研究は、教授や研究室が個々に実施することが多い。このように複数の大学が共同で課程科目を続ける例は稀である（図 15.10、15.11）。

図 15.10　柏の葉都市スタジオ「小さな公共空間」

図 15.11　「小さな公共空間」の社会実験 PLS

もうひとつはまちづくりスクールである。これも UDCK が設立当初から毎年春と秋に続けている。公募によって学生、高齢者、サラリーマン、専門家、主婦などが受講し、大学教授や専門家が講師を務める。テーマは環境やデザインなど幅広く、座学の他にワークショップやフィールドワークも含む。初期の受講者がアシスタントを務める好循環も見られる。

大学教授が牽引し専門家が専従するアーバンデザインセンターは、大学教育や生涯学習の他に職能開発に適している。専従の副センター長やディレクターが大学教授や他のアーバンデザインセンターの上位職に転じた例が複数あるのは高度な訓練効果の証拠である。イギリスのアーバンデザイン・ロンドン（Urban Design London）は、ロンドン市交通局が運営する専門家向け再教育プログラムである。

ロンドン行政区職員を対象に始まり、現在は民間企業人も受け入れている。連続セミナーやワークショップ、見学やヒアリング、デザイン演習の他に、受講生が従事中のプロジェクトをもち込んで助言指導を受けるサービスもある。

15.4　拠点と見える化

「拠点と見える化」は専用の施設を設けて物理的に開かれた状態で活動することを意味する（図5.18）。これはアーバンデザインセンターのもっともわかりやすい定義である。拠点には活動を容れる空間的意味と、課題のある現場で動く立地的意味がある。行政庁舎、企業オフィス、設計事務所、どれも現場から離れているのに対し、アーバンデザインセンターは自ら活動する現地に拠点を置く。開かれた組織も開かれた人材も、様子が見えて立ち寄りたくなる施設があって機能する。施設が情報を発信して活動を誘発する、先導的で啓発的で積極的な役割を帯びる。快適な空間を用意することによって組織と活動がどんどん成長する（図15.18）。

都市博物館 アーバンセンター

市民に対する都市情報と交流機会の提供はアーバンデザインセンターに欠かせない。基本となるのは講座やワークショップができる広い空間と、対象地域を実感できる都市模型である。パネル展示、図書コーナー、運営スタッフの事務室を備える。観光案内を兼ねる例もある。

市民交流と都市情報提供を旨とする施設を、欧州ではアーバンセンターと呼ぶ。建築と都市は建設や投資の対象以前に文化資産であり、歴史の上にアーバンデザインが成立するという認識が欧州で根強い。アーバンセンターは建築都市文化を記録、保存、伝達、発信する博物館機能も帯びている。イタリア・ミラノのそれは有名なガレリアに入

図15.12　パリ　パヴィヨン・ドゥ・アルセナル　　　　図15.13　アムステルダム　アルカム（ARCAM）

居している。パリのパヴィヨン・ドゥ・アルセナルは文字通り旧弾薬庫を転用した施設である（図15.12）。オランダ・アムステルダムのアルカム（ARCAM）は中央駅にほど近い内港の水際に曲面金属葺きの現代建築を構える（図15.13）。これらはレクチャーホールや展示・図書コーナーなど基本機能の他、立地と建築のデザインによって都市の特徴を表徴している。

地域再生拠点 ローカルセンター

　アーバンデザインセンターは組織と人材そして活動や情報を容れる空間であるとともに、都市にはたらきかける発動体でもある。センターが立地すると、皆が集う空間ができて交流が生まれ、地域に活動が起きる。衰退地区や貧困地区など、課題の現場にセンターを置く手がある。旧港地区の倉庫や商店街の空き店舗など、恵まれた立地に奇跡的に残る古い不動産を利用できるとよい（図15.14）。

　UDCMは、松山市駅に近接する銀天商店街の裏にある中層ビルの1・2階に入居している。中心市街地に持続可能な再開発を模索するのが、アーバンデザインセンター設置の眼目である。ビルの1階を一般開放して2階を事務室とし、前面道路を挟んで隣接する駐車場を借地して芝生広場に設えるなど、建物と広場を一体に使ってイベントを開

図 15.14 柏アーバンデザインセンター（UDC2）　　図 15.15 松山アーバンデザインセンター（UDCM）

催する。買い物客や学校帰りの若者が滞留し、賑わい回復の一助となっている（図 15.15）。

　横浜 BankART と台北 Urban Regeneration Station は、どちらも旧市街の産業遺産や空き店舗に展示施設や芸術家のアトリエを誘致して創造活動拠点とする事業である。都市再生と芸術振興を絡め、ソフトアーバニズムといわれる。ベルギー・ブリュッセルのリサイクラート Recycl-Art は、無人駅に職業訓練施設と芸術活動の拠点を置き、荒廃地域の若者や失業者が集う場をつくった。コロンビア・メデジンは起業育成促進センターをスラム地区に置き、貧困や犯罪多発の対策事業を現地で起こしている。

開発情報拠点 プロジェクトセンター

　大規模再開発や公共施設建設など、都市に影響を与えるプロジェクトの用地内や隣接地に設置する情報公開施設もアーバンデザインセンターの一種である。地区の歴史や計画中の建築や公共空間、公共サービスや環境計画など新しい技術を公開する。事業の広報、企業誘致、周辺住民への周知といった実用を担う施設でもある。

　ドイツ・ハンブルグのライン川沿いの再開発ハーフェンシティには、用地を一望する特徴的なデザインの展望台と旧工場を転用した、都市模型の展示施設が設けられ、観光

図15.16　ハンブルク・ハーフェンシティ情報センター

図15.17　同左展望台

客や市民が多く訪れた（図15.16、15.17）。パリ・セーヌ川左岸鉄道操車場再開発では、用地を見下ろす場所にコンテナを転用した情報センターが置かれた。日本でも大規模事業が同様な情報センターを設けることが増えたが、ビルの一室や玄関ホールの片隅に置かれても市民や観光客の訪問は期待できない。

　スウェーデン・ストックホルム郊外の工業地域ハンマルビーの再開発では、計画戸数11,000、約200haの新住宅地の大通り交差点に面して環境コミュニケーションセンターが設けられた。街のショーケースという意味で「ガラスの家」と呼ばれている。ここで住民はリサイクル型や省エネルギー型の生活用品や関連情報を入手することができる。建物自体も太陽光発電、ダブルスキンの自然通風、地熱利用を備える環境建築である。都市のセールスポイントを単なる情報提供でなく、来訪者が体験するように街の中心に据えている。

アーキテクチャーセンター

　アーキテクチャーセンターはイギリス各地約20カ所にある建築および都市開発のデザイン振興団体の総称である。

英国政府が1999年設置した建築都市環境委員会CABE[参照]（Commission for Architecture and Built Environment）に地元から協力支援したことで注目された。CABE以前から活動しているセンターもある。類似組織に米国のセンター・フォー・アーキテクチャー、フランスのメゾン・ドゥ・アーキテクチュール、ベルギーのメゾン・ドゥ・ウルバニズムがある。いずれも建築家協会が運営または支援する全国組織の地域職能団体である。

【参照】CABE ➡ 8.3　P.159

　アーキテクチャーセンターおよび類似組織の目的は地域の建築都市環境の質向上にある。市民啓発や職能開発などの教育、建築賞や景観賞による作品評価、歴史的建造物や街並みの調査研究など、日本の建築家協会地方支部も実践している通常の活動の他、デザインレビューやデザインイネーブリングといわれるように建築都市開発事業に介入するセンターもある。それらはオフィスを構えて常勤または非常勤で専門家を雇用している。

　デザインレビューは日本でも設計審査としてすでに普及している。デザインイネーブリングはデザイン支援と訳されるように、市民や企業が建築やまちづくりに携わる際に中立的立場から専門技術を提供することをいう。大規模再開発事業においてデベロッパーの事業計画に対して住民が対案を作成するのを手伝う、行政機関に対し公園や道路など公共空間の改善案を提示するなど、多くの主体が携わるアーバンデザインの方法である。

図15.18　アーバンデザインセンター（UDC）の立地類型

あとがき

　本書の企画は 2010 年末にさかのぼる。北沢猛（元・東京大学教授）の逝去から 1 年、学生そして部下として薫陶を受けた 5 人が、北沢先生から学んだことを出版しようと集まったのが最初である。そのときの企画は二つ。ひとつは 2012 年秋に上梓した『開かれたまちづくりの場　アーバンデザインセンター』（理工図書）。もうひとつが本書である。5 人とも大学で教鞭をとる中、二つ目の企画を果たせぬまま 6 年がたった 2016 年末、近況報告した際、アーバンデザインを教えるのに全員が異なる教科書を使っていることに愕然とし、出版に向けて再始動した。

　アーバンデザインに関する事例集や論考集は数多いが、教科書となると、建築、都市計画、まちづくり、景観を冠する書の一部を占めるにすぎない。社会が不透明な中、若者の目が再び都市・地域を向いている。専門家として貢献しようとする彼らに、アーバンデザインという有効な選択肢があることを伝え、その時に薦められる 1 冊に本書がなれば幸いである。

　本書は既往の知見を広く集め、著者間で相談しながら書き進めた。直接参照あるいは引用した資料については末尾に一覧を付した。それら以外にも、すでに著者の血肉となって本書に反映されたものが数多くあることを御承知いただきたい。図版や写真を快く提供していただいた方々には、この場を借りて厚く御礼を申し上げる。

　2018 年 5 月

前田英寿　遠藤新　野原卓　阿部大輔　黒瀬武史

出典

図 1.8　Courtesy of Sasaki

図 2.1　M. Schede(1964)Die Ruinen von Priene　図 2.2　L. Benevolo（1976 Editore Laterza, Rome-Bari）Storia della città　図 2.3　E.Detti.et al(1968 Edizioni C.I.S.C.U.)Città murate e sviluppo contemporaneo　図 2.5　篠原修編（1998 彰国社）景観用語事典　図 2.6　高橋康夫ほか編（1993 東京大学出版会）図集　日本都市史　図 2.8　F.Choay(1968) Planning and Cities, The Modern City - Planning in the 19th Century　図 2.9　E.Howard：Garden Cities of Tommorrow　図 2.10　Library of Congress, Prints and Photographs Division, Washington, D. C.　図 2.11　"Le Corbusier, Œuvre complete Volume 4・1938-46", Les Edition d'Architecture　図 2.12　東京都（1989）東京の都市計画百年　図 2.14　石田頼房（2004 自治体研究社）日本近現代都市計画の展開 1868-2003　図 2.16　高蔵寺ニュータウン開発促進連絡協議会 (1967) 高蔵寺ニュータウン開発関連事業別概要　図 2.20、2.21　槇総合計画事務所　図 2.23　山形県・金山町景観条例　図 2.24　GLC（大ロンドン庁）編（延藤安弘監訳『低層集合住宅のレイアウト』鹿島出版会、1980）　図 2.27　神戸市の資料をもとに作成　図 2.28　彰国社写真部　図 2.30　天王洲総合開発協議会・全国市街地再開発協会　図 2.31　一般社団法人 建築環境・省エネルギー機構

第 3 講扉　明治大学神代研究室・法政大学宮脇ゼミナール（2012 彰国社）復刻 デザイン・サーヴェイ『建築文化』誌再録　図 3.3　G.Cullen(1971Townscape):（『都市の景観』鹿島出版会）※ 6、図 3.4　ケヴィン・リンチ（丹下健三・富田玲子訳 (1960 岩波書店) 都市のイメージ　図 3.5　今和次郎（1971 ドメス出版）今和次郎集 第 3 巻、今和次郎（ちくま文庫）日本の民家　図 3.6　今和次郎（1971 ドメス出版）今和次郎集　第 1 巻　図 3.7　西山夘三（1989 彰国社）すまい考今学　図 3.8　明治大学神代研究室・法政大学宮脇ゼミナール（2012 彰国社）復刻 デザイン・サーヴェイ『建築文化』誌再録　※ 13、図 3.9　都市デザイン研究体（1968 彰国社）日本の都市空間　図 3.10　槇文彦ら（1980 鹿島出版会）見えがくれする都市　※ 18　塚本由晴・貝島桃代・黒田潤三（2001 鹿島出版会）メイド・イン・トーキョー　図 3.11　東京都（1997）周辺景観に配慮するための手引 - 地域の文脈を解読する　図 3.12　国土地理院地形図　図 3.13　東京大学都市デザイン研究室（2015 学芸出版社）図説　都市空間の構想力　図 3.14　陸軍迅速測図　図 3.15　ゼンリン　図 3.17　西村幸夫・野澤康編（2010 朝倉書店）

まちの見方・調べ方　図 3.18　旧大野村史　図 3.19　東京大学羽藤研究室　図 3.20　横浜市　図 3.21　新宿区（新宿区景観まちづくりガイドブック vol.08）

第 4 講扉　新建築（1961.3）東京計画 1960　図 4.1　E. Howard（1898）To-morrow：A Peaceful Path to Real Reform　図 4.2　"Le Corbusier, Œuvre complete 1910-1929", Les Edition d'Architecture,1964　※ 1　ジェイン・ジェイコブス（2010 鹿島出版会）アメリカ大都市の死と生　※ 2　フィリス・およびフィリップ・モリソン、チャールズおよびレイ・イームズ事務所（村上陽一郎・公子訳）（1983 日本経済新聞出版社）パワーズ オブ テン　図 4.3、4.4　石田頼房（2004 自治体研究社）日本近現代都市計画の展開 1868-2003　図 4.5　京都大学西山夘三研究室（1964）新建築「京都計画 1964」　図 4.6、4.7　大野秀敏＋ MPF（2016 東京大学出版会）ファイバーシティ：縮小の時代の都市像　図 4.8 国土交通省　図 4.9　富 山 市　図 4.10、4.11　Peter Calthorpe (1993 Princetom Architectural Press）The Next American Metropols:Ecology, Community, and the American Dream（ピーター・カルソープ（訳 倉田直道・倉田洋子）『次世代のアメリカの都市づくり』学芸出版社、2004）　図 4.12、4.13　横浜（1981）横浜の都市づくり　図 4.14　大学まちづくりコンソーシアム（2010）海都横浜構想 2059　図 4.15　DePHA（1991 G.D.F）Relatorio Do Plano de Brasilia　図 4.16　千葉県企業庁（1991）幕張新都心住宅地都市デザインガイドライン　図 4.17　日本住宅公団（1975）日本住宅公団 20 年史　図 4.18　住宅・都市整備公団『港北地区の公園・緑地・広場・歩行者専用道路の計画及び設計 1969 ～ 1973』　図 4.20　大手町・丸の内・有楽町　まちづくりガイドライン 2014　※ 25　イギリス運輸省編（八十島義之助・井上孝訳『都市の自動車交通　イギリスのブキャナンレポート』鹿島出版会、1965）　図 4.21　錦二丁目まちづくり協議会（2011）「これからの錦二丁目長者町町づくり構想 2011-2030

図 5.8　提供：竹中工務店設計部　図 5.9　徳島市立徳島城博物館 (2000) 徳島城下絵図録　図 5.15　千葉県企業庁（1991）幕張新都心住宅地都市デザインガイドライン　図 5.16、5.17　芦原義信（1975 彰国社）外部空間の設計　図 5.18　仙田満（1998 彰国社）環境デザインの方法　図 5.21　L. Benevolo (1976 Editore Laterza, Rome-Bari)Storia della città

図 6.2　Boston Redevelopment Authority "Boston Public Plan"

図6.5　ウィキッペディア（https://commons.wiki
media.org/wiki/File:Amagertorv_aerial.jpg）
図6.10 カミロ・ジッテ（1983 鹿島出版会）広場の
造形（SD 選書）　図6.13　ミネアポリス

第7講扉、図7.10　提供：窪田亜矢　図7.1　土
木学会（1988 技法堂出版）水辺の景観設計　図
7.4　東京大学 cSUR-SSD 研究会（2008 彰国社）
世界の SSD100　図7.5　水都大阪コンソシアー
ム（https://www.suito-osaka.jp/）図7.9　運輸省
港湾局建設課（1990）港湾構造物景観設計に関す
る手引書　図7.13　国土交通省関東地方整備局東
京港事務所 HP「東京港の歴史 埋め埋め立ての変
遷」をもとに作成　図7.15　ニューオリンズ　図
7.16　国土交通省

第8講扉　提供：柏の葉アーバンデザインセン
ター　図8.1　ジョナサン・バーネット（倉田直
道・倉田洋子訳：1985 集文社）新しい都市デザイ
ン　図8.2　PlaNYC(2007) The City of New York
図8.3　提供：関谷進吾　図8.4　サンフランシ
スコ市アーバンデザイン計画（サンフランシスコ
市）　図8.5　Area Metropolitana de Barcelona
(1999) La construcció del territori metropolità
図8.6　提供：和泉汐里　図8.7　北尾靖雅他　マ
スターアーキテクト方式でのデザイン連携形成
の研究：建築景観形成を目指した集合住宅団地の
設計調整プロセスの分析 日本建築学会計画系論
文集 66(548), 153-160, 2001 の図版を参照して作成
図8.8、8.9　Courtesy of West 8　図8.10　提供：
曽根幸一・環境設計研究所（現・環境設計研究
所）　図8.12　提供：株式会社日建設計　図8.13
神戸市都市景観形成基本計画　図8.14　西村幸夫
編(2017 学芸出版社）都市経営時代のアーバンデ
ザイン　図8.15　長崎県（2014）長崎駅周辺エリア
デザイン指針の検討方針について　図8.16、8.17
提供：武田重昭　図8.20　京都市景観計画　図
8.21　京都市（2007）「京都市の景観政策 時を超え
光り輝く京都の景観づくり」

図9.3　提供：東京ミッドタウンマネジメント株
式会社　図9.4　港区都市計画情報提供サービス
ウェブサイト　図9.8　渋谷まちづくりガイドラ
イン　図9.9　室町東地区公共貢献の概要　日本
建築学会都市計画委員会（2014 日本建築学会）地
域ガバナンスと都市デザインマネジメント：次世
代のインセンティブ（2014 年度日本建築学会大会
研究協議会資料）　図9.10、9、11　大手町・丸の
内・有楽町まちづくり懇談会（2014）大手町・丸
の内・有楽町まちづくりガイドライン 2014　図
9.15　高松丸亀商店街振興組合　高松丸亀町まち
づくり株式会社「高松丸亀町　これからの街づく
り戦略」

図10.1　石原武政・西村幸夫（編）（2010 有斐閣）
まちづくりを学ぶ地域再生の見取り　図10.2
提供：和泉汐里　図10.3　京都市姉小路界隈ま
ちづくり協議会による「姉小路界隈まちづくりビ
ジョン」　図10.4　COMICHI ホームページ　図
10.5　札幌市まちづくり政策局都市計画部都市計
画課　図10.6　Sherry Arnstein(1969) A Ladder
of Citizen Participation (Journal of the American
Planning Association pp. Vol.35 No.4 216-224)（薬
袋奈美子・室田昌子・加藤仁美『生活の視点でと
く　都市計画』彰国社、2016）　図10.7　早稲田
大学佐藤滋研究室（「まちづくりはゲームのよう
に」造景、No.4、1996.7）　図10.13　提供：永瀬
節治

第11講扉　高山歴史研究会（2011）高山市一色
惣則地域マネジメント計画　図11.3　提供：藤木
竜也　図11.6　提供：青木茂建築工房　図11.10
横浜市市街地環境設計制度　図11.14　提供：高
山市教育委員会、白川村教育委員会（図のみ）、
富田林市教育委員会、若狭町歴史文化課（ただし、
写真提供：松見正幸）　図11.21　石見銀山 HP
図11.23　川越一番街と町づくり規範（川越市）

図12.23　品川インターシティ HP（http://www.
sicity.co.jp/e/e04.html）

図13.3　提供：鄭一止　図13.4　市街地再開発
事業の仕組み 国土交通省関東地方整備局ウェ
ブサイト　図13.5　日本建築学会都市計画委員
会（2014 日本建築学会）地域ガバナンスと都市
デザインマネジメント：次世代のインセンティ
ブ（2014 年度日本建築 学会大会研究協議会資料）
図13.9　長野・門前暮らしのすすめ HP　図13.10
提供：小田急電鉄株式会社

図14.1　Peran, Mart. Post-It City. Barcelona：
SEACEX+CCCB, 2009　図14.2　Project for Public
Space Web site（https://www.pps.org/article/
the-power-of-10）　図14.3　Project for Public
Space(2000) Turn a place around: A Handbook
for Creating Successful Public Spaces を基に作成
図14.4、14.5　提供：関谷進吾　図14.9、14.12
提供：武田重昭　図14.13　提供：芝浦工業大学
建築学科志村研究室　図14.21　HAPS Web site
図14.22　CCCB, Europe City（2015）Lessons
from the European Prize for Urban Public Space,
Barcelona：CCCB, 2015

図15.3　日本建築学会（2014 丸善）コンパクト建
築設計資料集成「都市再生」

参考文献

第 1 講

San Francisco Department of Planning (1971) The Urban Design Plan for the Comprehensive Plan of San Francisco

田村明 (1997 朝日選書) 美しい都市景観をつくるアーバンデザイン

西村幸夫 (1997 鹿島出版会) 環境保全と景観創造 これからの都市風景へ向けて

Melanie Simo (1997 Spacemaker Press) Sasaki Associates : Integrated Environments

第 2 講

レオナルド・ベネーヴォロ (1973 相模書房) 図説都市の世界史 1 古代・2 中世・3 近世・4 近代

新建築学体系 17 都市設計 (1983 彰国社)

アーバンデザイン研究体 (1985 彰国社) アーバンデザイン　軌跡と実践手法

ヨコハマ都市デザインフォーラム実行委員会 (1994) Urban Design Report 人といっしょに呼吸する都市　世界の都市デザイン 1992

日端康雄 (2008 講談社現代新書) 都市計画の世界史

第 3 講

都市デザイン研究体 (1968 彰国社) 日本の都市空間

槇文彦、若月幸敏、大野秀敏、高谷時彦 (1980 鹿島出版会 SD 選書) 見えがくれする都市 - 江戸から東京へ

貝島桃代、黒田潤三、塚本由晴 (2001 鹿島出版会) メイド・イン・トーキョー

日本建築学会編 (2004 日本建築学会) まちづくりデザインのプロセス

ケヴィン・リンチ著、丹下健三、冨田玲子訳 (2007 新装版、岩波書店) 都市のイメージ

西村幸夫、野澤康編 (2010 朝倉書店) まちの見方・調べ方 - 地域づくりのための調査法入門

西村幸夫、野澤康編 (2017 朝倉書店) まちを読み解く - 景観・歴史・地域づくり

ヤン・ゲール、ビアギッテ・スヴァァ 著、鈴木俊治、高松誠治、武田重昭、中島直人訳 (2016 鹿島出版会) パブリックライフ学入門

第 4 講

丹下健三研究室 (1961 新建築社) 東京計画 1960 新建築 1961 年 3 月号

都市デザイン横浜 - その発展と展開 (1992 鹿島出版会) SD 別冊 No.22

日本建築学会編 (2003 丸善出版) 建築設計資料集成　地域・都市 <1> プロジェクト編

ピーター・カルソープ著、倉田直道、倉田洋子訳 (2004 学芸出版社) 次世代のアメリカの都市づくり——ニューアーバニズムの手法

大野秀敏 + MPF (2016 東京大学出版会) ファイバーシティ：縮小の時代の都市像

大野秀敏、大野研究室 (2006 新建築社)『fibercity TOKYO2050』「JA 63 号」

第 5 講

芦原義信 (1979 岩波書店) 街並みの美学

大谷幸夫 (1986 勁草書房) 建築・都市論集

香山寿夫 (1996 東京大学出版会) 建築意匠講義

造景 7『幕張ベイタウン 都市デザインへの挑戦』(1997 建築資料研究社)

加藤源 (2001 学芸出版社) 都市再生の都市デザイン

香山寿夫 (2006 放送大学教育振興会) 都市デザイン論

内藤廣 (2008 王国社) 構造デザイン講義

建築史編集委員会 (2008 彰国社) コンパクト版建築史日本・西洋

第 6 講

バーナード・ルドフスキー (1973 鹿島出版会) 人間のための街路

カミロ・ジッテ (1983 SD 選書) 広場の造形

内山正雄、平井昌信、金子忠一、平野侃三、蓑茂寿太郎 (1987 彰国社) 都市緑地の計画と設計

イアン・マクハーグ (1994 集文社) デザイン・ウィズ・ネイチャー

Allan Jacobs (1995 The MIT Press) Great Streets

鳴海邦碩、榊原和彦、田端修 (1998 学芸出版社) 都市デザインの手法——魅力あるまちづくりへの展開

石川幹子 (2001 岩波書店) 都市と緑地　新しい都市環境の創造に向けて

ヤン・ゲール (2014 鹿島出版会) 人間の街

グリーンインフラ研究会、三菱 UFJ リサーチ＆コンサルティング (2017 日経 BP 社) 決定版！グリーンインフラ

第7講

土木学会（1988 技法堂出版）水辺の景観設計
土木学会（1991 技法堂出版）港の景観設計
東京都港湾局（1994）東京港史
造景 N0.11（1997 年 10 月建築資料研究社）特集河川の景観デザイン
篠原修他（1998 彰国社）景観用語事典
内藤昌（2010 草思社）江戸の町（上）（下）
橋爪紳也（2011 藤原書店）水都大阪物語　再生への歴史文化的考察

第8講

ジョナサン・バーネット（1985 集文社）新しい都市デザイン
坂井文、小出和郎（2014 鹿島出版会）英国 CABE と建築・都市景観のデザイン評価
日本建築学会編（2017 森北出版）景観計画の実践：事例から見た効果的な運用のポイント

第9講

大手町・丸の内・有楽町地区まちづくり懇談会（2014）大手町・丸の内・有楽町地区まちづくりガイドライン 2014
小林重敬編著（2015 学芸出版社）最新エリアマネジメント：街を運営する民間組織と活動財源
後藤・安田記念東京都市研究所（2016）月刊誌 都市問題 107 巻 12 号 特集 2：都市公園の使われ方
東京都都市整備局（2018 改定）新しい都市づくりのための都市開発諸制度活用方針

第10講

田村明（1997 朝日選書）　美しい都市をつくるアーバンデザイン
ヴィジュアル版建築入門編集委員会編（2003 彰国社）建築と都市
佐藤滋、田中滋夫、後藤春彦、山中和彦（2006 丸善）図説　都市デザインの進め方
石原武政、西村幸夫（2010 有斐閣ブックス）まちづくりを学ぶ

第11講

西村幸夫（2004 東京大学出版会）都市保全計画
日本建築学会編、西村幸夫、浅野聡、岡崎篤行著（2004 丸善出版）町並み保全型まちづくり
文化庁編（2015 中央美術公論出版）歴史と文化の町並み事典

第12講

土橋正彦、宮沢功（2006）都市公共交通と環境デザイン 2006 年度第 9 回都市環境デザインセミナー記録 都市環境デザイン会議関西ブロックウェブサイト
小林正美（2015 エクスナレッジ）市民が関わるパブリックスペースデザイン

第13講

東京大学 cSUR-SSD 研究会（2008 彰国社）世界の SSD100　都市持続再生のツボ
日本建築学会都市計画委員会（2014 日本建築学会）地域ガバナンスと都市デザインマネジメント：次世代のインセンティブ 2014 年度日本建築学会大会研究協議会資料

第14講

プロジェクトフォーパブリックスペース編（2005 学芸出版社）オープンスペースを魅力的にする - 親しまれる公共空間のためのハンドブック
伊藤香織編（2008 読売広告社）シビックプライド─都市のコミュニケーションをデザインする
蓑原敬（2014 学芸出版社）白熱講義 これからの日本に都市計画は必要ですか
西村幸夫編（2017 学芸出版社）都市経営時代のアーバンデザイン

第15講

アーバンデザインセンター研究会（2012 理工図書）アーバンデザインセンター　開かれたまちづくりの場

全般に係る資料集

日本建築学会（1983 丸善出版）建築設計資料集成 9 地域
高橋康夫、吉田伸之、宮本正明、伊藤毅（1993 東京大学出版会）図集日本都市史
日本建築学会編（2003 丸善出版）建築設計資料集成　地域・都市＜ 1 ＞プロジェクト編
日本都市計画学会（2011 朝倉書店）60 プロジェクトによむ日本の都市づくり
日本建築学会（2014 丸善出版）コンパクト建築設計資料集成　都市再生

索　引

プロフィール

前田英寿 (まえだ・ひでとし) ／第2講、第5講、第7講 (7.1、7.2)、第15講
芝浦工業大学建築学部教授　博士 (工学)・技術士 (建設部門)・一級建築士
1965年静岡県生まれ。1989年東京大学卒業、1994年同大学院博士課程退学
曽根幸一・環境設計研究所、柏の葉アーバンデザインセンター副センターを経て現職
『デザイン工学の世界』(2011 共著・三樹書房)

遠藤新 (えんどう・あらた) ／第1講、第6講、第7講 (7.3)
工学院大学建築学部教授　博士 (工学)
1973年愛知県生まれ。1995年東京大学卒業、1997年同大学院博士課程退学
東京大学大学院助手、金沢工業大学講師を経て現職
渋谷区景観審査会会長、静岡市景観審議会会長、釜石市復興ディレクター、等
『米国の中心市街地再生』(2009 学芸出版社)

野原卓 (のはら・たく) ／第3講、第4講、第11講
横浜国立大学大学院都市イノベーション研究院准教授　博士 (工学)・一級建築士
1975年東京都生まれ。1998年東京大学卒業、2000年同大学院修士課程修了
株式会社久米設計、東京大学大学院助手、同助教を経て現職
(一社) おおたクリエイティブタウンセンター センター長
『まちをひらく技術』(2017 共著・学芸出版社)、『都市経営時代のアーバンデザイン』(2017 共著・学芸出版社)

阿部大輔 (あべ・だいすけ) ／第8講 (8.1、8.3)、第10講、第14講
龍谷大学政策学部教授　博士 (工学)
1975年米国ホノルル生まれ、1999年早稲田大学卒業、2006年東京大学大学院博士課程修了。政策研究大学院大学研究助手、東京大学助教を経て現職。
『バルセロナ旧市街の再生戦略』(2009 学芸出版社)、『連携アプローチによるローカルガバナンス』(2017 共編著・日本評論社)

黒瀬武史 (くろせ・たけふみ) ／第8講 (8.2)、第9講、第12講、第13講
九州大学大学院人間環境学研究院准教授　博士 (工学)・技術士 (建設部門)
1981年福岡県生まれ。2004年東京大学卒業、2006年同大学院修士課程修了
株式会社日建設計、東京大学大学院助教を経て現職
『米国のブラウンフィールド再生』(2018 九州大学出版会)、『都市経営時代のアーバンデザイン』(2017 共著・学芸出版社)

アーバンデザイン講座

2018年5月10日　第1版発　行

著　者	前 田 英 寿 ・ 遠 藤　　新	
	野 原　　卓 ・ 阿 部 大 輔	
	黒 瀬 武 史	
発行者	下　　出　　雅　　徳	
発行所	株式会社　彰　国　社	

著作権者との協定により検印省略

自然科学書協会会員
工学書協会会員

Printed in Japan

162-0067　東京都新宿区富久町8-21
電話　03-3359-3231（大代表）
振替口座　00160-2-173401

Ⓒ前田英寿(代表)　2018年

印刷：三美印刷　製本：中尾製本

ISBN 978-4-395-32110-0　C3052　　http://www.shokokusha.co.jp